해커스 주택관리사 **1차 출제예상문제집 공동주택시설개론**

단원별 문제풀이 단과강의 30% 할인쿠폰

4A643678FD7559C9

해커스 주택관리사 사이트(house.Hackers.com)에 접속 후 로그인
▶ [나의 강의실 - 결제관리 - 쿠폰 확인] ▶ 본 쿠폰에 기재된 쿠폰번호 입력

1. 본 쿠폰은 해커스 주택관리사 동영상강의 사이트 내 2025년도 단원별 문제풀이 단과강의 결제 시 사용 가능합니다.
2. 본 쿠폰은 1회에 한해 등록 가능하며, 다른 할인수단과 중복 사용 불가합니다.
3. 쿠폰사용기한 : **2025년 9월 30일** (등록 후 7일 동안 사용 가능)

무료 온라인 전국 실전모의고사 응시방법

해커스 주택관리사 사이트(house.Hackers.com)에 접속 후 로그인
▶ [수강신청 - 전국 실전모의고사] ▶ 무료 온라인 모의고사 신청

* 기타 쿠폰 사용과 관련된 문의는 해커스 주택관리사 동영상강의 고객센터(1588-2332)로 연락하여 주시기 바랍니다.

해커스 주택관리사

출제예상문제집

해커스 주택관리사

송성길 교수

약력

현 | 해커스 주택관리사학원 공동주택시설개론 대표강사
해커스 주택관리사 공동주택시설개론 동영상강의 대표강사

전 | 여주대학교 외래교수 역임
노량진·종로·일산 박문각 공동주택시설개론 강사 역임
안산·수원 한국법학원 공동주택시설개론 강사 역임
수원 랜드스터디 공동주택시설개론 강사 역임
랜드윈 공동주택시설개론 강사 역임
동탄행정고시학원 공동주택시설개론 강사 역임

저서

건축사예비시험 건축계획 기본서, 에듀피디, 2018
건축사예비시험 건축계획 총정리, 한솔아카데미, 2009~2018
건축(산업)기사 건축계획 기본서, 한솔아카데미, 2009~2018
건축(산업)기사 건축계획 총정리, 한솔아카데미, 2009~2018
공동주택시설개론(기본서), 랜드비전아카데미, 2013~2014
공동주택시설개론(문제집), 랜드비전아카데미, 2013~2014
공동주택시설개론(기본서), 무크랜드, 2018
공동주택시설개론(문제집), 무크랜드, 2018
공동주택시설개론(기본서), 해커스패스, 2019~2023, 2025
공동주택시설개론(문제집), 해커스패스, 2019~2023, 2025
기초입문서(공동주택시설개론) 1차, 해커스패스, 2021~2023, 2025
핵심요약집(공동주택시설개론) 1차, 해커스패스, 2023, 2025
기출문제집(공동주택시설개론) 1차, 해커스패스, 2023, 2025

2025 해커스 주택관리사 출제예상문제집
1차 공동주택시설개론

개정판 1쇄 발행 2025년 2월 11일

지은이 송성길, 해커스 주택관리사시험 연구소
펴낸곳 해커스패스
펴낸이 해커스 주택관리사 출판팀

주소 서울시 강남구 강남대로 428 해커스 주택관리사
고객센터 1588-2332
교재 관련 문의 house@pass.com
해커스 주택관리사 사이트(house.Hackers.com) 1:1 수강생상담
학원강의 house.Hackers.com/gangnam
동영상강의 house.Hackers.com

ISBN 979-11-7244-794-6(13540)
Serial Number 06-01-01

합격을 좌우하는
최종 마무리,

핵심문제 풀이를
한 번에!

공동주택시설개론은 주택관리사 업무를 하는 데 필요한 전문적 지식을 요구하는 과목입니다. 이 과목은 건축구조, 건축설비를 포함한 주택관리사(보) 2차 시험 과목인 공동주택관리실무와 주택관리관계법규와도 매우 밀접한 관계가 있으므로 많은 관심을 가지고 학습하여야 합니다.

최근 주택관리사(보) 공동주택시설개론의 출제경향을 살펴보면 문제의 난도가 점차 높아지고 있음을 알 수 있습니다. 따라서 전반적인 내용을 이해함과 동시에 체계적인 핵심정리가 이루어져야 합니다. 본 교재는 최종 핵심정리를 돕고, 문제풀이 실력을 배양하기 위하여 출간된 것으로서 수험생의 든든한 길잡이가 될 것입니다.

본 교재는 다음의 사항에 중점을 두어 집필하였습니다.

1 기출문제를 출제자의 입장에서 분석하여 출제 가능성이 높은 문제들을 선별하여 수록하였습니다.

2 대표적인 형식의 문제를 접할 수 있도록 '대표예제'를 선별하였으며, 최근 출제경향을 반영한 적중률 높은 문제를 실어 문제풀이 실력을 향상시킬 수 있도록 하였습니다.

3 누구나 쉽게 이해할 수 있도록 핵심적인 내용을 자세하게 설명하여 문제를 푸는 것만으로도 최종 정리를 할 수 있도록 해설을 수록하였습니다.

더불어 주택관리사(보) 시험전문 **해커스 주택관리사(house.Hackers.com)**에서 학원강의나 인터넷 동영상강의를 함께 이용하여 꾸준히 수강한다면 학습효과를 극대화할 수 있을 것입니다.

본 교재로 학습하는 수험생 여러분의 합격을 진심으로 기원합니다.

2025년 1월
송성길, 해커스 주택관리사시험 연구소

이 책의 차례

제2편 | 건축설비

이 책의 특징

01 전략적인 문제풀이를 통하여 합격으로 가는 실전 문제집

2025년 주택관리사(보) 시험 합격을 위한 실전 문제집으로 꼭 필요한 문제만을 엄선하여 수록하였습니다. 매 단원마다 출제 가능성이 높은 예상문제를 풀어볼 수 있도록 구성함으로써 주요 문제를 전략적으로 학습하여 단기간에 합격에 이를 수 있도록 하였습니다.

02 실전 완벽 대비를 위한 다양한 문제와 상세한 해설 수록

최근 10개년 기출문제를 분석하여 출제포인트를 선정하고, 각 포인트별 자주 출제되는 핵심 유형을 대표예제로 엄선하였습니다. 그리고 출제가 예상되는 다양한 문제를 상세한 해설과 함께 수록하여 개념을 다시 한번 정리하고 실력을 향상시킬 수 있도록 하였습니다.

03 최신 개정법령 및 출제경향 반영

최신 개정법령 및 시험 출제경향을 철저하게 분석하여 문제에 모두 반영하였습니다. 또한 기출문제의 경향과 난이도가 충실히 반영된 고난도 · 종합 문제를 수록하여 다양한 문제 유형에 충분히 대비할 수 있도록 하였습니다. 추후 개정되는 내용들은 해커스 주택관리사(house.Hackers.com) '개정자료 게시판'에서 쉽고 빠르게 확인할 수 있습니다.

04 교재 강의 · 무료 학습자료 · 필수 합격정보 제공(house.Hackers.com)

해커스 주택관리사(house.Hackers.com)에서는 주택관리사 전문 교수진의 쉽고 명쾌한 온 · 오프라인 강의를 제공하고 있습니다. 또한 각종 무료 강의 및 무료 온라인 전국 실전모의고사 등 다양한 학습자료와 시험 안내자료, 합격가이드 등 필수 합격정보를 확인할 수 있도록 하였습니다.

이 책의 구성

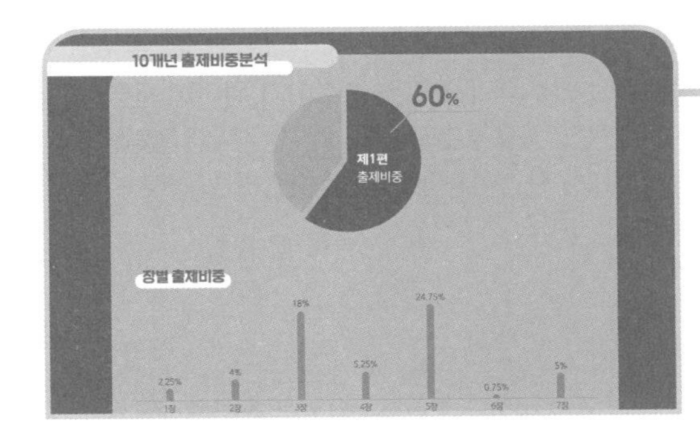

출제비중분석 그래프

최근 10개년 주택관리사(보) 시험을 심층적으로 분석한 편별·장별 출제비중을 각 편 시작 부분에 시각적으로 제시함으로써 단원별 출제경향을 한눈에 파악하고 학습전략을 수립할 수 있도록 하였습니다.

대표예제 75 　질권★

질권에 관한 설명으로 옳지 않은 것은? (다툼이 있으면 판례에 따름)

① 타인의 채무를 담보하기 위하여 질권을 설정한 자는 채무자에 대한 사전구상권을 갖는다.
② 선의취득에 관한 민법 제249조는 동산질권에 준용한다.
③ 질권에 있어서 피담보채권의 범위는 저당권의 그것에 비하여 넓게 규정되어 있다.
④ 채권자는 피담보채권의 변제를 받을 때까지 질물을 유치할 수 있다.
⑤ 질권자는 채권의 변제를 받기 위하여 질물을 경매할 수 있고, 우선변제권을 가지므로 물상대위도 인정된다.

해설 | 원칙적으로 수탁보증인의 사전구상권에 관한 민법 제442조는 물상보증인에게 적용되지 아니하고 물상보증인은 사전구상권을 행사할 수 없다(대판 2009.7.23, 2009다19802 · 19819).

기본서 p.664~673 　정답 ①

대표예제

주요 출제포인트에 해당하는 대표예제를 수록하여 출제유형을 파악할 수 있도록 하였습니다. 또한 정확하고 꼼꼼한 해설 및 기본서 페이지를 수록하여 부족한 부분에 대하여 충분한 이론 학습을 할 수 있도록 하였습니다.

고난도

05 20×1년 말 (주)한국과 관련된 자료는 다음과 같다. 20×1년 말 (주)한국의 재무상태표에 표시해야 하는 현금및현금성자산은?

1. (주)한국의 실사 및 조회자료
   • 소액현금: ₩100,000
   • 지급기일이 도래한 공채이자표: ₩200,000
   • 수입인지: ₩100,000
   • 타인발행 당좌수표: ₩100,000
   • 은행이 발급한 당좌예금잔액증명서 금액: ₩700,000
2. (주)한국과 은행간 당좌예금 잔액차이 원인
   • 은행이 (주)한국에 통보하지 않은 매출채권 추심액: ₩50,000
   • (주)한국이 당해 연도 발행했지만 은행에서 미인출된 수표: ₩200,000

① ₩850,000 　② ₩900,000
③ ₩950,000 　④ ₩1,000,000

다양한 유형의 문제

최신 출제경향을 반영하여 다양한 유형의 문제를 단원별로 수록하였습니다. 또한 고난도 · 종합 문제를 수록하여 더욱 깊이 있는 학습을 할 수 있도록 하였습니다.

주택관리사(보) 안내

주택관리사(보)의 정의

주택관리사(보)는 공동주택을 안전하고 효율적으로 관리하고 공동주택 입주자의 권익을 보호하기 위하여 운영 · 관리 · 유지 · 보수 등을 실시하고 이에 필요한 경비를 관리하며, 공동주택의 공용부분과 공동소유인 부대시설 및 복리시설의 유지 · 관리 및 안전관리 업무를 수행하기 위하여 주택관리사(보) 자격시험에 합격한 자를 말합니다.

주택관리사의 정의

주택관리사는 주택관리사(보) 자격시험에 합격한 자로서 다음의 어느 하나에 해당하는 경력을 갖춘 자로 합니다.

① 사업계획승인을 받아 건설한 50세대 이상 500세대 미만의 공동주택(「건축법」 제11조에 따른 건축허가를 받아 주택과 주택 외의 시설을 동일 건축물로 건축한 건축물 중 주택이 50세대 이상 300세대 미만인 건축물을 포함)의 관리사무소장으로 근무한 경력이 3년 이상인 자
② 사업계획승인을 받아 건설한 50세대 이상의 공동주택(「건축법」 제11조에 따른 건축허가를 받아 주택과 주택 외의 시설을 동일 건축물로 건축한 건축물 중 주택이 50세대 이상 300세대 미만인 건축물을 포함)의 관리사무소 직원(경비원, 청소원, 소독원은 제외) 또는 주택관리업자의 직원으로 주택관리 업무에 종사한 경력이 5년 이상인 자
③ 한국토지주택공사 또는 지방공사의 직원으로 주택관리 업무에 종사한 경력이 5년 이상인 자
④ 공무원으로 주택 관련 지도 · 감독 및 인 · 허가 업무 등에 종사한 경력이 5년 이상인 자
⑤ 공동주택관리와 관련된 단체의 임직원으로 주택 관련 업무에 종사한 경력이 5년 이상인 자
⑥ ①~⑤의 경력을 합산한 기간이 5년 이상인 자

주택관리사 전망과 진로

주택관리사는 공동주택의 관리 · 운영 · 행정을 담당하는 부동산 경영관리분야의 최고 책임자로서 계획적인 주택관리의 필요성이 높아지고, 주택의 형태 또한 공동주택이 증가하고 있는 추세로 볼 때 업무의 전문성이 높은 주택관리사 자격의 중요성이 높아지고 있습니다.
300세대 이상이거나 승강기 설치 또는 중앙난방방식의 150세대 이상 공동주택은 반드시 주택관리사 또는 주택관리사(보)를 채용하도록 의무화하는 제도가 생기면서 주택관리사(보)의 자격을 획득 시 안정적으로 취업이 가능하며, 주택관리시장이 확대됨에 따라 공동주택관리업체 등을 설립 · 운영할 수도 있고, 주택관리법인에 참여하는 등 다양한 분야로의 진출이 가능합니다.
공무원이나 한국토지주택공사, SH공사 등에 근무하는 직원 및 각 주택건설업체에서 근무하는 직원의 경우 주택관리사(보) 자격증을 획득하게 되면 이에 상응하는 자격수당을 지급받게 되며, 승진에 있어서도 높은 고과점수를 받을 수 있습니다.
정부의 신주택정책으로 주택의 관리측면이 중요한 부분으로 부각되고 있는 실정이므로, 앞으로 주택관리사의 역할은 더욱 중요해질 것입니다.

① 공동주택, 아파트 관리소장으로 진출
② 아파트 단지 관리사무소의 행정관리자로 취업
③ 주택관리업 등록업체에 진출
④ 주택관리법인 참여
⑤ 주택건설업체의 관리부 또는 행정관리자로 참여
⑥ 한국토지주택공사, 지방공사의 중견 간부사원으로 취업
⑦ 주택관리 전문 공무원으로 진출

주택관리사의 업무

구분	분야	주요업무
행정관리업무	회계관리	예산편성 및 집행결산, 금전출납, 관리비 산정 및 징수, 공과금 납부, 회계상의 기록유지, 물품구입, 세무에 관한 업무
	사무관리	문서의 작성과 보관에 관한 업무
	인사관리	행정인력 및 기술인력의 채용 · 훈련 · 보상 · 통솔 · 감독에 관한 업무
	입주자관리	입주자들의 요구 · 희망사항의 파악 및 해결, 입주자의 실태파악, 입주자 간의 친목 및 유대 강화에 관한 업무
	홍보관리	회보발간 등에 관한 업무
	복지시설관리	노인정 · 놀이터 관리 및 청소 · 경비 등에 관한 업무
	대외업무	관리 · 감독관청 및 관련 기관과의 업무협조 관련 업무
기술관리업무	환경관리	조경사업, 청소관리, 위생관리, 방역사업, 수질관리에 관한 업무
	건물관리	건물의 유지 · 보수 · 개선관리로 주택의 가치를 유지하여 입주자의 재산을 보호하는 업무
	안전관리	건축물설비 또는 작업에서의 재해방지조치 및 응급조치, 안전장치 및 보호구설비, 소화설비, 유해방지시설의 정기점검, 안전교육, 피난훈련, 소방 · 보안경비 등에 관한 업무
	설비관리	전기설비, 난방설비, 급 · 배수설비, 위생설비, 가스설비, 승강기설비 등의 관리에 관한 업무

주택관리사(보) 시험안내

응시자격

1. **응시자격**: 연령, 학력, 경력, 성별, 지역 등에 제한이 없습니다.
2. **결격사유**: 시험시행일 현재 다음 중 어느 하나에 해당하는 사람과 부정행위를 한 사람으로서 당해 시험시행으로부터 5년이 경과되지 아니한 사람은 응시 불가합니다.
   - 피성년후견인 또는 피한정후견인
   - 파산선고를 받은 사람으로서 복권되지 아니한 사람
   - 금고 이상의 실형을 선고받고 그 집행이 종료되거나(집행이 끝난 것으로 보는 경우 포함) 집행을 받지 아니하기로 확정된 후 2년이 지나지 아니한 사람
   - 금고 이상의 형의 집행유예를 선고받고 그 집행유예기간 중에 있는 사람
   - 주택관리사 등의 자격이 취소된 후 3년이 지나지 아니한 사람
3. 주택관리사(보) 자격시험에 있어서 부정한 행위를 한 응시자는 그 시험을 무효로 하고, 당해 시험시행일로부터 5년간 시험 응시자격을 정지합니다.

시험과목

구분	시험과목	시험범위
1차 (3과목)	회계원리	세부과목 구분 없이 출제
	공동주택시설개론	• 목구조 · 특수구조를 제외한 일반 건축구조와 철골구조, 장기수선계획 수립 등을 위한 건축적산 • 홈네트워크를 포함한 건축설비개론
	민법	• 총칙 • 물권, 채권 중 총칙 · 계약총칙 · 매매 · 임대차 · 도급 · 위임 · 부당이득 · 불법행위
2차 (2과목)	주택관리관계법규	다음의 법률 중 주택관리에 관련되는 규정 「주택법」, 「공동주택관리법」, 「민간임대주택에 관한 특별법」, 「공공주택 특별법」, 「건축법」, 「소방기본법」, 「소방시설 설치 및 관리에 관한 법률」, 「화재의 예방 및 안전관리에 관한 법률」, 「승강기 안전관리법」, 「전기사업법」, 「시설물의 안전 및 유지관리에 관한 특별법」, 「도시 및 주거환경정비법」, 「도시재정비 촉진을 위한 특별법」, 「집합건물의 소유 및 관리에 관한 법률」
	공동주택관리실무	시설관리, 환경관리, 공동주택 회계관리, 입주자관리, 공동주거관리이론, 대외업무, 사무 · 인사관리, 안전 · 방재관리 및 리모델링, 공동주택 하자관리(보수공사 포함) 등

* 시험과 관련하여 법률 · 회계처리기준 등을 적용하여 정답을 구하여야 하는 문제는 시험시행일 현재 시행 중인 법령 등을 적용하여 그 정답을 구하여야 함
* 회계처리 등과 관련된 시험문제는 한국채택국제회계기준(K-IFRS)을 적용하여 출제됨

시험시간 및 시험방법

구분	시험과목 수		입실시간	시험시간	문제형식
1차 시험	1교시	2과목(과목당 40문제)	09:00까지	09:30~11:10(100분)	객관식 5지 택일형
	2교시	1과목(과목당 40문제)		11:40~12:30(50분)	
2차 시험	2과목(과목당 40문제)		09:00까지	09:30~11:10(100분)	객관식 5지 택일형 (과목당 24문제) 및 주관식 단답형 (과목당 16문제)

* 주관식 문제 괄호당 부분점수제 도입
1문제당 2.5점 배점으로 괄호당 아래와 같이 부분점수로 산정함
- 3괄호: 3개 정답(2.5점), 2개 정답(1.5점), 1개 정답(0.5점)
- 2괄호: 2개 정답(2.5점), 1개 정답(1점)
- 1괄호: 1개 정답(2.5점)

원서접수방법

1. 한국산업인력공단 큐넷 주택관리사(보) 홈페이지(www.Q-Net.or.kr/site/housing)에 접속하여 소정의 절차를 거쳐 원서를 접수합니다.
2. 원서접수시 최근 6개월 이내에 촬영한 탈모 상반신 사진을 파일(JPG 파일, 150픽셀×200픽셀)로 첨부합니다.
3. 응시수수료는 1차 21,000원, 2차 14,000원(제27회 시험 기준)이며, 전자결제(신용카드, 계좌이체, 가상계좌) 방법을 이용하여 납부합니다.

합격자 결정방법

1. **제1차 시험**: 과목당 100점을 만점으로 하여 모든 과목 40점 이상이고, 전 과목 평균 60점 이상의 득점을 한 사람을 합격자로 합니다.
2. **제2차 시험**
   - 1차 시험과 동일하나, 모든 과목 40점 이상이고 전 과목 평균 60점 이상의 득점을 한 사람의 수가 선발예정인원에 미달하는 경우 모든 과목 40점 이상을 득점한 사람을 합격자로 합니다.
   - 제2차 시험 합격자 결정시 동점자로 인하여 선발예정인원을 초과하는 경우 그 동점자 모두를 합격자로 결정하고, 동점자의 점수는 소수점 둘째 자리까지만 계산하며 반올림은 하지 않습니다.

최종 정답 및 합격자 발표

시험시행일로부터 1차 약 1달 후, 2차 약 2달 후 한국산업인력공단 큐넷 주택관리사(보) 홈페이지(www.Q-Net.or.kr/site/housing)에서 확인 가능합니다.

학습플랜

전 과목 8주 완성 학습플랜

일주일 동안 3과목을 번갈아 학습하여, 8주에 걸쳐 1차 전 과목을 1회독할 수 있는 학습플랜입니다.

구분	월	화	수	목	금	토	일
	회계원리	공동주택 시설개론	민법	회계원리	공동주택 시설개론	민법	복습
1주차	1편 1장~ 2장 문제 11	1편 1장~ 2장 문제 11	1편 1장~ 3장 문제 09	1편 1장 문제 12~ 3장 문제 08	1편 2장 대표예제 07~ 3장	1편 3장 대표예제 10~ 문제 34	
2주차	1편 3장 문제 09~ 4장 문제 13	1편 4장~ 문제 40	1편 3장 대표예제 19~ 문제 63	1편 4장 대표예제 14~ 문제 36	1편 4장 대표예제 21~ 5장	1편 3장 대표예제 24~ 5장 문제 10	
3주차	1편 5장~ 문제 26	1편 6장~7장	1편 5장 대표예제 33~ 문제 38	1편 5장 대표예제 21~ 6장	1편 8장~ 9장 문제 15	1편 5장 대표예제 41~ 문제 69	
4주차	1편 7장~ 8장 문제 09	1편 9장 대표예제 36~ 11장	1편 5장 대표예제 47~ 문제 97	1편 8장 대표예제 32~ 9장	1편 12장~ 2편 1장 문제 16	1편 5장 대표예제 53~ 7장 문제 13	
5주차	1편 10장~ 12장 문제 08	2편 1장 대표예제 46~ 2장 문제 10	1편 7장 문제 14~ 2편 2장 문제 14	1편 12장 문제 09~ 13장	2편 2장 대표예제 52~ 3장	2편 2장 문제 15~ 3장	
6주차	1편 14장~ 15장 문제 12	2편 4장~ 6장 문제 12	2편 4장~ 5장 문제 12	1편 15장 대표예제 48~ 2편 2장	2편 6장 문제 13~ 2편 7장	2편 5장 대표예제 76~ 3편 1장	
7주차	2편 3장~4장	2편 8장~ 문제 39	3편 2장~4장	2편 5장	2편 8장 대표예제 73~ 9장 문제 19	3편 5장~ 4편 1장 문제 12	
8주차	2편 6장~7장	2편 9장 대표예제 78~ 문제 52	4편 1장 대표예제 95~ 2장 문제 22	2편 8장~9장	2편 10장	4편 2장 대표예제 99~ 4장	

* 이하 편/장 이외의 숫자는 본문 내의 문제번호입니다.

공동주택시설개론 3주 완성 학습플랜

한 과목씩 집중적으로 공부하고 싶은 수험생을 위한 학습플랜입니다.

구분	월	화	수	목	금	토	일
1주차	1편 1장~ 2장 문제 08	1편 2장 문제 09~ 3장 문제 19	1편 3장 문제 20~ 4장 문제 30	1편 4장 문제 31~ 5장 문제 22	1편 5장 문제 23~ 7장 문제 09	1편 7장 문제 10~ 8장 문제 17	1주차 복습
2주차	1편 8장 문제 18~ 9장 문제 28	1편 9장 문제 29~ 12장 문제 15	1편 12장 대표예제 43~ 2편 1장 문제 17	2편 1장 문제 18~ 문제 48	2편 2장~ 3장 문제 18	2편 3장 대표예제 54~ 5장	2주차 복습
3주차	2편 6장	2편 7장~ 8장 문제 18	2편 8장 문제 19~ 문제 60	2편 8장 대표예제 74~ 9장 문제 23	2편 9장 대표예제 79~ 문제 45	2편 9장 문제 46~10장	3주차 복습

학습플랜 이용 Tip

- 본인의 학습 진도와 상황에 적합한 학습플랜을 선택한 후, 매일 · 매주 단위의 학습량을 확인합니다.
- 목표한 분량을 완료한 후에는 ☑과 같이 체크하며 학습 진도를 스스로 점검합니다.

[문제집 학습방법]

- '출제비중분석'을 통해 단원별 출제비중과 해당 단원의 출제경향을 파악하고, 포인트별로 문제를 풀어나가며 다양한 출제 유형을 익힙니다.
- 틀린 문제는 해설을 꼼꼼히 읽어보고 해당 포인트의 이론을 확인하여 확실히 이해하고 넘어가도록 합니다.
- 복습일에 문제집을 다시 풀어볼 때에는 전체 내용을 정리하고, 틀린 문제는 다시 한번 확인하여 완벽히 익히도록 합니다.

[기본서 연계형 학습방법]

- 하루 동안 학습한 내용 중 어려움을 느낀 부분은 기본서에서 관련 이론을 찾아서 확인하고, '핵심 콕! 콕!' 위주로 중요 내용을 확실히 정리하도록 합니다. 기본서 복습을 완료한 후에는 학습플랜에 학습 완료 여부를 체크합니다.
- 복습일에는 한 주 동안 학습한 기본서 이론 중 추가적으로 학습이 필요한 사항을 문제집에 정리하고, 틀린 문제와 관련된 이론을 위주로 학습합니다.

출제경향분석 및 수험대책

제27회(2024년) 시험 총평

제27회 시험은 전체적으로 보았을 때 제26회 시험과 비슷한 수준으로 출제되었습니다.
건축구조는 기본서와 출제예상문제집에서 늘 다루어 왔던 문제가 출제되었고, 건축설비에서는 수도법령상 절수설비와 절수기기의 종류 및 기준, 피난용 승강기의 설치기준과 화재안전성능기준상 배관에 관한 문제가 새롭게 3문제 출제되었지만, 나머지는 늘 다루어 왔던 일반적인 수준의 문제들이었습니다.
최근 3년간 출제 난이도가 상 15~20%, 중 50~55%, 하 30%의 비중으로 출제되었지만, 제27회 시험은 상 20%, 중 70%, 하 10%의 비중으로 출제되었습니다.
전년도와 비교하면 '상' 수준의 문제는 비슷하지만 '중' 수준의 문제가 증가하였고 '하' 수준의 문제가 상대적으로 적게 출제되어 수험생들 입장에서는 다소 어렵게 느껴졌을 수 있습니다.
계산문제는 건축구조에서 1문제, 건축설비에서 2문제가 출제되었지만 늘 강의시간에 다루어 왔던 문제들이기에 성실하게 준비한 수험생이라면 70점 이상의 점수를 받을 수 있을 시험 수준이었습니다.

제27회(2024년) 출제경향분석

구분		제18회	제19회	제20회	제21회	제22회	제23회	제24회	제25회	제26회	제27회	계	비율(%)
건축구조	건축구조 총론	1	1	2	2	2	2	2	1	2	2	17	4.25
	기초구조	1	2	2	2	2	2	1	1	1	1	15	3.75
	조적식 구조	2	2	1	1	1	1	1	1	3	1	14	3.5
	철근콘크리트구조	5	3	3	3	3	4	4	3	3	4	35	8.75
	철골구조	2	2	2	2	2	1	2	4	2	2	21	5.25
	지붕공사		2	1	1	1	1	1	1		1	9	2.25
	방수공사	2	2	2	2	2	1	2	2	2	2	19	4.75
	미장 및 타일공사	3	2	2	2	2	2	2	1	2	2	20	5
	창호 및 유리공사	1	2	2	2	2	2	2	3	2	2	20	5
	수장공사						1		1			2	0.5
	도장공사	1	1	1	1	1	1	1		1	1	9	2.25
	건축적산	2	1	2	2	2	2	1	2	2	2	18	4.5
	기타 공사							1				1	0.25
건축설비	급수설비	2	2	4	3	5	3	4	3	5	4	35	8.75
	급탕설비		4	2	1	1	2	2	1	1	2	16	4
	배수 및 통기설비	2	1	1	1	2	4	4	1	1	2	19	4.75
	위생기구 및 배관용 재료	3	1	1	1	1	1		3	1		12	3
	오물정화설비	1	1		1				1		1	5	1.25
	소화설비	2	3	3	2	1	1	2	3	2	2	21	5.25
	가스설비	1		1	1	1	1	1	1		1	8	2
	냉난방설비	6	4	2	4	4	3	2	4	4	5	38	9.5
	전기설비	2	3	5	6	4	3	4	2	5	2	36	9
	수송설비	1	1	1		1	1		1	1	1	8	2
	기타 설비						1	1				2	0.5
총계		40	40	40	40	40	40	40	40	40	40	400	100

❶ 건축구조

기초구조, 조적식 구조, 지붕공사, 도장공사에서 1문제씩, 건축구조 총론, 철골구조, 방수공사, 미장 및 타일공사, 창호 및 유리공사, 건축적산에서 2문제씩, 철근콘크리트구조에서 4문제가 출제되었는데, 출제빈도가 높았던 조적식 구조에서는 1문제가 출제되었습니다. 하지만 전체적으로 큰 어려움 없이 풀 수 있는 문제들로 구성되었다고 볼 수 있습니다.

❷ 건축설비

급탕설비, 배수 및 통기설비, 소화설비, 전기설비에서 2문제씩, 급수설비 4문제, 냉난방설비 5문제, 그 외 단원에서 각 1문제씩 출제되었고, 특이하게 출제빈도가 높았던 전기설비에서는 2문제만 출제되어 한 해씩 걸러서 5문제에서 2문제로 번갈아 출제되는 경향을 보이고 있습니다. 전체적으로 큰 어려움 없이 풀 수 있는 문제들이었다고 볼 수 있습니다.

❸ 건축설비와 기출 난이도 분석

기출문제를 전체적으로 분석해 보면 좀 더 폭넓고 깊이 있게 출제되고 있다는 것을 알 수 있습니다.

제28회(2025년) 수험대책

공동주택시설개론은 최근 3년간 기출문제와 이번 제27회 기출문제를 확인해 보면, 암기보다는 기본적인 내용과 관련하여 각각의 세부적인 내용을 이해하는 방식으로 기본서를 공부해 나간다면 충분히 고득점할 수 있으리라 예상합니다. 이번 제27회 시험에서도 확인되었듯이, 기본적인 내용과 관련하여 전체적인 부분을 체계적으로 정리하는 학습이 필요합니다.

❶ 이해 중심의 학습

암기보다는 이해 및 원리 중심으로 학습해야 합니다.

❷ 반복 중심의 학습

이해 후 반복학습(기본서 정독, 출제예상 문제풀이 등)을 해야 합니다.

❸ 그림과 사진을 활용한 서브노트

자신만의 그림 위주의 서브노트를 구성하면 효과적으로 학습할 수 있습니다.

기출문제를 전체적으로 분석해 보면 좀 더 폭넓고, 깊게 그리고 새로운 문제들이 출제되고 있다는 것을 알 수 있습니다. 따라서 출제빈도가 지속적으로 높았던 문제유형을 중심으로 학습하되, 불필요한 학습량을 줄이고 출제 가능성이 높은 부분을 반복적으로 학습하여 기본점수를 확보하는 것이 가장 바람직한 학습방향입니다.

10개년 출제비중분석

50%

제1편
출제비중

장별 출제비중

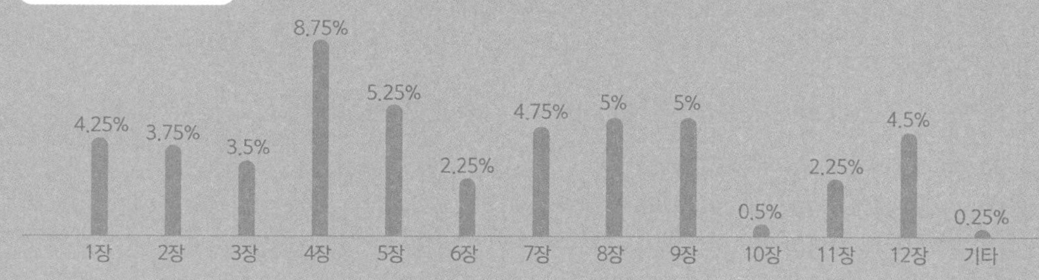

제1편 건축구조

제1장 건축구조 총론

대표예제 01 건축구조의 분류 ★★★

건축구조의 분류로 옳은 것은? 제21회

① 조적식 구조 - 목구조
② 습식 구조 - 철골구조
③ 일체식 구조 - 철골철근콘크리트구조
④ 가구식 구조 - 철근콘크리트구조
⑤ 건식 구조 - 벽돌구조

오답체크
① 가구식 구조 - 목구조
② 건식 구조 - 철골구조
④ 일체식 구조 - 철근콘크리트구조
⑤ 습식 구조 - 벽돌구조

기본서 p.23~30

정답 ③

01 건물 구조 형식에 관한 설명으로 옳지 않은 것은? 제27회

① 건식 구조는 물을 사용하지 않는 구조로 일체식 구조, 목구조 등이 있다.
② 막구조는 주로 막이 갖는 인장력으로 저항하는 구조이다.
③ 현수구조는 케이블의 인장력으로 하중을 지지하는 구조이다.
④ 벽식 구조는 벽체와 슬래브에 의해 하중이 전달되는 구조이다.
⑤ 플랫플레이트슬래브는 보와 지판이 없는 구조이다.

02 건축물의 구조에 관한 설명으로 옳지 않은 것은?

① 플랫슬래브(flat slab)구조는 내부에 보를 사용하지 않고 기둥에 의하여 바닥(판) 슬래브를 직접 지지하는 구조이다.
② 철근콘크리트구조는 압축에 강한 철근과 인장에 강한 콘크리트를 일체화하여 만든 구조이다.
③ 프리캐스트구조는 부재를 현장 이외의 장소에서 제작하고 현장에 반입하여 조립하는 구조이다.
④ 조적구조는 벽돌, 블록 등의 재료를 모르타르와 같은 접착재료로 쌓아 올린 구조이다.
⑤ 철골구조는 강재를 볼트, 용접 등의 접합방법으로 조립한 부재 또는 단일 형강 등을 이용하여 구성한 구조이다.

고난도

03 철근콘크리트의 구조형식에 대한 설명으로 옳지 않은 것은?

① 라멘구조는 기둥과 보를 일체로 연결하는 구조형식이다.
② 벽식 구조는 기둥이 없이 벽과 슬래브를 연결하는 구조형식이다.
③ 플랫슬래브구조는 내부에 보가 없이 슬래브를 직접 기둥에 연결하는 구조형식이다.
④ 프리캐스트구조는 벽, 기둥, 보 및 슬래브 등 주요 부재를 미리 제작하여 현장에서 연결하는 구조형식이다.
⑤ 프리스트레스트구조는 보가 없이 슬래브를 직접 벽에 연결하는 구조형식이다.

정답 및 해설

01 ① 건식 구조는 물을 사용하지 않는 구조로 철골구조, 목구조 등이 있으며 일체식 구조는 습식 구조이다.
02 ② 철근콘크리트구조는 압축에 강한 콘크리트와 인장에 강한 철근을 일체화하여 만든 구조이다.
03 ⑤ 프리스트레스트구조는 인장응력이 생기는 부분에 PS강재를 긴장시켜 프리스트레스를 부여함으로써 콘크리트에 미리 압축력을 주어 인장강도를 증가시켜 휨 저항을 크게 한 구조형식이다.

04 건축의 구조형식에 관한 설명으로 옳지 않은 것은?
제20회

① 라멘구조는 기둥과 보가 강접합되어 이루어진 구조이다.
② 트러스구조는 가늘고 긴 부재를 강접합해서 삼각형의 형상으로 만든 구조이다.
③ 플랫슬래브구조는 보가 없는 구조이다.
④ 아치구조는 주로 압축력을 전달하게 하는 구조이다.
⑤ 내력벽식 구조는 내력벽과 바닥판에 의해 하중을 전달하는 구조이다.

05 구조형식에 관한 설명으로 옳지 않은 것은?
제26회

① 조적조는 벽돌 등의 재료를 쌓는 구조로 벽식에 적합한 습식 구조이다.
② 철근콘크리트 라멘구조는 일체식 구조로 습식 구조이다.
③ 트러스는 부재에 전단력이 작용하는 건식 구조이다.
④ 플랫슬래브는 보가 없는 바닥판 구조이며 습식 구조이다.
⑤ 현수구조는 케이블에 인장력이 작용하는 건식 구조이다.

06 건축물의 구조에 관한 설명으로 옳지 않은 것은?

① 내력벽식 구조는 자중과 상부로부터 전달되는 수직 및 수평방향의 하중을 벽체가 부담하도록 설계된 구조이다.
② 가구식 구조는 가늘고 긴 부재를 접합하여 뼈대를 만드는 구조로 부재 접합부에 따라 구조강성이 결정된다.
③ 일체식 구조는 라멘구조라고도 하며, 기둥과 보를 이동단으로 접합한 구조이다.
④ 조적식 구조는 벽돌, 시멘트 블록 등을 접착재료로 쌓아 만든 구조이다.
⑤ 조립식 구조는 부재를 규격화하여 미리 공장에서 생산 및 가공한 후 현장에서 조립하는 구조이다.

07 건축물의 구조에 관한 설명으로 옳지 않은 것은? 제22회

① 커튼월은 공장 생산된 부재를 현장에서 조립하여 구성하는 비내력 외벽이다.
② 조적구조는 벽돌, 석재, 블록, ALC 같은 조적재를 결합재 없이 쌓아 올려 만든 구조이다.
③ 강구조란 각종 형강과 강판을 볼트, 리벳, 고력볼트, 용접 등의 접합방법으로 조립한 구조이다.
④ 기초란 건축물의 하중을 지반에 안전하게 전달시키는 구조 부분이다.
⑤ 철근콘크리트구조는 철근과 콘크리트를 일체로 결합하여 콘크리트는 압축력, 철근은 인장력에 유효하게 작용하는 구조이다.

고난도

08 건물 구조형식에 관한 설명으로 옳은 것은? 제24회

① 이중골조구조: 수평력의 25% 미만을 부담하는 가새골조가 전단벽이나 연성모멘트골조와 조합되어 있는 구조
② 전단벽구조: 전단벽이 캔틸레버 형태로 나와 외곽부의 기둥을 스트럿(strut)이나 타이(tie)처럼 거동하게 함으로써 응력 및 하중을 재분배시키는 구조
③ 골조-전단벽구조: 수평력을 전단벽과 골조가 각각 독립적으로 저항하는 구조
④ 절판구조: 판을 주름지게 하여 휨에 대한 저항능력을 향상시키는 구조
⑤ 플랫슬래브구조: 슬래브의 상부하중을 보와 슬래브로 지지하는 구조

정답 및 해설

04 ② 트러스구조는 가늘고 긴 부재를 핀(힌지)접합해서 삼각형의 형상으로 만든 구조이다.
05 ③ 트러스구조는 전단력이나 휨모멘트는 작용하지 않고 건식 구조이다.
06 ③ 일체식 구조는 라멘구조라고도 하며, 기둥과 보를 고정단으로 접합한 구조이다.
07 ② 조적구조는 벽돌, 석재, 블록, ALC 같은 조적재를 결합재(모르타르)로 쌓아 올려 만든 구조이다.
08 ④ ① 이중골조구조는 수평력의 25% 이상을 부담하는 보통(연성)모멘트골조가 전단벽이나 가새골조와 조합되어 있는 구조방식이다.
② 전단벽구조는 주로 공간이 일정한 면적으로 분할 · 구획되는 고층아파트, 호텔 등에 적용되는 구조시스템으로 수평하중에 따른 전단력을 벽체가 지지하도록 구성된 구조시스템이다.
③ 골조-전단벽구조는 수평력을 전단벽과 골조가 함께 저항하는 구조이다.
⑤ 플랫슬래브구조는 수직재의 기둥에 연결되어 하중을 지탱하고 있는 수평구조 부재인 보(beam)가 없이 기둥과 슬래브로 구성된다.

대표예제 02 시공과정에 의한 분류 ★

건축구조의 시공과정에 따른 분류에 해당하지 않는 것은? 제23회

① 습식구조 ② 라멘구조
③ 조립구조 ④ 현장구조
⑤ 건식구조

해설 | 라멘구조는 건축 구성양식에 의한 분류에 해당한다.

기본서 p.27~28 정답 ②

대표예제 03 하중 ★★★

건축물의 구조설계에 적용하는 하중에 관한 설명으로 옳지 않은 것은? 제19회

① 적설하중은 구조물에 쌓이는 눈의 무게에 의해서 발생하는 하중이다.
② 적재하중은 활하중이라고도 하며, 건축물을 점유·사용함으로써 발생하는 하중이다.
③ 공동주택에서 발코니의 기본등분포활하중은 주거용 구조물 거실의 활하중보다 작은 값을 사용한다.
④ 풍하중은 골조 설계용과 외장재 설계용 등으로 구분한다.
⑤ 고정하중은 설계에 적용하는 하중으로 장기하중이다.

해설 | 공동주택에서 발코니의 기본등분포활하중은 주거용 구조물 거실의 활하중보다 큰 값을 사용한다.

기본서 p.31~34 정답 ③

09 건축물 주요 실의 기본등분포활하중(kN/m^2)의 크기가 가장 작은 것은? 제27회

① 공동주택의 공용실
② 주거용 건축물의 거실
③ 판매장의 상점
④ 도서관의 서고
⑤ 기계실의 공조실

10 건축물의 하중에 관한 설명으로 옳지 않은 것은? 제21회

① 지진하중은 지반종류의 영향을 받는다.
② 풍하중은 지형의 영향을 받는다.
③ 고정하중은 구조체의 자중을 포함한다.
④ 적설하중은 지붕형상의 영향을 받는다.
⑤ 가동성 경량칸막이벽은 고정하중에 포함된다.

11 구조물에 작용하는 단기하중으로 옳은 것을 모두 고른 것은?

㉠ 고정하중
㉡ 풍하중
㉢ 지진하중
㉣ 적재하중
㉤ 충격하중

① ㉠, ㉢
② ㉡, ㉣
③ ㉠, ㉡, ㉤
④ ㉠, ㉢, ㉣
⑤ ㉡, ㉢, ㉤

정답 및 해설

09 ②

구분	기본등분포활하중(kN/m^2)의 크기
공동주택의 공용실	5.0
주거용 건축물의 거실	2.0
판매장의 상점	5.0
도서관의 서고	7.5
기계실의 공조실	5.0

10 ⑤ 가동성 경량칸막이벽은 활하중(적재하중, 동하중)에 포함된다.

11 ⑤ 단기하중에는 풍하중, 지진하중, 충격하중 등이 있다.

12 건축물에 작용하는 활하중에 관한 설명으로 옳지 않은 것은?

① 활하중은 구조체 자체의 무게나 구조물의 존재기간 중 지속적으로 구조물에 작용하는 하중을 말한다.
② 활하중은 등분포활하중과 집중활하중으로 분류할 수 있다.
③ 활하중은 신축 건축물 및 공작물의 구조계산과 기존 건축물의 안전성 검토시 적용된다.
④ 하중을 장기하중과 단기하중으로 구분할 경우 활하중은 장기하중에 포함된다.
⑤ 공동주택의 경우 발코니의 활하중은 거실의 활하중보다 큰 값을 사용하는 것이 일반적이다.

13 건축물에 작용하는 하중에 관한 설명으로 옳은 것은?

① 지진하중은 건축물이 무거울수록 크다.
② 적설하중은 지붕의 물매가 클수록 크다.
③ 풍하중은 바람을 받는 벽면의 면적이 작을수록 크다.
④ 고정하중은 건축물의 사용에 의해서 발생하는 하중으로 반영구적 하중을 포함한다.
⑤ 활하중은 사용기간 동안 위치가 고정되어 있고 크기가 변하지 않는 하중을 포함한다.

14 건축물에 작용하는 하중에 관한 설명으로 옳지 않은 것은?

① 적설하중은 구조물이 위치한 지역의 기상조건 등에 많은 영향을 받는다.
② 활하중은 분포 특성을 파악하기 어렵고, 건축물의 사용 용도에 따라 변동 폭이 크다.
③ 지진하중은 건물 지붕의 형상 및 경사 등에 영향을 크게 받는다.
④ 풍하중은 구조골조용, 지붕골조용, 외장 마감재용으로 분류된다.
⑤ 고정하중은 자중, 고정된 기계설비 등의 하중으로, 고정칸막이벽과 같은 비구조부재의 하중도 포함한다.

15 건축물에 작용하는 하중에 관한 설명으로 옳은 것은? 제20회

① 마감재의 자중은 고정하중에 포함하지 않는다.
② 풍하중은 설계풍압에 유효수압면적을 합하여 산정한다.
③ 하중을 장기하중과 단기하중으로 구분하는 경우 지진하중은 장기하중에 포함된다.
④ 조적조 칸막이벽은 고정하중으로 간주하여야 한다.
⑤ 기본지상적설하중은 재현기간 10년에 대한 수직 최심적설깊이를 기준으로 하며 지역에 따라 다르다.

16 하중과 변형에 관한 용어 설명으로 옳은 것은? 제26회

① 고정하중은 기계설비 하중을 포함하지 않는다.
② 외력이 작용하는 구조부재 단면에 발생하는 단위면적당 힘의 크기를 응력도라 한다.
③ 외력을 받아 변형한 물체가 그 외력을 제거하면 본래의 모양으로 되돌아가는 성질을 소성이라고 한다.
④ 등분포활하중은 저감해서 사용하면 안 된다.
⑤ 지진하중 계산을 위해 사용하는 밑면전단력은 구조물 유효무게에 반비례한다.

정답 및 해설

12 ① 구조체 자체의 무게나 구조물의 존재기간 중 지속적으로 구조물에 작용하는 하중은 고정하중이다.

13 ① ② 적설하중은 지붕의 물매가 클수록 작다.
③ 풍하중은 바람을 받는 벽면의 면적이 작을수록 작다.
④ 고정하중은 구조물의 존재기간 중 지속적으로 작용하는 하중이며, 자중 및 고정된 기계설비 등의 하중으로 고정칸막이벽과 같은 비구조부재의 하중도 포함한다.
⑤ 활하중은 구조물에 작용하는 힘이 영구적이지 않은 하중으로, 사람 · 가구 · 설비기계 등의 적재하중이다.

14 ③ 건물 지붕의 형상 및 경사 등에 영향을 크게 받는 하중은 적설하중이다.

15 ④ ① 마감재의 자중은 고정하중에 포함된다.
② 풍하중은 설계풍압에 유효수압면적을 곱하여 산정한다.
③ 지진하중은 단기하중에 포함된다.
⑤ 기본지상적설하중은 재현기간 100년에 대한 수직 최심적설깊이를 기준으로 하며 지역에 따라 다르다.

16 ② ① 고정하중은 기계설비 하중을 포함한다.
③ 외력을 받아 변형한 물체가 그 외력을 제거하면 본래의 모양으로 되돌아가는 성질을 탄성이라고 한다.
④ 등분포활하중은 저감해서 사용할 수 있다(지붕활하중을 제외한 등분포활하중은 부재의 영향면적이 $36m^2$ 이상인 경우 저감할 수 있다).
⑤ 지진하중 계산을 위해 사용하는 밑면전단력은 구조물 유효무게에 비례한다.

종합

17 건축구조와 관련된 용어의 설명으로 옳지 않은 것은?

① 구조내력이란 구조부재 및 이와 접하는 부분 등이 견딜 수 있는 부재력을 말한다.
② 라멘(rahmen)구조란 기둥과 보로 이루어진 골조가 건물의 하중을 지지하는 구조를 말한다.
③ 캔틸레버(cantilever)보는 한쪽만 고정시키고 다른 쪽은 돌출시켜 하중을 지지하도록 한 구조이다.
④ 고정하중은 구조체에 지속적으로 작용하는 수직하중으로, 구조부재에 부착된 비내력 부분과 각종 설비 등의 중량은 제외된다.
⑤ 활하중은 건물의 사용 및 점용에 의해서 발생되는 하중으로 사람, 가구, 이동칸막이, 창고의 저장물, 설비기계 등의 하중을 말한다.

18 건축물의 구조설계에 적용하는 하중에 관한 설명으로 옳은 것은? 제22회

① 기본지상적설하중은 재현기간 100년에 대한 수직 최심적설깊이를 기준으로 한다.
② 지붕활하중을 제외한 등분포활하중은 부재의 영향면적이 30m^2 이상인 경우 저감할 수 있다.
③ 고정하중은 점유 · 사용에 의하여 발생할 것으로 예상되는 최대하중으로 용도별 최솟값을 적용한다.
④ 풍하중에서 설계속도압은 공기밀도에 반비례하고 설계풍속에 비례한다.
⑤ 지진하중 산정시 반응수정계수가 클수록 지진하중은 증가한다.

19 건축물에 작용하는 하중에 관한 설명으로 옳은 것은? 제24회

① 고정하중과 활하중은 단기하중이다.
② 엘리베이터의 자중은 활하중에 포함된다.
③ 기본지상적설하중은 재현기간 100년에 대한 수직 최심적설깊이를 기준으로 한다.
④ 풍하중은 건축물 형태에 영향을 받지 않는다.
⑤ 반응수정계수가 클수록 산정된 지진하중의 크기도 커진다.

고난도

20 **지진하중 산정에 관련되는 사항으로 옳은 것을 모두 고른 것은?** 제25회

㉠ 반응수정계수	㉡ 고도분포계수
㉢ 중요도계수	㉣ 가스트영향계수
㉤ 밑면전단력	

① ㉠, ㉡, ㉣ ② ㉠, ㉢, ㉣
③ ㉠, ㉢, ㉤ ④ ㉡, ㉢, ㉤
⑤ ㉡, ㉣, ㉤

정답 및 해설

17 ④ 고정하중은 구조체에 지속적으로 작용하는 수직하중으로, 구조부재에 부착된 비내력 부분과 각종 설비 등의 중량이 포함된다.

18 ① ② 지붕활하중을 제외한 등분포활하중은 부재의 영향면적이 $36m^2$ 이상인 경우 저감할 수 있다.
③ 활하중은 점유 · 사용에 의하여 발생할 것으로 예상되는 최대하중으로 용도별 최솟값을 적용한다.
④ 풍하중에서 설계속도압은 공기밀도에 비례하고 설계풍속의 제곱에 비례한다.
⑤ 지진하중 산정시 반응수정계수가 클수록 지진하중은 감소한다.

19 ③ ① 고정하중과 활하중은 장기하중이다.
② 엘리베이터의 자중은 고정하중에 포함된다.
④ 풍하중은 건축물 형태에 영향을 받는다.
⑤ 반응수정계수가 클수록 산정된 지진하중의 크기는 작아진다.

20 ③ ㉡ 풍속 고도분포계수: 지표면의 고도에 따라 기준경도 풍높이까지의 풍속의 증가 분포를 지수법칙에 의해 표현했을 때의 수직방향 분포계수이다.
㉣ 가스트영향계수: 바람의 난류로 인해서 발생하는 구조물의 동적 거동성분을 나타내는 것으로, 평균변위에 대한 최대변위의 비를 통계적인 값으로 나타내는 계수이다.

21 건축물에 작용하는 하중에 관한 설명으로 옳은 것을 모두 고른 것은? 제23회

㉠ 풍하중과 지진하중은 수평하중이다.
㉡ 고정하중과 활하중은 단기하중이다.
㉢ 사무실 용도의 건물에서 가동성 경량칸막이벽은 고정하중이다.
㉣ 지진하중 산정시 반응수정계수가 클수록 지진하중은 감소한다.

① ㉠, ㉡
② ㉠, ㉣
③ ㉡, ㉢
④ ㉠, ㉢, ㉣
⑤ ㉡, ㉢, ㉣

고난도

22 강관 비계의 설치공사에 관한 설명으로 옳지 않은 것은? 제24회

① 비계기둥의 간격은 장선방향으로 1.5m 이하로 설치한다.
② 비계기둥의 간격은 띠장방향으로 1.5m 이상, 1.8m 이하로 설치한다.
③ 벽 이음재의 배치간격은 수직방향 5.0m 이하, 수평방향 5.0m 이하로 설치한다.
④ 대각으로 설치하는 가새는 수평면에 대해 40° ~ 60° 방향으로 설치한다.
⑤ 지상으로부터 첫 번째 띠장은 통행을 위한 강관의 좌굴이 발생하지 않는 한도 내에서 2.0m 이상으로 설치한다.

정답 및 해설

21 ② ㉡ 고정하중과 활하중은 장기하중이다.
㉢ 사무실 용도의 건물에서 가동성 경량칸막이벽은 활하중이다.

22 ⑤ 지상으로부터 첫 번째 띠장은 통행을 위한 강관의 좌굴이 발생하지 않는 한도 내에서 2.0m 이하로 설치한다.

제2장 기초구조

대표예제 04 **기초** ★★★

기초에 관한 설명으로 옳지 않은 것은? 제21회

① 직접기초: 지지력이 확보되는 굳은 지반에 기초판을 설치하여 상부구조의 하중을 지지하는 기초
② 말뚝기초: 지지말뚝이나 마찰말뚝으로 상부구조의 하중을 지반에 전달하는 기초
③ 연속기초: 건물 전체의 하중을 두꺼운 하나의 기초판으로 지반에 전달하는 기초
④ 복합기초: 2개 이상의 기둥으로부터의 하중을 하나의 기초판을 통해 지반에 전달하는 기초
⑤ 독립기초: 독립된 기둥 1개의 하중을 1개의 기초판으로 지반에 전달하는 기초

해설 | 건물 전체의 하중을 두꺼운 하나의 기초판으로 지반에 전달하는 기초는 온통기초이다.

기본서 p.47~51

정답 ③

01 **(　　) 안에 들어갈 기초 명칭으로 옳은 것은?** 제23회

- (㉠)기초: 기둥이나 벽체의 밑면을 기초판으로 확대하여 상부구조의 하중을 지반에 직접 전달하는 기초
- (㉡)기초: 지하실 바닥 전체를 일체식으로 축조하여 상부구조의 하중을 지반 또는 지정에 전달하는 기초
- (㉢)기초: 벽 또는 일련의 기둥으로부터의 응력을 띠모양으로 하여 지반 또는 지정에 전달하는 기초

① ㉠: 독립, ㉡: 온통, ㉢: 연속
② ㉠: 독립, ㉡: 연속, ㉢: 온통
③ ㉠: 연속, ㉡: 직접, ㉢: 독립
④ ㉠: 직접, ㉡: 독립, ㉢: 연속
⑤ ㉠: 직접, ㉡: 온통, ㉢: 연속

정답 및 해설

01 ⑤ ㉠은 직접기초, ㉡은 온통기초, ㉢은 연속기초에 대한 설명이다.

02 벽 또는 일련의 기둥으로부터의 응력을 띠 모양으로 하여 지반 또는 지정에 전달하는 기초의 형식은? 제22회

① 병용기초 ② 독립기초 ③ 연속기초
④ 복합기초 ⑤ 온통기초

03 건축물의 기초에 관한 설명으로 옳지 않은 것은? 제19회

① 기초는 기초판, 지정 등으로 구성되어 있다.
② 기초판은 기둥 또는 벽체에 작용하는 하중을 지중에 전달하기 위하여 기초가 펼쳐진 부분을 말한다.
③ 지정은 기초를 보강하거나 지반의 내력을 보강하기 위한 것이다.
④ 말뚝기초는 직접기초의 한 종류이다.
⑤ 말뚝기초는 지지기능상 지지말뚝과 마찰말뚝으로 분류한다.

04 기초를 설치할 때의 유의사항으로 옳지 않은 것은?

① 기초는 상부구조의 하중을 충분히 지반에 전달할 수 있는 구조로 한다.
② 독립기초를 지중보로 서로 연결하면 건물의 부동침하 방지에 효과적이다.
③ 기초는 그 지역의 동결선(凍結線) 이하에 설치하여야 한다.
④ 동일 건물의 기초에서는 이종형식의 기초를 병용하는 것이 좋다.
⑤ 땅 속의 경사가 심한 굳은 지반에 올려놓은 기초는 슬라이딩의 위험성이 있다.

05 기초구조에 관한 설명으로 옳지 않은 것은? 제20회

① 독립기초에 배근하는 주철근은 부철근보다 위쪽에 설치되어야 한다.
② 말뚝의 개수를 결정하는 경우 사용하중(service load)을 적용한다.
③ 기초판의 크기를 결정하는 경우 사용하중을 적용한다.
④ 먼저 타설하는 기초와 나중 타설하는 기둥을 연결하는 데 사용하는 철근은 장부철근(dowel bar)이다.
⑤ 2방향으로 배근된 기초판의 경우 장변방향의 철근은 단면 폭 전체에 균등하게 배근한다.

06 기존 건축물에 기초를 보강하거나 새로운 기초를 삽입하는 공법은?

① 심초공법　　② 탑다운공법
③ 베노토공법　　④ 언더피닝공법
⑤ 어스드릴공법

07 다음 그림에서 기초판과 지정의 경계면으로 옳은 것은?

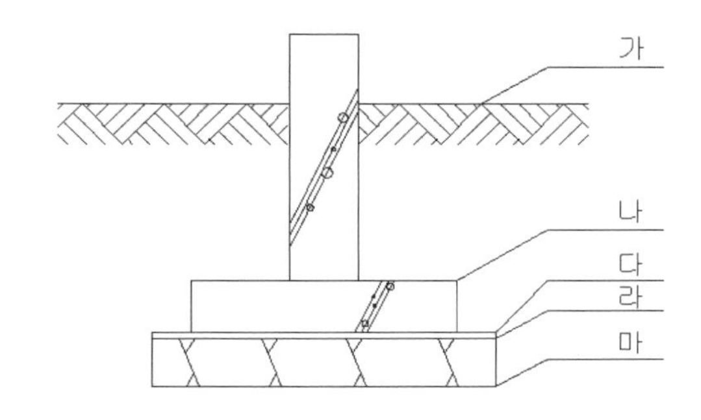

① 가(지반면)　　② 나(기초 바닥판 상부)
③ 다(밑창콘크리트 상부)　　④ 라(잡석다짐 상부)
⑤ 마(잡석다짐 하부)

정답 및 해설

02 ③ 벽 또는 일련의 기둥으로부터의 응력을 띠 모양으로 하여 지반 또는 지정에 전달하는 기초의 형식을 연속기초라 한다.

03 ④ 직접기초는 상부의 하중을 기초판으로 지반에 전달하는 형식의 얕은 기초구조이고, 말뚝기초는 말뚝을 박아서 상부의 하중을 지중으로 전달하는 방식의 깊은 기초구조이다.

04 ④ 동일 건물의 기초에서는 이종형식의 기초를 사용하지 않는 것이 좋다.

05 ① 독립기초에 배근하는 주철근은 부철근보다 아래쪽에 설치되어야 한다.

06 ④ 기존 건축물에 기초를 보강하거나 새로운 기초를 삽입하는 공법은 언더피닝공법이다.

07 ③ 기초판과 지정의 경계면은 밑창콘크리트 상부 또는 기초판 하부이다.

대표예제 05 **지정★★**

건축물의 지정 및 기초에 관한 설명으로 옳지 않은 것은? 제17회

① 지정은 기초를 안전하게 지지하기 위하여 기초를 보강하거나 지반의 내력을 보강하는 것이다.
② 지정 및 기초공사 재료는 시멘트 대체재료, 순환골재 등 순환자원의 사용을 적극적으로 고려한다.
③ 연속기초는 건축물의 밑바닥 전부를 두꺼운 기초판으로 한 것이다.
④ 복합기초는 기둥 간격이 좁아 2개 이상의 기둥들을 한 개의 기초판에 지지하는 구조이다.
⑤ 현장타설콘크리트말뚝 기초공사시 말뚝구멍을 굴착한 후 저면의 슬라임 제거에 유의해야 한다.

해설 | 건축물의 밑바닥 전부를 두꺼운 기초판으로 한 것은 온통기초이다.

기본서 p.51~55

정답 ③

08 건축물의 지정 및 기초공사에 관한 설명으로 옳지 않은 것은?

① 현장타설콘크리트말뚝(제자리콘크리트말뚝)은 지중에 구멍을 뚫어 그 속에 조립된 철근을 설치하고 콘크리트를 타설하여 형성하는 말뚝을 말한다.
② 지반의 연질층이 매우 두꺼운 경우 말뚝을 박아 말뚝표면과 주위 흙과의 마찰력으로 하중을 지지하는 말뚝을 마찰말뚝이라 한다.
③ 사질지반의 경우 수직하중을 가하면 접지압은 주변에서 최대이고 중앙에서 최소가 된다.
④ 동일 건물에서는 지지말뚝과 마찰말뚝을 혼용하지 않는 것이 좋다.
⑤ 기성콘크리트말뚝의 설치방법에는 타격공법, 진동공법, 압입공법 등이 있다.

09 지정 및 기초공사에 관한 내용으로 옳은 것은?

① 기성콘크리트말뚝 중 운반이나 말뚝박기에 의해 손상된 말뚝은 보수해서 사용한다.
② 현장타설콘크리트말뚝 주근의 이음은 필히 맞댐이음으로 한다.
③ 강재말뚝의 현장이음은 용접으로 한다.
④ 잡석지정은 잡석을 한 켜로 세워서 큰 틈이 없게 깔고, 잡석 틈새는 채울 필요가 없다.
⑤ 밑창콘크리트의 품질은 설계도서에서 별도로 정한 바가 없는 경우에는 10MPa로 한다.

대표예제 06 기초파기★

기초 및 지하층 공사에 관한 설명으로 옳지 않은 것은? 제20회

① RCD(Reverse Circulation Drill)공법은 대구경 말뚝공법의 일종으로 깊은 심도까지 시공할 수 있다.
② 샌드드레인(sand drain)공법은 연약 점토질 지반을 압밀하여 물을 제거하는 지반 개량공법이다.
③ 오픈컷(open cut)공법은 흙막이를 설치하지 않고 흙의 안식각을 고려하여 기초파기하는 공법이다.
④ 슬러리월(slurry wall)은 터파기 공사의 흙막이벽으로 사용함과 동시에 구조벽체로 활용할 수 있다.
⑤ 탑다운(top down)공법은 넓은 작업공간을 필요로 하므로 도심지 공사에 적절하지 않은 공법이다.

해설 | 탑다운(top down)공법은 넓은 작업공간을 필요로 하지 않으므로 도심지 공사에 적절하다.

기본서 p.56~59 정답 ⑤

정답 및 해설

08 ③ 사질지반의 경우 수직하중을 가하면 접지압은 중앙에서 최대이고 주변에서 최소가 된다.
09 ③ ① 기성콘크리트말뚝 중 운반이나 말뚝박기에 의해 손상된 말뚝은 현장에서 반출한다.
② 현장타설콘크리트말뚝 주근의 이음은 필히 겹침이음으로 한다.
④ 잡석지정은 잡석을 한 켜로 세워서 큰 틈이 없게 깔고, 잡석 틈새는 사춤자갈을 채워 다진다.
⑤ 밑창콘크리트의 품질은 설계도서에서 별도로 정한 바가 없는 경우에는 15MPa 이상으로 하여야 한다.

10 흙의 휴식각을 고려하여 별도의 흙막이를 설치하지 않는 터파기 공법은? 제26회

① 역타(top down)공법
② 어스앵커(earth anchor)공법
③ 오픈컷(open cut)공법
④ 아일랜드컷(island cut)공법
⑤ 트랜치컷(trench cut)공법

11 기초구조 및 터파기 공법에 관한 설명으로 옳은 것은? 제25회

① 서로 다른 종류의 지정을 사용하면 부등침하를 방지할 수 있다.
② 지중보는 부등침하 억제에 영향을 미치지 못한다.
③ 2개의 기둥에서 전달되는 하중을 1개의 기초판으로 지지하는 방식의 기초를 연속기초라고 한다.
④ 웰포인트공법은 점토질 지반의 대표적인 연약 지반 개량공법이다.
⑤ 중앙부를 먼저 굴토하고 구조체를 설치한 후, 외주부를 굴토하는 공법을 아일랜드 컷 공법이라 한다.

대표예제 07 흙막이공사시 주의사항★

흙막이공사에서 발생하는 현상에 관한 설명으로 옳은 것은? 제23회

> ㉠ 히빙: 사질지반이 급속 하중에 의해 전단저항력을 상실하고 마치 액체와 같이 거동하는 현상
> ㉡ 파이핑: 부실한 흙막이의 이음새 또는 구멍을 통한 누수로 인해 토사가 유실되는 현상
> ㉢ 보일링: 연약한 점성토지반에서 땅파기 외측의 흙의 중량으로 인하여 땅파기된 저면이 부풀어 오르는 현상

① ㉠
② ㉡
③ ㉠, ㉢
④ ㉡, ㉢
⑤ ㉠, ㉡, ㉢

해설 | ㉠ 히빙현상: 연약한 점토지반을 굴착할 때 굴착배면의 토사 중량이 굴착저면 이하의 지반지지력보다 클 때 발생하며 굴착저면이 부풀어 오르는 현상이다.
㉢ 보일링현상: 투수성이 좋은 사질지반에서 주로 발생하며, 굴착저면과 굴착배면의 수위차로 인하여 침수투압이 모래와 같이 솟아오르는 현상이다.

기본서 p.59

정답 ②

대표예제 08 지반 ★★

지반조사 방법에 해당하지 않는 것은? 제14회

① 보링
② 물리탐사법
③ 베인테스트
④ 크리프시험
⑤ 표준관입시험

해설 | 크리프란 콘크리트 부재에 일정한 하중이 발생되었을 경우 장기적으로 처지는 현상을 말한다.

기본서 p.60~67

정답 ④

12 **표준관입시험에 관한 설명으로 옳은 것은?** 제21회

① 점성토지반에서 실시하는 것을 원칙으로 한다.
② N값은 로드를 지반에 76cm 관입시키는 타격횟수이다.
③ N값이 10~30인 모래지반은 조밀한 상태이다.
④ 표준관입시험에 사용하는 추의 무게는 65.3kgf이다.
⑤ 모래지반에서는 흐트러지지 않은 시료의 채취가 곤란하다.

정답 및 해설

10 ③ 흙의 휴식각을 고려하여 별도의 흙막이를 설치하지 않는 터파기 공법은 오픈컷(open cut)공법이다.

11 ⑤ ① 서로 다른 종류의 지정을 사용하면 부등침하를 방지할 수 없다.
② 지중보는 부등침하 억제에 영향을 준다.
③ 2개의 기둥에서 전달되는 하중을 1개의 기초판으로 지지하는 방식의 기초를 복합기초라고 한다.
④ 웰포인트공법은 사질지반의 대표적인 연약지반 개량공법이다.

12 ⑤ ① 사질토지반에서 실시하는 것을 원칙으로 한다.
② N값은 샘플러를 지반에 30cm 관입시키는 타격횟수이다.
③ N값이 10~30인 모래지반은 중간 정도 조밀한 상태이다.
④ 표준관입시험에 사용하는 추의 무게는 63.5kgf이다.

13 지반특성 및 지반조사에 관한 설명으로 옳은 것은? 제27회

① 액상화는 점토지반이 진동 및 지진 등에 의해 압축저항력을 상실하여 액체와 같이 거동하는 현상이다.

② 사운딩(sounding)은 로드의 선단에 설치된 저항체를 지중에 넣고 관입, 회전, 인발 등을 통해 토층의 성상을 탐사하는 시험이다.

③ 샌드벌킹(sand bulking)은 사질지반의 모래에 물이 배출되어 체적이 축소되는 현상이다.

④ 간극수압은 모래 속에 포함된 물에 의한 하향수압을 의미한다.

⑤ 압밀은 사질지반에서 외력에 의해 공기가 제거되어 체적이 증가되는 현상이다.

14 지반조사 방법에 관한 설명으로 옳지 않은 것은?

① 짚어보기는 인력으로 철봉 등을 지중에 꽂아 지반의 단단함을 조사하는 방법이다.

② 베인테스트는 +자 날개형 테스터의 회전력으로 점토지반의 점착력을 조사하는 방법이다.

③ 평판재하시험은 시험추를 떨어뜨려서 타격횟수 N값을 측정하여 지반을 조사하는 방법이다.

④ 물리적 지하탐사법은 전기저항, 탄성파, 강제진동 등을 통하여 지반을 조사하는 방법이다.

⑤ 보링은 지중 천공을 통해 토사를 채취하여 지반의 깊이에 따른 지층의 구성 상태 등을 조사하는 방법이다.

대표예제 09 **지내력 ★★★**

밀실한 지반의 허용지내력도를 큰 순서대로 옳게 나열한 것은? 제11회

① 자갈 > 자갈 · 모래 혼합물 > 연암반 > 모래 섞인 점토 > 점토
② 자갈 > 연암반 > 자갈 · 모래 혼합물 > 점토 > 모래 섞인 점토
③ 연암반 > 자갈 > 자갈 · 모래 혼합물 > 모래 섞인 점토 > 점토
④ 연암반 > 자갈 · 모래 혼합물 > 자갈 > 점토 > 모래 섞인 점토
⑤ 자갈 · 모래 혼합물 > 자갈 > 연암반 > 모래 섞인 점토 > 점토

해설 | **지반의 허용지내력도 순서**
경암반 > 연암반 > 자갈 > 자갈 · 모래 혼합물 > 모래 섞인 점토 > 점토

기본서 p.67~69 정답 ③

15 철근콘크리트 독립기초의 기초판 크기(면적) 결정에 큰 영향을 미치는 것은? 제27회

① 허용휨내력
② 허용전단내력
③ 허용인장내력
④ 허용부착내력
⑤ 허용지내력

정답 및 해설

13 ② ① 액상화는 사질지반이 진동 및 지진 등에 의해 압축저항력을 상실하여 액체와 같이 거동하는 현상이다.
③ 샌드벌킹(sand bulking)은 건조한 모래나 실트가 약간의 물(5~6%)을 흡수할 경우 건조한 경우에 비해 체적이 증가하는 현상이다.
④ 간극수압은 지하 흙 중에 포함된 물에 의한 상향수압을 의미하며, 특징은 지반 내 유효응력 감소, 지반 내 전단강도 저하, 물이 깊을수록 간극수압이 커진다는 것이다.
⑤ 압밀은 사질지반에서 외력에 의해 공기가 제거되어 체적이 감소하는 현상이다.

14 ③ 시험추를 떨어뜨려서 타격횟수 N값을 측정하여 지반을 조사하는 방법은 표준관입시험이다.
▶ 평판재하시험(직접지내력시험)
- 시험은 예정기초 저면에서 실시한다.
- 재하판의 크기는 최소 900cm^2 이상으로 한다(표준 2,000cm^2).
- 재하판에 하중을 가하여 20mm 침하가 될 때까지의 총하중을 당해 지반의 단기지내력으로 추정한다.
- 매회 재하하중은 1t(9.8kN) 이하 또는 예정파괴하중의 5분의 1 이하로 한다.
- 침하 증가가 2시간에 0.1mm 이하로 되었을 때 침하가 정지된 것으로 본다.
- 총침하량은 24시간 경과 후의 침하 증가가 0.1mm 이하의 변화를 보일 때까지의 침하량이다.

15 ⑤ 철근콘크리트 독립기초의 기초판 크기(면적) 결정에 큰 영향을 미치는 것은 허용지내력이다.

16 지반내력(허용지내력)의 크기가 큰 것부터 옳게 나열한 것은?

제24회

① 화성암 – 수성암 – 자갈과 모래의 혼합물 – 자갈 – 모래 – 모래 섞인 점토
② 화성암 – 수성암 – 자갈 – 자갈과 모래의 혼합물 – 모래 섞인 점토 – 모래
③ 화성암 – 수성암 – 자갈과 모래의 혼합물 – 자갈 – 모래 섞인 점토 – 모래
④ 수성암 – 화성암 – 자갈 – 자갈과 모래의 혼합물 – 모래 – 모래 섞인 점토
⑤ 수성암 – 화성암 – 자갈과 모래의 혼합물 – 자갈 – 모래 섞인 점토 – 모래

17 건축물의 부동침하 원인으로 옳지 않은 것은?

① 건축물의 일부에만 지정을 한 경우
② 지하수위가 부분적으로 변경되는 경우
③ 건축물이 이질지반에 걸쳐 있는 경우
④ 지하의 일부 구간에 매설물이 있는 경우
⑤ 각각의 독립기초판 지내력의 차이가 없는 경우

18 연약지반에서 부동침하 저감대책으로 옳은 것은?

① 건물의 자중을 크게 한다.
② 건물의 평면길이를 길게 한다.
③ 상부구조의 강성을 작게 한다.
④ 지하실을 강성체로 설치한다.
⑤ 인접 건물과의 거리를 좁힌다.

19 부동침하에 의한 건축물의 피해현상이 아닌 것은?

제19회

① 구조체의 균열
② 구조체의 기울어짐
③ 구조체의 건조수축
④ 구조체의 누수
⑤ 마감재의 변형

20 건축물에 발생하는 부동침하의 원인으로 옳지 않은 것은?

제22회

① 서로 다른 기초형식의 복합시공
② 풍화암지반에 기초를 시공
③ 연약지반의 분포 깊이가 다른 지반에 기초를 시공
④ 지하수위 변동으로 인한 지하수위의 상승
⑤ 증축으로 인한 하중의 불균형

21 지반을 개량하거나 강화하기 위한 지반개량공법에 해당되지 않는 것은?

① 치환공법
② 다짐공법
③ 생석회공법
④ 샌드드레인공법
⑤ 아일랜드컷공법

정답 및 해설

16 ② **지반내력(허용지내력)의 크기 순서**
화성암 > 수성암 > 자갈 > 자갈과 모래의 혼합물 > 모래 섞인 점토 > 모래

17 ⑤ 각각의 독립기초판 지내력의 차이가 없는 경우에는 부동침하가 발생하지 않는다.

18 ④ ① 건물의 자중을 작게 한다.
② 건물의 평면길이를 짧게 한다.
③ 상부구조의 강성을 크게 한다.
⑤ 인접 건물과의 거리를 넓힌다.

19 ③ 부동침하에 의한 건축물의 피해현상이 아닌 것은 구조체의 건조수축이며, 건조수축은 물 · 시멘트비가 높을수록 크다.

20 ② 풍화암지반에 기초를 시공하는 것은 부동침하의 원인이 아니다.

21 ⑤ 아일랜드컷공법은 기초파기공법이다.

대표예제 10 옹벽★★

옹벽에 대한 설명으로 옳지 않은 것은? 제11회

① 역T형 옹벽은 전면벽, 앞굽판 및 뒷굽판으로 구성된다.
② 중력식 옹벽은 옹벽의 자중으로 토압에 저항하는 형식이다.
③ 옹벽은 전도, 활동 및 침하에 안전하여야 한다.
④ 캔틸레버식 옹벽은 중력식 옹벽에 부벽이 추가된 형식이다.
⑤ 부벽식 옹벽은 캔틸레버식 옹벽보다 토압을 많이 받는 경우에 사용한다.

해설 | 캔틸레버식 옹벽은 벽체에 널말뚝이나 부벽이 연결되어 있지 않고, 저판 및 벽체만으로 토압을 받도록 설계된 철근콘크리트 옹벽으로 T형 및 L형 등이 있다.

기본서 p.73~75 정답 ④

22 **옹벽에 관한 설명으로 옳지 않은 것은?**

① 철근콘크리트 옹벽 시공시 수평방향으로 콘크리트를 이어치는 것이 바람직하다.
② 옹벽의 활동에 대한 저항력은 옹벽에 작용하는 수평력의 1.5배 이상이어야 한다.
③ 무근콘크리트 옹벽은 자중에 의하여 저항력을 발휘하는 중력식 형태로 한다.
④ 철근콘크리트 캔틸레버식 옹벽은 저판 및 벽체만으로 토압을 받도록 설계된 옹벽을 말한다.
⑤ 옹벽의 전도에 대한 저항모멘트는 횡토압에 의한 전도모멘트의 2.0배 이상이어야 한다.

정답 및 해설

22 ① 철근콘크리트 옹벽 시공시 수직방향으로 콘크리트를 이어치는 것이 바람직하다.

제3장 조적식 구조

대표예제 11 **벽돌구조 ★★★**

벽돌구조에 관한 설명으로 옳지 않은 것은? 제19회

① 벽돌구조(내력벽)는 풍압력, 지진력 등의 횡력에 약하여 고층건물에 적합하지 않다.
② 콘크리트(시멘트)벽돌 쌓기시 조적체는 원칙적으로 젖어서는 안 된다.
③ 벽돌벽이 블록벽과 서로 직각으로 만날 때에는 연결철물을 5단마다 보강하여 쌓는다.
④ 벽돌벽이 콘크리트 기둥과 만날 때에는 그 사이에 모르타르를 충전한다.
⑤ 치장줄눈을 바를 경우에는 줄눈모르타르가 굳기 전에 줄눈파기를 한다.

해설 | 벽돌벽이 블록벽과 서로 직각으로 만날 때에는 연결철물을 3단마다 보강하여 쌓는다.

기본서 p.85~97 정답 ③

01 **조적조 벽체의 시공방법에 관한 설명으로 옳지 않은 것은?**

① 시멘트벽돌은 쌓기 직전에 물을 축이지 않는다.
② 벽돌벽의 각부는 가급적 동일한 높이로 쌓아 올라가야 한다.
③ 통줄눈을 피하는 주된 이유는 방수상의 결함을 방지하기 위함이다.
④ 백화현상 방지를 위하여 줄눈모르타르에는 방수제를 넣는 것이 좋다.
⑤ 벽돌벽의 하루 쌓기 높이는 1.2m를 표준으로 하고, 최대 1.5m 이내로 한다.

정답 및 해설

01 ③ 통줄눈을 피하는 주된 이유는 상부의 하중을 균등히 분포시키기 위함이다.

02 벽돌쌓기공사에 대한 설명으로 옳지 않은 것은?

① 내화벽돌은 물축임을 하지 않고 쌓는다.
② 일반적으로 세로줄눈은 통줄눈으로 하지 않는다.
③ 1일 쌓기 높이는 1.2m를 표준으로 하고, 최대 1.5m 이내로 한다.
④ 보통벽돌의 줄눈 너비는 10mm를 표준으로 한다.
⑤ 줄눈에 사용하는 모르타르의 강도는 벽돌강도보다 작아야 한다.

03 고열에 견디는 목적으로 불에 직접 면하는 벽난로 등에 사용하는 벽돌은? 제27회

① 시멘트벽돌
② 내화벽돌
③ 오지벽돌
④ 아치벽돌
⑤ 경량벽돌

04 조적공사에 관한 설명으로 옳지 않은 것은? 제21회

① 벽돌의 하루 쌓기 높이는 1.2m(18켜 정도)를 표준으로 하고, 최대 1.8m(27켜 정도) 이내로 한다.
② 벽돌의 치장줄눈 깊이는 6mm로 한다.
③ 블록쌓기 줄눈 너비는 가로 및 세로 각각 10mm를 표준으로 한다.
④ ALC블록의 하루 쌓기 높이는 1.8m를 표준으로 하고, 최대 2.4m 이내로 한다.
⑤ 블록은 살 두께가 큰 편이 위로 가게 쌓는다.

05 조적구조에 관한 설명으로 옳지 않은 것은?

① 보강블록조는 블록의 빈 구멍에 철근과 콘크리트를 넣어 보강한 것으로 통줄눈 시공이 가능하다.
② 공간쌓기는 방한, 방음 및 방서의 효과를 높일 수 있다.
③ 내화벽돌은 내화성능을 향상시키기 위하여 물축이기를 충분히 하여 사용한다.
④ 벽돌 내쌓기는 벽돌을 벽면에서 내밀어 쌓는 방법으로, 벽돌 벽면 중간에서 1켜씩 내쌓기를 할 때에는 8분의 1B 내쌓기로 한다.
⑤ 개구부 아치의 하부에는 인장력이 발생하지 않게 한다.

06 **치장을 목적으로 벽면에 구멍을 규칙적으로 만들어 쌓는 벽돌쌓기 방법은?** 제26회

① 공간쌓기
② 영롱쌓기
③ 내화쌓기
④ 불식 쌓기
⑤ 영식 쌓기

07 **벽돌구조의 쌓기 방식에 관한 설명으로 옳지 않은 것은?** 제25회

① 엇모쌓기는 벽돌을 45° 각도로 모서리가 면에 나오도록 쌓는 방식이다.
② 영롱쌓기는 벽돌벽에 구멍을 내어 쌓는 방식이다.
③ 공간쌓기는 벽돌벽의 중간에 공간을 두어 쌓는 방식이다.
④ 내쌓기는 장선 및 마루 등을 받치기 위해 벽돌을 벽면에서 내밀어 쌓는 방식이다.
⑤ 아치쌓기는 상부 하중을 아치의 축선을 따라 인장력으로 하부에 전달되게 쌓는 방식이다.

정답 및 해설

02 ⑤ 줄눈에 사용하는 모르타르의 강도는 벽돌강도보다 <u>커야</u> 한다.

03 ② ② 고열에 견디는 목적으로 불에 직접 면하는 벽난로, 보일러실, 굴뚝 등에 사용하는 벽돌은 <u>내화벽돌</u>이다.
① 시멘트벽돌은 시멘트와 골재를 배합하여 성형 제작한 벽돌이다.
③ 오지벽돌은 벽돌에 유약을 칠하여 구운 벽돌로 고급 치장벽돌로 사용된다.
④ 아치벽돌은 이형(異形)벽돌의 한 종류이며 특수한 형상으로 만든 벽돌로 출입구, 창문, 벽의 모서리, 아치쌓기 등에 사용된다.
⑤ 경량벽돌은 가벼운 골재를 사용하여 만든 벽돌로 소리와 열의 차단성이 우수하고 흡수율이 크다.

04 ① 벽돌의 하루 쌓기 높이는 1.2m(18켜 정도)를 표준으로 하고, 최대 <u>1.5m(22켜 정도)</u> 이내로 한다.

05 ③ 내화벽돌은 내화성능을 향상시키기 위하여 물축이기를 <u>하지 않는다</u>.

06 ② 치장을 목적으로 벽면에 구멍을 규칙적으로 만들어 쌓는 벽돌쌓기 방법은 <u>영롱쌓기</u>이다.

07 ⑤ 아치쌓기는 상부 하중을 아치의 축선을 따라 <u>압축력</u>으로 하부에 전달되게 쌓는 방식이다.

08 벽돌공사에 관한 설명으로 옳은 것은? 제26회

① 벽량이란 내력벽 길이의 합을 그 층의 바닥면적으로 나눈 값으로 150mm/m^2 미만이어야 한다.

② 공간쌓기에서 주벽체는 정한 바가 없는 경우 안벽으로 한다.

③ 점토 및 콘크리트 벽돌은 압축강도, 흡수율, 소성도의 품질기준을 모두 만족하여야 한다.

④ 거친 아치쌓기란 벽돌을 쐐기 모양으로 다듬어 만든 아치로 줄눈은 아치의 중심에 모이게 하여야 한다.

⑤ 미식 쌓기는 다섯 켜 길이쌓기 후 그 위 한 켜 마구리쌓기를 하는 방식이다.

09 벽돌쌓기에 관한 설명으로 옳지 않은 것은?

① 하루의 쌓기 높이는 1.2m를 표준으로 하고, 최대 1.5m 이하로 한다.

② 가로 및 세로 줄눈의 너비는 공사시방서에서 정한 바가 없을 때에는 10mm를 표준으로 한다.

③ 쌓기 직전에 붉은 벽돌은 물축임을 하지 않고, 시멘트벽돌은 물축임을 한다.

④ 연속되는 벽면의 일부를 트이게 하여 나중쌓기로 할 때에는 그 부분을 층단 들여쌓기로 한다.

⑤ 벽돌쌓기는 공사시방서에서 정한 바가 없을 때에는 영식(영국식) 쌓기 또는 화란식(네덜란드식) 쌓기로 한다.

10 콘크리트(시멘트)벽돌을 사용하는 조적공사에 관한 설명으로 옳은 것은? 제26회

① 하루의 쌓기 높이는 1.2m(18켜 정도)를 표준으로 하고, 최대 1.5m(22켜 정도) 이하로 한다.

② 표준형 벽돌 크기는 210mm × 100mm × 60mm이다.

③ 내력 조적벽은 통줄눈으로 시공한다.

④ 치장줄눈 파기는 줄눈모르타르가 경화한 후 실시한다.

⑤ 줄눈의 표준 너비는 15mm로 한다.

11 조적공사에서 백화현상을 방지하기 위한 대책으로 옳지 않은 것은? 제24회

① 조립률이 큰 모래를 사용
② 분말도가 작은 시멘트를 사용
③ 물 · 시멘트(W/C)비를 감소시킴
④ 벽면에 차양, 돌림띠 등을 설치
⑤ 흡수율이 작고 소성이 잘된 벽돌을 사용

12 벽돌조에 설치되는 신축줄눈의 위치에 관한 설명으로 옳지 않은 것은?

① 벽 높이가 변하는 곳에 설치한다.
② 개구부의 가장자리에 설치한다.
③ 응력이 집중되는 곳에 설치한다.
④ 벽 두께가 일정한 곳에 설치한다.
⑤ L · T · U형 건물에서는 벽 교차부 근처에 설치한다.

정답 및 해설

08 ⑤ ① 벽량이란 내력벽 길이의 합을 그 층의 바닥면적으로 나눈 값으로 150mm/m^2 이상이어야 한다.
② 공간쌓기에서 주벽체는 정한 바가 없는 경우 바깥벽으로 한다.
③ 점토 및 콘크리트 벽돌은 압축강도, 흡수율의 품질기준을 모두 만족하여야 한다.
④ 거친 아치쌓기란 일반 벽돌을 사용하고 줄눈은 아치벽돌 모양으로 한다(벽돌을 쐐기 모양으로 다듬어 만든 아치로 줄눈을 아치의 중심에 모이게 하는 것은 막 만든 아치이다).

09 ③ 시멘트벽돌과 붉은 벽돌은 쌓기 2~3일 전에 물축임을 하고, 내화벽돌은 물축임을 하지 않는다.

10 ① ② 표준형 벽돌 크기는 190mm × 90mm × 57mm이다.
③ 내력벽은 막힌줄눈으로 시공한다.
④ 치장줄눈 파기는 줄눈 모르타르가 굳기 전에 실시한다.
⑤ 줄눈의 표준 너비는 10mm로 한다.

11 ② 분말도가 작은 시멘트를 사용할수록 백화현상이 잘 발생한다.

12 ④ 벽 두께가 일정하지 않은 곳에 설치한다.

13 조적구조에 관한 설명으로 옳지 않은 것은?

① 내화벽돌은 흙 및 먼지 등을 청소하고, 물축이기는 하지 않고 사용한다.

② 치장줄눈을 바를 경우에는 줄눈모르타르가 굳기 전에 줄눈파기를 한다.

③ 테두리보는 벽체의 일체화, 하중의 분산, 벽체의 균열 방지 등의 목적으로 벽체 상부에 설치한다.

④ 영식 쌓기는 한 켜는 길이쌓기로, 다음 켜는 마구리쌓기로 하며 모서리나 벽 끝에는 칠오토막을 쓴다.

⑤ 아치쌓기는 그 축선에 따라 미리 벽돌나누기를 하고, 아치의 어깨에서부터 좌우 대칭형으로 균등하게 쌓는다.

14 벽돌쌓기에 관한 설명으로 옳지 않은 것은?

① 벽돌벽이 콘크리트 기둥(벽)이나 슬래브 하부면과 만날 때에는 그 사이에 모르타르를 충전한다.

② 벽돌쌓기는 도면 또는 공사시방서에서 정한 바가 없을 때에는 미식 쌓기로 한다.

③ 연속되는 벽면의 일부를 트이게 하여 나중 쌓기로 할 때에는 그 부분을 층단 들여쌓기로 한다.

④ 벽돌벽이 블록벽과 서로 직각으로 만날 때에는 연결 철물을 만들어 블록 3단마다 보강하여 쌓는다.

⑤ 가로 및 세로 줄눈의 너비는 도면 또는 공사시방서에 정한 바가 없을 때에는 10mm를 표준으로 한다.

대표예제 12 **조적조 구조기준★★**

벽돌구조에 관한 설명으로 옳지 않은 것은? 제12회

① 내력벽으로 둘러싸인 바닥면적이 $60m^2$를 넘는 2층 건물인 경우에 1층 내력벽의 두께는 190mm 이상이어야 한다.
② 영롱쌓기는 벽돌벽면에 구멍을 내어 쌓는 방식으로 장식적인 효과가 있다.
③ 내력벽으로 둘러싸인 부분의 바닥면적은 $80m^2$를 넘을 수 없다.
④ 영식 쌓기는 모서리 부분에 반절 또는 이오토막을 사용하여 통줄눈이 생기지 않게 하는 방법이다.
⑤ 벽돌벽체의 강도에 영향을 미치는 요소에는 벽돌 자체의 강도, 쌓기방법, 쌓기작업의 정밀도 등이 있다.

해설 | 내력벽으로 둘러싸인 바닥면적이 $60m^2$를 넘는 2층 건물인 경우에 1층 내력벽의 두께는 290mm 이상이어야 한다.

기본서 p.98~100 정답 ①

15 벽돌공사에 관한 설명으로 옳지 않은 것은?

① 한중시공시 쌓을 때의 조적체는 건조 상태이어야 한다.
② 세로줄눈의 모르타르는 벽돌 마구리면에 충분히 발라 쌓도록 한다.
③ 기초쌓기에서 기초벽돌 맨 밑의 너비는 벽 두께의 1.5배로 한다.
④ 보강벽돌쌓기에서 종근은 기초까지 정착되도록 콘크리트 타설 전에 배근한다.
⑤ 보강벽돌쌓기에서 1일 쌓기 높이는 1.5m 이하로 한다.

정답 및 해설

13 ④ 영식 쌓기는 한 켜는 길이쌓기로, 다음 켜는 마구리쌓기로 하며 모서리나 벽 끝에는 이오토막 또는 반절을 쓴다.
14 ② 벽돌쌓기는 도면 또는 공사시방서에서 정한 바가 없을 때에는 영식 쌓기 또는 화란식 쌓기로 한다.
15 ③ 기초쌓기에서 기초벽돌 맨 밑의 너비는 벽 두께의 2.0배로 한다.

16 **조적공사에 관한 설명으로 옳지 않은 것은?** 제20회

① 공간쌓기는 벽돌벽의 중간에 공간을 두어 쌓는 것으로 별도 지정이 없을 시 안쪽을 주벽체로 한다.
② 조적조 내력벽으로 둘러싸인 부분의 바닥면적은 $80m^2$를 넘을 수 없다.
③ 조적조 내력벽의 길이는 10m 이하로 한다.
④ 콘크리트블록의 하루 쌓는 높이는 1.5m 이내를 표준으로 한다.
⑤ 내화벽돌의 줄눈 너비는 별도 지정이 없을 시 가로, 세로 6mm를 표준으로 한다.

17 **조적공사에 관한 설명으로 옳은 것은?** 제22회

① 치장줄눈의 깊이는 1cm를 표준으로 한다.
② 공간쌓기의 목적은 방습 · 방음 · 단열 · 방한 · 방서이며, 공간 폭은 1.0B 이내로 한다.
③ 벽돌의 하루 쌓기 높이는 최대 1.8m까지 한다.
④ 아치쌓기는 조적조에서 문꼴 너비가 1.5m 이하일 때에는 평아치로 해도 좋다.
⑤ 조적조의 2층 건물에서 2층 내력벽의 높이는 4m 이하이다.

18 **벽돌조 복원 및 청소공사에 관한 설명으로 옳지 않은 것은?**

① 벽돌면의 물청소는 뻣뻣한 솔로 물을 뿌려가며 긁어내린다.
② 산세척을 실시하는 경우 벽돌을 물축임한 후에 5% 이하의 묽은 염산을 사용한다.
③ 줄눈 속에 남아 있는 찌꺼기, 흙, 모르타르 조각 등은 완전히 제거한다.
④ 벽돌면의 청소는 위에서부터 아래로 내려가며 시행하고, 개구부는 적절한 방수막으로 덮어야 한다.
⑤ 샌드 블라스팅, 그라인더, 마사포의 기계적인 방법을 사용하는 경우에는 시험청소 후 검사를 받아 담당원의 승인을 받은 후 본공사에 적용할 수 있다.

대표예제 13 시멘트블록구조 ★★

블록쌓기에 관한 설명으로 옳지 않은 것은? 제15회

① 보강블록쌓기의 세로줄눈은 통줄눈으로 한다.
② 줄눈은 특별한 지정이 없는 경우 10mm 두께로 한다.
③ 블록의 하루 쌓기 높이는 1.8m 이내를 표준으로 한다.
④ 가로줄눈 모르타르는 블록의 중간살을 제외한 양면살 전체에 발라 수평이 되게 쌓는다.
⑤ 줄기초, 연결보 및 바닥판 등 블록을 쌓는 밑바탕은 쌓기 전에 정리 및 청소를 하고 물축임을 한다.

해설 | 블록의 하루 쌓기 높이는 1.5m 이내를 표준으로 한다.

기본서 p.100~104 정답 ③

19 블록공사에 관한 설명으로 옳지 않은 것은?

① 속이 빈 콘크리트블록의 기본블록 치수는 길이 390mm, 높이 190mm이다.
② 블록보강용 철망은 #8~#10 철선을 가스압접 또는 용접한 것을 사용한다.
③ 하루 쌓기 높이는 1.5m 이내를 표준으로 한다.
④ 그라우트를 사춤하는 높이는 5켜로 한다.
⑤ 인방블록은 도면 또는 공사시방서에서 정한 바가 없을 때에는 창문틀 좌우 옆 턱에 400mm 정도 물리도록 한다.

정답 및 해설

16 ① 공간쌓기는 벽돌벽의 중간에 공간을 두어 쌓는 것으로 별도 지정이 없을 시 바깥쪽을 주벽체로 한다.

17 ⑤ ① 치장줄눈의 깊이는 6mm를 표준으로 한다.
② 공간쌓기의 목적은 방습 · 방음 · 단열 · 방한 · 방서이며, 공간 폭은 0.5B 이내로 한다.
③ 벽돌의 하루 쌓기 높이는 최대 1.5m 이하이다.
④ 아치쌓기는 조적조에서 문꼴 너비가 1.0m 이하일 때에는 평아치로 할 수 있다.

18 ② 산세척을 실시하는 경우 벽돌을 물축임한 후에 3% 이하의 묽은 염산을 사용한다.

19 ④ 그라우트를 사춤하는 높이는 3~4켜마다 한다.

20 건축공사 표준시방서상 조적공사에 관한 설명으로 옳지 않은 것은? 제19회

① 콘크리트(시멘트)벽돌 쌓기시 하루의 쌓기 높이는 1.2m를 표준으로 하고, 최대 1.5m 이하로 한다.
② 인방보는 양 끝을 벽체에 200mm 이상 걸치고 또한 위에서 오는 하중을 전달할 충분한 길이로 한다.
③ 콘크리트블록 제품의 길이, 두께 및 높이의 치수 허용치는 ±2mm이다.
④ 콘크리트블록을 쌓을 때 살 두께가 큰 편이 위로 가게 쌓는다.
⑤ 콘크리트블록을 쌓을 때 하루의 쌓기 높이는 1.8m 이내를 표준으로 한다.

21 조적공사에 관한 설명으로 옳지 않은 것은? 제23회

① 창대벽돌의 위끝은 창대 밑에 15mm 정도 들어가 물리게 한다.
② 창문틀 사이는 모르타르로 빈틈없이 채우고 방수 모르타르, 코킹 등으로 방수처리를 한다.
③ 창대벽돌의 윗면은 15° 정도의 경사로 옆세워 쌓는다.
④ 인방보는 좌우측 기둥이나 벽체에 50mm 이상 서로 물리도록 설치한다.
⑤ 인방보는 좌우의 벽체가 공간쌓기일 때에는 콘크리트가 그 공간에 떨어지지 않도록 벽돌 또는 철판 등으로 막고 설치한다.

대표예제 14 돌구조 ★★

석재공사에 관한 설명으로 옳지 않은 것은? 제16회

① 석재는 밀도가 클수록 대부분 압축강도가 크다.
② 화강암과 대리석은 산성에 강하며 주로 외장용으로 사용된다.
③ 외벽 습식공법은 석재와 구조체를 모르타르로 일체화시키는 공법이다.
④ 석재 선부착 PC공법은 콘크리트공사와 병행 시공을 통한 공기단축이 가능한 공법이다.
⑤ 외벽 건식공법은 연결용 철물 등을 사용하므로 동절기 공사가 가능한 공법이다.

해설 | 대리석은 산성에 약하며 주로 내장용으로 사용된다.

기본서 p.105~109

정답 ②

22 다음 석재 중 압축강도의 크기가 큰 순서로 알맞은 것은?

① 화강석 > 대리석 > 안산암 > 사암 > 응회암
② 대리석 > 화강석 > 응회암 > 사암 > 안산암
③ 안산암 > 응회암 > 화강석 > 대리석 > 사암
④ 사암 > 안산암 > 대리석 > 화강석 > 응회암
⑤ 응회암 > 안산암 > 대리석 > 화강석 > 사암

23 석재의 표면가공 마무리 순서로 옳은 것은?

① 정다듬 ⇨ 도드락다듬 ⇨ 잔다듬 ⇨ 메다듬
② 잔다듬 ⇨ 정다듬 ⇨ 메다듬 ⇨ 도드락다듬
③ 도드락다듬 ⇨ 메다듬 ⇨ 잔다듬 ⇨ 정다듬
④ 메다듬 ⇨ 정다듬 ⇨ 도드락다듬 ⇨ 잔다듬
⑤ 메다듬 ⇨ 도드락다듬 ⇨ 정다듬 ⇨ 잔다듬

정답 및 해설

20 ⑤ 콘크리트블록을 쌓을 때 하루의 쌓기 높이는 1.5m 이내를 표준으로 한다.

21 ④ 인방보는 좌우측 기둥이나 벽체에 200mm 정도 서로 물리도록 설치한다.

22 ① 화강석(150~190MPa) > 대리석(100~180MPa) > 안산암(100~165MPa) > 사암(25~65MPa) > 응회암(8~35MPa)

23 ④ 석재의 표면가공 마무리는 '메다듬 ⇨ 정다듬 ⇨ 도드락다듬 ⇨ 잔다듬 ⇨ 물갈기'의 순서로 한다.

제4장 철근콘크리트구조

대표예제 15 **개설** ★★★

철근콘크리트의 특성에 대한 설명으로 옳지 않은 것은? 제11회

① 철근과 콘크리트는 열에 의한 선팽창 및 수축계수가 유사하다.
② 콘크리트의 알칼리성분은 철근의 녹을 방지하는 역할을 한다.
③ 철근과 콘크리트의 상호 부착력이 우수하여 구조체로서 일체성이 높다.
④ 압축에 강한 콘크리트와 인장에 강한 철근을 결합하여 각각의 특성이 발휘되도록 한 구조체이다.
⑤ 철근콘크리트는 철근이 열에 약하기 때문에 내화에 취약하다.

해설 | 철근콘크리트는 열에 약한 철근을 콘크리트가 감싸고 있기 때문에 내화성이 크다.

기본서 p.117

정답 ⑤

01 **철근콘크리트구조에 관한 설명으로 옳지 않은 것은?**

① 철근콘크리트구조는 부재의 형상 및 치수를 자유롭게 구성할 수 있어 다양한 형태의 구조물을 만들 수 있다.
② 콘크리트와 철근 상호간의 부착성이 양호하여 일체 거동이 가능하다.
③ 콘크리트는 산성이므로 철근의 부식을 방지한다.
④ 철근콘크리트구조는 높은 강성과 질량으로 진동에 대한 저항성이 크다.
⑤ 철근과 콘크리트는 열팽창률이 거의 같으므로 구조체로서 일체성이 높다.

02 철근콘크리트구조에 관한 설명으로 옳지 않은 것은? 제22회

① 콘크리트와 철근은 온도에 의한 선팽창계수가 비슷하여 일체화로 거동한다.
② 알칼리성인 콘크리트를 사용하여 철근의 부식을 방지한다.
③ 이형철근이 원형철근보다 콘크리트와의 부착강도가 크다.
④ 철근량이 같을 경우 굵은 철근을 사용하는 것이 가는 철근을 사용하는 것보다 콘크리트와의 부착에 유리하다.
⑤ 건조수축 또는 온도변화에 의하여 콘크리트에 발생하는 균열을 방지하기 위해 사용되는 철근을 수축·온도 철근이라 한다.

03 철근콘크리트구조에 관한 설명으로 옳지 않은 것은? 제21회

① 일반적으로 압축력은 콘크리트, 인장력은 철근이 부담한다.
② 압축강도 50MPa 이상의 콘크리트는 내구성과 내화성이 매우 우수하다.
③ 콘크리트의 강한 알칼리성은 철근 부식 방지에 효과적이다.
④ 철근과 콘크리트의 선팽창계수는 거의 같다.
⑤ 철근량이 동일한 경우 굵은 철근보다 가는 철근을 배근하는 것이 균열제어에 유리하다.

제1편 건축구조

제4장

정답 및 해설

01 ③ 콘크리트는 알칼리성이므로 철근의 부식을 방지한다.
02 ④ 철근량이 같을 경우 굵은 철근보다 가는 철근을 사용하는 것이 콘크리트와의 부착에 유리하다.
03 ② 압축강도 50MPa 이상의 콘크리트는 내구성은 우수하지만 내화성이 떨어지는 구조이다.

04 철근콘크리트구조물의 사용성 및 내구성에 관한 설명으로 옳지 않은 것은?

① 구조물 또는 부재가 사용기간 중 충분한 기능과 성능을 유지하기 위하여 사용하중을 받을 때 사용성과 내구성을 검토하여야 한다.
② 사용성 검토는 균열, 처짐, 피로영향 등을 고려하여야 한다.
③ 보 및 슬래브의 피로는 압축에 대하여 검토하여야 한다.
④ 온도변화, 건조수축 등에 의한 균열을 제어하기 위하여 추가적인 보강철근을 배치하여야 한다.
⑤ 보강설계를 할 때에는 보강 후의 구조내하력 증가 외에 사용성과 내구성 등의 성능 향상을 고려하여야 한다.

05 철근콘크리트구조물의 균열 및 처짐에 관한 설명으로 옳은 것은? 제27회

① 보 단부의 사인장균열은 압축응력과 휨응력의 조합에 의한 응력으로 발생한다.
② 보 단부의 사인장균열을 방지하기 위해 주로 수평철근으로 보강한다.
③ 연직하중을 받는 단순보의 중앙부 상단에서 휨인장응력에 의한 수직방향의 균열이 발생한다.
④ 압축철근비가 클수록 장기 처짐은 증가한다.
⑤ 1방향 슬래브의 장변방향으로는 건조수축 및 온도변화에 따른 균열방지용 철근을 배근한다.

06 철근콘크리트구조에 관한 설명으로 옳은 것은?

① 주철근 표준갈고리의 각도는 180°와 90°로 분류된다.
② 흙에 접하지 않는 철근콘크리트보의 최소피복두께는 20mm이다.
③ 사각형 띠철근으로 둘러싸인 기둥 주철근의 최소개수는 3개이다.
④ 콘크리트 압축강도용 원주공시체 $\Phi 100 \times 200$mm를 사용할 경우 강도보정계수 0.82를 사용한다.
⑤ 콘크리트 보강용 철근은 원형철근 사용을 원칙으로 한다.

대표예제 16 철근공사★★★

철근공사에 관한 설명으로 옳지 않은 것은? 제12회

① 철근의 이음방법은 겹침이음, 기계적 이음, 용접이음 등으로 구분할 수 있다.
② 이형철근은 콘크리트와 철근의 부착을 돕기 위하여 철근의 표면에 리브와 마디를 갖는 철근이다.
③ 보의 철근을 기둥에 묻고, 슬래브 철근을 보에 묻는 등 콘크리트 속에 철근을 깊게 묻어 뽑히지 않도록 하는 것을 정착이라 한다.
④ 특별한 지시가 없는 한 25mm 이하의 철근은 가열가공을 한다.
⑤ 철근의 부식은 염해, 콘크리트의 중성화, 동결융해 등에 의하여 나타난다.

해설 | 특별한 지시가 없는 한 25mm 이하의 철근은 상온가공을 한다.

기본서 p.118~126 정답 ④

07 철근의 정착 및 이음에 관한 설명으로 옳은 것은? 제25회

① D35 철근은 인장 겹침 이음을 할 수 없다.
② 기둥의 주근은 큰보에 정착한다.
③ 지중보의 주근은 기초 또는 기둥에 정착한다.
④ 보의 주근은 슬래브에 정착한다.
⑤ 갈고리로 가공하는 것은 인장과 압축저항에 효과적이다.

정답 및 해설

04 ③ 보 및 슬래브의 피로는 인장에 대하여 검토하여야 한다.

05 ⑤ ① 보 단부의 사인장균열은 전단력에 의한 응력으로 발생한다.
② 보 단부의 사인장균열을 방지하기 위해 주로 수직철근(늑근)으로 보강한다.
③ 연직하중을 받는 단순보의 중앙부 하단에서 휨인장응력에 의한 수직방향의 균열이 발생한다.
④ 압축철근비가 클수록 장기 처짐은 감소한다.

06 ① ② 흙에 접하지 않는 철근콘크리트보의 최소피복두께는 40mm이다.
③ 사각형 띠철근으로 둘러싸인 기둥 주철근의 최소개수는 4개이다.
④ 콘크리트 압축강도용 원주공시체 Φ100 × 200mm를 사용할 경우 강도보정계수 0.97을 사용한다.
⑤ 콘크리트 보강용 철근은 이형철근 사용을 원칙으로 한다.

07 ③ ① D35를 초과하는 철근은 인장 겹침 이음을 할 수 없다.
② 기둥의 주근은 기초에 정착한다.
④ 보의 주근은 기둥에 정착한다.
⑤ 갈고리로 가공하는 것은 인장저항에 효과적이다.

08 철근에 관한 설명으로 옳은 것은? 제23회

① 띠철근은 기둥 주근의 좌굴방지와 전단보강 역할을 한다.
② 갈고리(hook)는 집중하중을 분산시키거나 균열을 제어할 목적으로 설치한다.
③ 원형철근은 콘크리트와의 부착력을 높이기 위해 표면에 마디와 리브를 가공한 철근이다.
④ 스터럽(stirrup)은 보의 인장보강 및 주근 위치고정을 목적으로 배치한다.
⑤ SD400에서 400은 인장강도가 400MPa 이상을 의미한다.

09 철근콘크리트구조의 철근배근에 관한 설명으로 옳지 않은 것은? 제27회

① 보부재의 경우 휨모멘트에 의해 주근을 배근하고, 전단력에 의해 스터럽을 배근한다.
② 기둥부재의 경우 띠철근과 나선철근은 콘크리트의 횡방향 벌어짐을 구속하는 효과가 있다.
③ 주철근에 갈고리를 둘 경우 인장철근보다는 압축철근의 정착길이 확보에 더 큰 효과가 있다.
④ 독립기초판의 주근은 주로 휨인장응력을 받는 하단에 배근된다.
⑤ 보 주근의 2단 배근에서 상하 철근의 순간격은 25mm 이상으로 한다.

고난도

10 철근공사에 관한 설명으로 옳은 것은?

① 벽 철근공사에 사용되는 간격재는 사전에 담당원의 승인을 받은 경우 플라스틱 제품을 측면에 사용할 수 있다.
② 상온에서 철근의 가공은 일반적으로 열간가공을 원칙으로 한다.
③ 보에 사용되는 스터럽의 가공치수 허용오차는 ±8mm로 한다.
④ 철근을 용접이음하는 경우 용접부의 강도는 철근 설계기준 항복강도의 100% 성능을 발휘할 수 있어야 한다.
⑤ 용접철망이음은 일직선상에서 모두 이어지게 한다.

대표예제 17 철근의 부착력 ★★

철근과 콘크리트의 부착력에 영향을 주는 요인을 모두 고른 것은? 제26회

ㄱ 콘크리트의 압축강도
ㄴ 철근의 피복두께
ㄷ 철근의 항복강도
ㄹ 철근 표면의 상태

① ㄱ, ㄴ
② ㄴ, ㄷ
③ ㄷ, ㄹ
④ ㄱ, ㄴ, ㄹ
⑤ ㄱ, ㄴ, ㄷ, ㄹ

해설 | ㄷ 철근의 항복강도는 철근과 콘크리트의 부착력에 영향을 주지 않는다.

기본서 p.120

정답 ④

정답 및 해설

08 ① ② 갈고리(hook)는 부착력을 증가시킬 목적으로 사용되며 표준갈고리의 각도는 180°와 90°로 분류된다.
▶ 집중하중을 분산시키거나 균열을 제어할 목적으로 설치하는 철근은 배력근이다.
③ 콘크리트와의 부착력을 높이기 위해 표면에 마디와 리브를 가공한 철근은 이형철근이다.
④ 스터럽(stirrup)은 전단력에 의한 사인장균열 방지, 주근 상호간의 위치 유지, 피복두께 유지, 철근 조립의 용이를 목적으로 배치한다.
⑤ SD400에서 400은 항복강도가 400MPa 이상을 의미한다.

09 ③ 주철근에 갈고리를 둘 경우 압축철근보다는 인장철근의 정착길이 확보에 더 큰 효과가 있다.

10 ① ② 상온에서 철근의 가공은 일반적으로 냉간가공을 원칙으로 한다.
③ 보에 사용되는 스터럽의 가공치수 허용오차는 ±5mm로 한다.
④ 철근을 용접이음하는 경우 용접부의 강도는 철근 설계기준 항복강도의 125% 성능을 발휘할 수 있어야 한다.
⑤ 용접철망이음은 서로 엇갈리게 하여 일직선상에서 모두 이어지지 않게 한다.

고난도

11 철근콘크리트공사에 관한 설명으로 옳은 것은? 제20회

① 항복강도 300MPa인 이형철근은 SR300으로 표시하며 양단면 색깔은 황색이다.
② 철근과 콘크리트의 선팽창계수는 차이가 크므로 서로 다른 값으로 간주한다.
③ 내구성이 중요한 구조물에서 시험에 의하여 콘크리트 압축강도가 10MPa 이상이면 기둥 거푸집을 해체할 수 있다.
④ 이형철근으로 제작한 늑근(stirrup)의 갈고리는 생략할 수 있다.
⑤ 지름이 다른 철근을 이음하는 경우 이음길이는 굵은 철근을 기준으로 계산한다.

12 철근콘크리트공사에 관한 설명으로 옳은 것은? 제24회

① 간격재는 거푸집 상호간에 일정한 간격을 유지하기 위한 것이다.
② 철근 조립시 철근의 간격은 철근 지름의 1.25배 이상, 굵은 골재 최대치수의 1.5배 이상, 25mm 이상의 세 가지 값 중 최댓값을 사용한다.
③ 기둥의 철근 피복두께는 띠철근(hoop) 외면이 아닌 주철근 외면에서 콘크리트 표면까지의 거리를 말한다.
④ 거푸집의 존치기간을 콘크리트 압축강도 기준으로 결정할 경우에 기둥, 보, 벽 등의 측면은 최소 14MPa 이상으로 한다.
⑤ 콘크리트의 설계기준압축강도가 30MPa인 경우에 옥외의 공기에 직접 노출되지 않는 철근콘크리트 보의 최소 피복두께는 40mm이다.

대표예제 18 거푸집공사★★

철근콘크리트공사의 거푸집에 관한 설명으로 옳지 않은 것은? 제19회

① 부어 넣은 콘크리트가 소정의 형상 · 치수를 유지하기 위한 가설구조물이다.

② 거푸집 설계시 적용하는 하중에는 콘크리트 중량, 작업하중, 측압 등이 있다.

③ 거푸집널을 일정한 간격으로 유지하는 동시에 콘크리트 측압을 지지하기 위하여 긴결재(폼타이)를 사용한다.

④ 콘크리트의 측압은 슬럼프값이 클수록 작다.

⑤ 거푸집널과 철근 등의 간격을 유지하기 위하여 간격재(스페이서)를 사용한다.

해설 | 콘크리트의 측압은 슬럼프값이 클수록 크다.

기본서 p.126~129 정답 ④

제1편 건축구조 제4장

정답 및 해설

11 ③ ① 항복강도 300MPa인 이형철근은 SD300으로 표시하며 양단면 색깔은 녹색이다.
② 철근과 콘크리트의 선팽창계수는 거의 같다.
④ 이형철근으로 제작한 늑근(stirrup)의 갈고리는 생략할 수 없다.
⑤ 지름이 다른 철근을 이음하는 경우 이음길이는 가는 철근을 기준으로 계산한다.

12 ⑤ ① 간격재는 피복두께를 유지하기 위한 것이다.
② 철근 조립시 철근의 간격은 철근 지름의 1.5배 이상, 굵은 골재 최대치수의 3분의 4배 이상, 25mm 이상의 세 가지 값 중 최댓값을 사용한다.
③ 기둥의 철근 피복두께는 띠철근(hoop) 외면에서 콘크리트 표면까지의 거리를 말한다.
④ 거푸집의 존치기간을 콘크리트 압축강도 기준으로 결정할 경우에 기둥, 보, 벽 등의 측면은 최소 5MPa 이상으로 한다.

13 **콘크리트공사에 관한 설명으로 옳지 않은 것은?** 제22회

① 보 및 기둥의 측면 거푸집은 콘크리트 압축강도가 5MPa 이상일 때 해체할 수 있다.
② 콘크리트의 배합에서 작업에 적합한 워커빌리티를 갖는 범위 내에서 단위수량은 될 수 있는 대로 적게 한다.
③ 콘크리트 혼합부터 부어 넣기까지의 시간한도는 외기온이 25℃ 미만에서 120분, 25℃ 이상에서는 90분으로 한다.
④ VH(Vertical Horizontal) 분리타설은 수직부재를 먼저 타설하고 수평부재를 나중에 타설하는 공법이다.
⑤ 거푸집의 콘크리트 측압은 슬럼프가 클수록, 온도가 높을수록, 부배합일수록 크다.

14 **콘크리트를 부어 넣을 때 거푸집이 벌어지거나 변형되지 않게 연결 또는 고정하는 것은?**

① 스페이서(spacer)
② 폼타이(form tie)
③ 슬라이딩폼(sliding form)
④ 세퍼레이터(separator)
⑤ 스티프너(stiffener)

15 **철근콘크리트공사에 관한 설명으로 옳지 않은 것은?** 제21회

① 콘크리트를 이어칠 경우 콘크리트 표면에 나타난 레이턴스는 제거한 후 작업한다.
② 거푸집은 콘크리트 중량, 작업하중, 측압 등에 견딜 수 있어야 한다.
③ 철근의 피복두께를 유지하기 위하여 긴결재를 사용한다.
④ 슬럼프시험은 워커빌리티 검사방법의 일종이다.
⑤ 동결융해작용을 받지 않는 콘크리트구조물에 사용되는 잔골재는 내구성(안정성)시험을 하지 않을 수 있다.

대표예제 19 콘크리트 ★★★

콘크리트공사에서 시멘트 분말도가 크면 나타나는 현상으로 옳지 않은 것은? 제17회

① 수화작용이 빠르다.
② 조기강도가 커진다.
③ 시공연도가 좋아진다.
④ 균열발생이 적어진다.
⑤ 블리딩 현상이 감소한다.

해설 | 콘크리트공사시 시멘트 분말도가 크면 균열발생이 많아진다.

기본서 p.130~152 정답 ④

16 **아직 굳지 않은 콘크리트의 반죽질기를 측정하여 시공연도를 판단하는 기준으로 사용되는 시험은?**

① 슬럼프시험
② 크리프시험
③ 표준관입시험
④ 분말도시험
⑤ 슈미트해머시험

정답 및 해설

13 ⑤ 거푸집의 콘크리트 측압은 슬럼프가 클수록, 부배합일수록 크지만 온도가 높을수록 측압은 작다.

14 ② 콘크리트를 부어 넣을 때 거푸집이 벌어지거나 변형되지 않게 연결 또는 고정하는 것은 폼타이(form tie)이다.

15 ③ 철근의 피복두께를 유지하기 위하여 간격재를 사용한다.

16 ① 아직 굳지 않은 콘크리트의 반죽질기를 측정하여 시공연도를 판단하는 기준으로 사용되는 시험은 슬럼프 시험이다.

17 **콘크리트 슬럼프시험으로 판단할 수 있는 것은?** 제23회

① 시공연도
② 크리프
③ 중성화
④ 내구성
⑤ 수밀성

18 **콘크리트공사에 관한 설명으로 옳지 않은 것은?**

① 물 · 시멘트비가 클수록 압축강도는 작아진다.
② 물 · 시멘트비가 클수록 레이턴스가 많이 생긴다.
③ 운반 및 타설시에 콘크리트에 물을 첨가하면 안 된다.
④ 단위수량이 많을수록 작업이 용이하고, 블리딩은 작아진다.
⑤ 콘크리트의 비빔시간이 너무 길면 워커빌리티는 나빠진다.

19 **콘크리트의 건조수축에 관한 설명으로 옳지 않은 것은?**

① 단위수량이 많을수록 건조수축이 증가한다.
② 상대습도가 낮을수록 건조수축이 증가한다.
③ 단위시멘트량이 적을수록 건조수축이 증가한다.
④ 골재함량이 적을수록 건조수축이 증가한다.
⑤ 부재의 단면치수가 작을수록 건조수축이 증가한다.

20 콘크리트의 균열발생 원인을 모두 고른 것은?

㉠ 시멘트의 이상 응결	㉡ 불균일한 타설 및 다짐
㉢ 시멘트의 수화열	㉣ 이어치기면의 처리 불량
㉤ 콘크리트의 중성화	

① ㉠, ㉣
② ㉡, ㉢
③ ㉠, ㉢, ㉤
④ ㉡, ㉢, ㉣, ㉤
⑤ ㉠, ㉡, ㉢, ㉣, ㉤

21 콘크리트구조물에 발생하는 균열에 관한 설명으로 옳지 않은 것은?

제21회

① 보의 전단균열은 부재 축에 경사방향으로 발생하는 균열이다.
② 침하균열은 배근된 철근 직경이 클수록 증가한다.
③ 건조수축균열은 물 · 시멘트비가 높을수록 증가한다.
④ 소성수축균열은 풍속이 약할수록 증가한다.
⑤ 온도균열은 콘크리트 내 · 외부의 온도차와 부재단면이 클수록 증가한다.

정답 및 해설

17 ① 콘크리트의 슬럼프시험은 굳지 않은 콘크리트의 반죽질기를 측정하는 것으로, 시공연도를 판단하는 하나의 수단으로 사용된다.

18 ④ 단위수량이 많을수록 작업은 용이하지만 블리딩은 증가한다.

19 ③ 단위시멘트량이 적을수록 건조수축이 감소한다.

20 ⑤ 콘크리트의 균열발생 원인에는 시멘트의 이상 응결, 불균일한 타설 및 다짐, 시멘트의 수화열, 이어치기면의 처리 불량, 콘크리트의 중성화 등이 있다.

21 ④ 소성수축균열은 풍속이 약할수록 감소한다.

고난도

22 콘크리트의 균열에 관한 설명으로 옳은 것은? 제24회

① 침하균열은 콘크리트의 표면에서 물의 증발속도가 블리딩속도보다 빠른 경우에 발생한다.
② 소성수축균열은 굵은 철근 아래의 공극으로 콘크리트가 침하하여 철근 위에 발생한다.
③ 하중에 의한 균열은 설계하중을 초과하거나 부동침하 등의 원인으로 생기며, 주로 망상균열이 불규칙하게 발생한다.
④ 온도균열은 콘크리트의 내·외부 온도차가 클수록, 단면치수가 클수록 발생하기 쉽다.
⑤ 건조수축균열은 콘크리트 경화 전 수분의 증발에 의한 체적 증가로 발생한다.

23 철근콘크리트구조의 변형 및 균열에 관한 설명으로 옳지 않은 것은? 제20회

① 크리프(creep) 변형은 지속하중으로 인하여 콘크리트에 발생하는 장기 변형이다.
② 콘크리트의 단위수량이 증가하면 블리딩과 건조수축이 증가한다.
③ AE제는 동결융해에 대한 저항성을 감소시킨다.
④ 보의 중앙부 하부에 발생한 균열은 휨모멘트가 원인이다.
⑤ 침하균열은 콘크리트 타설 후 자중에 의한 압밀로 철근 배근을 따라 수평부재 상부면에 발생하는 균열이다.

24 콘크리트의 크리프(creep)에 관한 설명으로 옳지 않은 것은?

① 재하 응력이 클수록 크리프는 증가한다.
② 물·시멘트비가 클수록 크리프는 증가한다.
③ 재하시기가 빠를수록 크리프는 증가한다.
④ 부재의 단면이 작을수록 크리프는 증가한다.
⑤ 온도가 낮고 습도가 높을수록 크리프는 증가한다.

25 콘크리트의 재료분리 발생원인이 아닌 것은?

제24회

① 모르타르 점성이 적은 경우
② 부어 넣는 높이가 높은 경우
③ 입경이 작고 표면이 거친 구형의 골재를 사용한 경우
④ 단위 수량이 너무 많은 경우
⑤ 운반이나 다짐시 심한 진동을 가한 경우

26 콘크리트의 압축강도에 관한 설명으로 옳지 않은 것은?

① 습윤환경보다 건조환경에서 양생된 콘크리트의 강도가 낮다.
② 콘크리트 배합시 사용되는 물의 양이 많을수록 강도는 저하된다.
③ 현장타설 구조체 콘크리트는 양생온도가 높을수록 강도 발현이 촉진된다.
④ 시험용 공시체의 크기가 클수록, 재하속도가 느릴수록 강도는 커진다.
⑤ 타설 후 초기재령에 동결된 콘크리트는 그 후 적절한 양생을 하여도 강도가 회복되기 어렵다.

정답 및 해설

22 ④ ① 침하균열은 구조물을 시공할 때 콘크리트를 타설한 후 지표에 인접한 철근, 입경이 큰 자갈, 기타 매설물로 인하여 콘크리트가 수축하고 갈라져서 틈이 생기는 현상이다.
② 소성수축균열은 콘크리트가 양생 중 건조한 바람이나 고온 저습한 외기에 노출되어 급격히 증발 건조되면서 증발속도가 블리딩속도보다 빠른 경우에 발생한다.
③ 하중에 의한 균열은 설계하중을 초과하거나 부동침하 등의 원인으로 생기며, 주로 전단균열(사인장균열)이 발생한다.
⑤ 건조수축균열은 콘크리트 건조 과정에서 함유했던 수분을 방출해 부피나 길이가 수축하면서 균열이 발생하는 현상으로 증발에 의한 체적 감소가 발생한다.

23 ③ AE제는 동결융해에 대한 저항성을 증가시킨다.

24 ⑤ 온도가 낮고 습도가 높을수록 크리프는 감소한다.

25 ③ 입경이 작고 표면이 거친 구형의 골재를 사용한 경우는 재료분리 방지방법이다.

26 ④ 시험용 공시체의 크기가 클수록, 재하속도가 느릴수록 강도는 작아진다.

27 **철근콘크리트구조물의 내구성을 저하시키는 주요 원인을 모두 고른 것은?** 제19회

㉠ 콘크리트의 중성화	㉡ 알칼리 골재반응
㉢ 화학적 침식	㉣ 동결융해

① ㉠, ㉡
② ㉢, ㉣
③ ㉠, ㉡, ㉢
④ ㉡, ㉢, ㉣
⑤ ㉠, ㉡, ㉢, ㉣

28 **철근콘크리트구조물의 내구성 저하요인으로 옳지 않은 것은?** 제22회

① 수화반응으로 생긴 수산화칼슘
② 기상작용으로 인한 동결융해
③ 부식성 화학물질과의 반응으로 인한 화학적 침식
④ 알칼리 골재반응
⑤ 철근의 부식

고난도

29 **철근콘크리트공사에서 콘크리트의 타설 후 가장 먼저 나타날 수 있는 성능저하현상은?**

① 염해현상
② 화학적 침식
③ 알칼리 골재반응
④ 플라스틱 균열현상
⑤ 탄산화(중성화)현상

30 **콘크리트공사현장에 반입되는 콘크리트의 품질관리 및 검사항목에 해당하지 않는 것은?**

① 슬럼프
② 공기량
③ 중성화
④ 염화물량
⑤ 단위수량(單位水量)

31 철근콘크리트공사에 사용되는 재료의 취급 및 저장에 관한 설명으로 옳지 않은 것은?

① 철근은 직접 지상에 놓지 말아야 한다.
② 3개월 이상 장기간 저장한 시멘트는 사용하기에 앞서 재시험을 실시하여 그 품질을 확인한다.
③ 골재의 저장설비에는 적당한 배수시설을 설치하여 골재의 표면수가 모두 제거되도록 하여야 한다.
④ 포대시멘트를 쌓아서 단기간 저장하는 경우, 시멘트를 쌓아올리는 높이는 13포대 이하로 하는 것이 바람직하다.
⑤ 혼화재는 방습적인 사일로 또는 창고 등에 품종별로 구분하여 저장한다.

종합

32 콘크리트공사에 관한 설명으로 옳지 않은 것은? 제18회

① 콘크리트에 포함된 염화물량은 염소이온량으로서 철근 방청상 유효한 대책을 강구하지 않을 경우 0.30kg/m^3 이하로 한다.
② 시멘트 저장시 시멘트를 쌓아 올리는 높이는 13포대 이하로 한다.
③ 외기기온이 25℃ 이상의 경우, 레디 믹스트 콘크리트는 비빔 시작부터 타설 종료까지의 시간을 90분으로 한다.
④ 콘크리트 타설이음부 위치는 보의 경우 구조내력을 고려하여 스팬의 단부로 한다.
⑤ 타설이음부의 콘크리트는 살수 등에 의하여 습윤시킨다.

정답 및 해설

27 ⑤ 철근콘크리트구조물의 내구성을 저하시키는 주요 원인은 콘크리트의 중성화, 알칼리 골재반응, 화학적 침식, 동결융해 등이다.

28 ① 수화반응으로 생긴 수산화칼슘은 철근콘크리트구조물의 내구성 저하요인이 아니다.

29 ④ 플라스틱 균열현상은 콘크리트가 경화되기 전, 타설 후 1~8시간 사이에 발생하는 균열로서 플라스틱 침하균열과 플라스틱 수축균열로 나눌 수 있다.

30 ③ 중성화란 콘크리트가 표면으로부터 공기 중의 탄산가스를 흡수하여 콘크리트 중의 수산화칼슘이 탄산칼슘으로 변화하면서 알칼리성을 잃게 되는 현상으로 콘크리트의 품질관리 및 검사항목에는 해당되지 않는다.

31 ③ 골재의 저장설비에는 적당한 배수시설을 설치하고, 골재의 표면수가 균일한 골재를 사용할 수 있도록 하여야 한다.

32 ④ 콘크리트 타설이음부 위치는 보의 경우 구조내력을 고려하여 스팬의 중앙부로 한다.

33 콘크리트공사에 관한 설명으로 옳지 않은 것은? 제20회

① 보통콘크리트에 사용되는 골재의 강도는 시멘트 페이스트 강도 이상이어야 한다.
② 콘크리트 제조시 혼화제(混和劑)의 양은 콘크리트 용적 계산에 포함된다.
③ 센트럴 믹스트(central-mixed) 콘크리트는 믹싱 플랜트에서 비빈 후 현장으로 운반하여 사용하는 콘크리트이다.
④ 콘크리트 배합시 골재의 함수상태는 표면건조 내부 포수상태 또는 그것에 가까운 상태로 사용하는 것이 바람직하다.
⑤ 콘크리트 배합시 단위수량은 작업이 가능한 범위 내에서 될 수 있는 한 적게 되도록 시험을 통해 정하여야 한다.

고난도

34 콘크리트의 품질관리 및 검사방법에 관한 설명으로 옳지 않은 것은? 제18회

① 굳지 않은 콘크리트의 품질검사 방법으로는 슬럼프검사, 공기량검사가 있다.
② 구조체 콘크리트의 압축강도검사 시험횟수는 콘크리트의 타설공구마다, 타설일마다, 타설량 $150m^3$마다 1회로 한다.
③ 현장에서 양생되는 공시체는 시험실에서 양생되는 공시체와 똑같은 시간에 동일한 시료를 사용하여 만들어야 한다.
④ 구조물의 성능을 재하시험에 의하여 확인할 경우, 재하방법 · 하중크기 등은 구조물에 위험한 영향을 주지 않아야 한다.
⑤ 코어 공시체 압축강도시험 결과의 3개 이상 평균값이 설계기준강도의 85%에 도달하고, 그중 하나의 값이 설계기준강도의 75%보다 작지 않으면 합격으로 한다.

35 굳지 않은 콘크리트의 특성에 관한 설명으로 옳지 않은 것은? 제25회

① 물의 양에 따른 반죽의 질기를 컨시스턴시(consistency)라고 한다.
② 재료 분리가 발생하지 않는 범위에서 단위수량이 증가하면 워커빌리티(workability)는 증가한다.
③ 골재의 입도 및 입형은 워커빌리티(workability)에 영향을 미친다.
④ 물 · 시멘트비가 커질수록 블리딩(bleeding)의 양은 증가한다.
⑤ 콘크리트의 온도는 공기량에 영향을 주지 않는다.

36 **한중콘크리트공사에 관한 설명으로 옳지 않은 것은?** 제14회

① 특별한 경우에 시멘트는 직접 가열하여 사용한다.
② 한중콘크리트에는 공기연행 콘크리트를 사용하는 것을 원칙으로 한다.
③ 동결한 지반 위에 콘크리트를 부어 넣거나 거푸집의 동바리를 세워서는 안 된다.
④ 빙설이 혼입된 골재, 동결상태의 골재는 원칙적으로 비빔에 사용하지 않는다.
⑤ 단위수량(單位水量)은 콘크리트의 소요성능이 얻어지는 범위 내에서 될 수 있는 한 적게 한다.

37 **특수콘크리트에 관한 설명으로 옳지 않은 것은?** 제15회

① 서중콘크리트는 일평균기온이 20℃를 넘는 시기에 타설되는 콘크리트이다.
② 한중콘크리트는 일평균기온이 4℃ 이하의 낮은 온도에서 타설되는 콘크리트이다.
③ 고유동콘크리트는 재료분리에 대한 저항성을 유지하면서 유동성을 현저하게 높여 밀실한 충전이 가능한 콘크리트이다.
④ 매스콘크리트는 수화열에 의한 균열의 고려가 필요한 콘크리트이다.
⑤ 수밀콘크리트는 수압이 구조체에 직접적인 영향을 미치는 구조물에서 방수·방습 등을 목적으로 만들어진 흡수성과 투수성이 작은 콘크리트이다.

정답 및 해설

33 ② 콘크리트 제조시 혼화제(混和劑)의 양은 콘크리트 용적 계산에 포함되지 않는다.
34 ② 구조체 콘크리트의 압축강도검사 시험횟수는 콘크리트의 타설공구마다, 타설일마다, 타설량 120m^3마다 1회로 한다.
35 ⑤ 콘크리트의 온도는 공기량에 영향을 준다. 온도가 높으면 공기량이 감소하고, 온도가 낮으면 공기량이 증가한다.
36 ① 골재와 물은 가열하여 사용하나, 시멘트는 가열하지 않는다.
37 ① 서중콘크리트는 일평균기온이 25℃를 넘는 시기에 타설되는 콘크리트이다.

대표예제 20 이음 ★

콘크리트공사시 각종 줄눈(joint)에 관한 설명으로 옳지 않은 것은? 제15회

① 콜드조인트(cold joint)란 신 · 구 타설 콘크리트의 경계면에 발생되기 쉬운 이어치기의 불량 부위를 말한다.
② 신축줄눈(expansion joint)이란 구조물이 장대한 경우에 수축 · 팽창에 따른 변위를 흡수하기 위하여 설치하는 줄눈을 말한다.
③ 시공줄눈(construction joint)이란 시공상의 여건 등에 의하여 부어 넣기 작업을 일시적으로 중단해야 하는 경우에 설치하는 줄눈을 말한다.
④ 조절줄눈(control joint)이란 콘크리트 구조체와 조적조가 접합되는 부위에 설치하는 줄눈을 말한다.
⑤ 지연줄눈(delay joint)이란 콘크리트의 침하나 수축의 편차가 크게 예상되는 경우에 일정기간 방치하였다가 콘크리트를 추가적으로 타설하는 부위를 말한다.

해설 | 조절줄눈(control joint)이란 균열유도줄눈 위치에서만 균열이 일어나도록 유도하는 줄눈을 말한다.

기본서 p.152~154 정답 ④

38 콘크리트 줄눈에 관한 설명으로 옳지 않은 것은? 제23회

① 신축줄눈은 콘크리트의 수축, 팽창 등에 따른 균열발생 방지를 위해 설치하는 줄눈이다.
② 조절줄눈은 균열을 일정한 곳에서만 일어나도록 유도하기 위해 균열이 예상되는 위치에 설치하는 줄눈이다.
③ 지연줄눈은 일정 부위를 남겨 놓고 콘크리트를 타설한 후 초기 수축균열을 진행시킨 다음 최종 타설할 때 발생하는 줄눈이다.
④ 슬라이딩조인트는 슬래브나 보가 단순지지되어 있을 때 수평방향으로 미끄러질 수 있도록 설치하는 줄눈이다.
⑤ 콜드조인트는 기온이 낮을 때 동결융해 방지를 위해 설치하는 줄눈이다.

39 철근콘크리트공사에서 콘크리트 이어치기에 대한 설명으로 옳지 않은 것은?

① 콘크리트의 이어치기는 원칙적으로 응력이 집중되는 곳에서 한다.
② 보는 스팬의 단부 4분의 1 부분에서 이어친다.
③ 기둥 및 기초는 슬래브의 상단에서 이어친다.
④ 캔틸레버보는 이어치기를 하지 않고 한번에 타설한다.
⑤ 부재의 압축력이 작용하는 방향과 직각이 되도록 한다.

40 철근콘크리트공사에 관한 설명으로 옳은 것은? 제23회

① 콘크리트 타설 후 양생기간 동안의 일평균 기온이 4℃ 이하인 경우 서중 콘크리트로 시공한다.
② 거푸집이 오므라드는 것을 방지하고, 거푸집 상호간의 간격을 유지하기 위해 간격재(spacer)를 배치한다.
③ 보에서의 이어붓기는 스팬 중앙에서 수직으로 한다.
④ 보의 철근이음시 하부주근은 중앙부에서 이음한다.
⑤ 콘크리트의 소요강도는 배합강도보다 충분히 커야 한다.

정답 및 해설

38 ⑤ 콜드조인트는 콘크리트 타설시 현격한 시간 차이로 하부층 콘크리트의 응결이 진행될 때 타설된 콘크리트와 새로 타설된 콘크리트가 일체가 되지 않아서 발생하는 조인트이다.

39 ① 콘크리트의 이어치기는 원칙적으로 응력이 집중되는 곳은 피한다.

40 ③ ① 콘크리트 타설 후 양생기간 동안의 일평균 기온이 4℃ 이하인 경우 한중 콘크리트로 시공한다.
② 거푸집이 오므라드는 것을 방지하고, 거푸집 상호간의 간격을 유지하기 위해 격리재를 배치한다.
④ 보의 철근이음시 하부주근은 단부에서 이음한다.
⑤ 콘크리트의 소요강도는 설계 기준강도보다 충분히 커야 한다.

대표예제 21 철근콘크리트의 각부 구조★★

철근콘크리트보의 단부에 발생하는 대각선 균열의 주된 원인은? 제13회

① 압축력
② 전단력
③ 부착력
④ 비틀림
⑤ 마찰력

해설 | 철근콘크리트보의 단부에 발생하는 대각선 균열의 주된 원인은 전단력이다.

기본서 p.154~166

정답 ②

41 **철근콘크리트 기둥에 관한 설명 중 옳지 않은 것은?**

① 최소단면치수는 20cm 이상이다.
② 단면적은 600cm^2 이상이다.
③ 주근은 띠철근기둥은 6개, 나선철근기둥은 4개 이상이다.
④ 기둥의 크기는 층고의 15분의 1이다.
⑤ 주철근의 간격은 40mm 이상이다.

42 **철근콘크리트구조의 특성에 관한 설명으로 옳은 것은?** 제25회

① 콘크리트 탄성계수는 인장시험에 의해 결정된다.
② SD400 철근의 항복강도는 400N/mm이다.
③ 스터럽은 보의 사인장균열을 방지할 목적으로 설치한다.
④ 나선철근은 기둥의 휨내력 성능을 향상시킬 목적으로 설치한다.
⑤ 1방향 슬래브의 경우 단변방향보다 장변방향으로 하중이 더 많이 전달된다.

43 철근콘크리트 보의 균열 및 배근에 관한 설명으로 옳지 않은 것은? 제26회

① 늑근은 단부보다 중앙부에 많이 배근한다.
② 전단균열은 사인장균열 형태로 나타난다.
③ 양단 고정단 보의 단부 주근은 상부에 배근한다.
④ 주근은 휨균열 발생을 억제하기 위해 배근한다.
⑤ 휨균열은 보 중앙부에서 수직에 가까운 형태로 발생한다.

44 슬래브에 관한 설명 중 옳지 않은 것은?

① 단변 유효 간사이의 4분의 1 지점에서 휘어 올린다.
② $\frac{l_y}{l_x} \leq 2$이면 1방향 슬래브이다.
③ 1방향 슬래브는 바닥하중의 대부분을 1방향으로 전달한다.
④ 철근을 많이 넣는 곳은 단변방향의 주열대이다.
⑤ 1방향 슬래브의 두께는 최소 100mm 이상으로 하여야 한다.

정답 및 해설

41 ③ 주근은 띠철근기둥은 4개, 나선철근기둥은 6개 이상이다.

42 ③ ① 콘크리트 탄성계수는 압축시험에 의해 결정된다.
② SD400 철근의 항복강도는 400Mpa(N/mm^2)이다.
④ 나선철근은 기둥에서 주근의 좌굴방지, 주근의 위치고정, 전단보강, 피복두께 유지 등의 목적으로 설치한다.
⑤ 1방향 슬래브의 경우 장변방향보다 단변방향으로 하중이 더 많이 전달된다.

43 ① 늑근은 중앙부보다 단부의 전단력이 크기 때문에 중앙부보다 단부에 많이 배근한다.

44 ② $\frac{l_y}{l_x} \leq 2$이면 2방향 슬래브이다.

45 철근 및 철근배근에 관한 설명으로 옳은 것은?

제26회

① 전단철근이 배근된 보의 피복두께는 보 표면에서 주근 표면까지의 거리이다.
② SD400 철근은 항복강도 400N/mm^{2}인 원형 철근이다.
③ 나선기둥의 주근은 최소 4개로 한다.
④ 1방향 슬래브의 배력철근은 단변방향으로 배근한다.
⑤ 슬래브 주근은 배력철근보다 바깥쪽에 배근한다.

46 철근콘크리트구조에 관한 설명으로 옳지 않은 것은?

제27회

① 2방향 슬래브의 경우 단변과 장변의 양방향으로 하중이 전달된다.
② 복근 직사각형 보의 경우 보 단면의 인장 및 압축 양측에 철근이 배근된다.
③ T형 보는 보와 슬래브가 일체화되어 슬래브의 일부분이 보의 플랜지를 형성한다.
④ 내력벽은 자중과 더불어 상부층의 연직하중을 지지하는 벽체이다.
⑤ 내력벽의 철근배근 간격은 벽두께의 5배 이하, 500mm 이하로 한다.

정답 및 해설

45 ⑤ ① 전단철근이 배근 된 보의 피복두께는 보 표면에서 늑근 표면까지의 거리이다.
② SD400 철근은 항복강도 400N/mm^{2}인 이형 철근이다.
③ 나선기둥의 주근은 최소 6개로 한다.
④ 1방향 슬래브의 주근은 단변방향으로 배근하고, 장변방향은 온도에 따른 신축을 고려하여 온도철근(최소철근비)을 배근한다.

46 ⑤ 내력벽의 철근배근 간격은 벽두께의 3배 이하, 450mm 이하로 한다.

제5장 철골구조

대표예제 22 **철골구조의 특징★★★**

철근콘크리트구조와 비교하여 철골구조에 대한 설명으로 옳은 것은? 제11회

① 강재는 단면에 비하여 부재가 세장하므로 좌굴을 일으키기가 쉽다.
② 철거시 폐기물 발생량이 많고 재료의 재사용이 불가능하다.
③ 고열에 강도가 저하되고 변형하기 쉽지만 진동이 잘 전달되지 않는다.
④ 강재는 재질이 균등하지만 연성이 작아서 큰 변위가 발생하는 부재에는 적당하지 않다.
⑤ 철골은 콘크리트보다 강도가 커서 부재 단면을 작게 할 수 있으나 비중이 커서 건물 전체의 중량이 무겁다.

오답체크 | ② 철거시 폐기물 발생량이 적고 재료의 재사용이 가능하다.
③ 고열에 강도가 저하되고 변형하기 쉬우며 진동이 잘 전달된다.
④ 강재는 재질이 균등하지만 연성이 커서 큰 변위가 발생하는 부재에 적당하다.
⑤ 철골은 콘크리트보다 강도가 커서 부재 단면을 작게 할 수 있고, 비중이 작아서 건물 전체의 중량이 가볍다.

기본서 p.183~186 정답 ①

01 **철골구조의 장점 및 단점에 관한 설명으로 옳지 않은 것은?** 제22회

① 강재는 재질이 균등하며 강도가 커서 철근콘크리트에 비해 건물의 중량이 가볍다.
② 장경간 구조물이나 고층건축물을 축조할 수 있다.
③ 시공정밀도가 요구되어 공사기간이 철근콘크리트에 비해 길다.
④ 고열에 약해 내화설계에 의한 내화피복을 하여야 한다.
⑤ 압축력에 대하여 좌굴하기 쉽다.

정답 및 해설

01 ③ 철골구조는 건식 구조로 철근콘크리트에 비해 공사기간이 짧다.

02 철골구조에 관한 설명으로 옳지 않은 것은?

① 강재는 균질도가 높고 철근콘크리트구조보다 강도가 커서 건물의 중량을 가볍게 할 수 있다.
② 공법이 자유롭고 큰 부재를 사용할 수 있어 스팬이 큰 구조물을 축조할 수 있다.
③ 내화적 구조로 설계 및 시공시 내화피복에 대한 대비가 필요 없다.
④ 콘크리트는 인성이 작지만 철골구조의 강재는 인성이 크다.
⑤ 철골구조는 일반적으로 부재단면에 비하여 길이가 길어 좌굴되기 쉽다.

03 철골구조에 관한 설명으로 옳지 않은 것은?

① 철근콘크리트구조에 비하여 공사기간이 상대적으로 짧다.
② 내화성능이 비교적 낮아 내화피복에 대하여 고려하여야 한다.
③ 강재는 재질이 균등하며, 철근콘크리트에 비하여 인성이 우수하다.
④ 철근콘크리트구조에 비하여 공사시 기후의 영향을 크게 받지 않는다.
⑤ 단면에 비하여 부재길이가 비교적 길고 두께가 얇아 좌굴 저항성이 우수하다.

04 금속의 성질에 대한 설명으로 옳지 않은 것은?

① 탄성(elasticity): 재료에 외력이 작용하면 변형이 생기며, 외력을 제거하면 재료가 본래의 모양이나 크기로 되돌아가는 성질을 말한다.
② 소성(plasticity): 재료에 외력이 작용하면 변형이 생기며, 외력을 제거하여도 재료가 본래의 크기나 모양으로 돌아가지 않고 변형된 그 상태로 남는 성질을 말한다.
③ 인성(toughness): 재료가 외력을 받아 변형을 일으키면서도 파괴되지 않고 잘 견딜 수 있는 성질을 말한다.
④ 취성(brittleness): 재료가 외력을 받아도 변형되지 않거나 극히 미미한 변형을 수반하고 파괴되는 성질을 말한다.
⑤ 연성(ductility): 재료가 압력이나 타격에 의하여 파괴됨이 없이 판상으로 펼쳐지는 성질을 말한다.

05 철골구조에 관한 설명으로 옳지 않은 것은? 제24회

① 단면에 비하여 부재의 길이가 길고 두께가 얇아 좌굴되기 쉽다.
② 접합부의 시공과 품질관리가 어렵기 때문에 신중한 설계가 필요하다.
③ 강재의 취성파괴는 고온에서 인장할 때 또는 갑작스런 하중의 집중으로 생기기 쉽다.
④ 담금질은 강을 가열한 후 급랭하여 강도와 경도를 향상시키는 열처리 작업이다.
⑤ 고장력볼트 접합은 철골부재간의 마찰력에 의해 응력을 전달하는 방식이다.

06 구조용 강재의 재질 표시로 옳지 않은 것은? 제25회

① 일반구조용 압연강재: SS
② 용접구조용 압연강재: SM
③ 용접구조용 내후성 열간압연강재: SMA
④ 건축구조용 압연강재: SSC
⑤ 건축구조용 열간압연 H형강: SHN

07 일반구조용 압연강재의 표시기호로 옳은 것은?

① SS ② SM
③ SSC ④ SMA
⑤ SPSR

정답 및 해설

02 ③ 철골구조는 비내화적인 구조로 설계 및 시공시 내화피복에 대한 대비가 필요하다.
03 ⑤ 단면에 비하여 부재길이가 비교적 길고 두께가 얇아 좌굴에 취약하다.
04 ⑤ 연성(ductility)은 재료가 탄성한계 이상의 힘을 받아도 파괴되지 않고 가늘고 길게 늘어나는 성질을 말한다.
05 ③ 강재의 취성파괴는 저온에서 강재에 외력 작용시 인장강도 또는 항복강도 도달 전에 급격히 파괴되는 현상이다.
06 ④ 건축구조용 압연강재 표시는 SN이다.
07 ①

기호	영문	내용
SS	Steel Structure	일반구조용 강재
SM	Steel Marine	용접구조용 강재
SPS	Steel Pipe Structure	일반구조용 탄소강관
SPSR	Steel Pipe Structure Rectangle	일반구조용 각형강관

08 구조용 강재에 관한 설명으로 옳지 않은 것은?

제27회

① 강재의 화학적 성질에서 탄소량이 증가하면 강도는 감소하나, 연성과 용접성은 증가한다.
② SN은 건축구조용 압연강재를 의미한다.
③ TMCP강은 극 후판의 용접성과 내진성을 개선한 제어 열처리강이다.
④ 판두께 16mm 이하인 경우 SS275의 항복강도는 275MPa이다.
⑤ 판두께 16mm 초과, 40mm 이하인 경우 SM355의 항복강도는 345MPa이다.

09 H형강의 표시방법으로 옳은 것은?

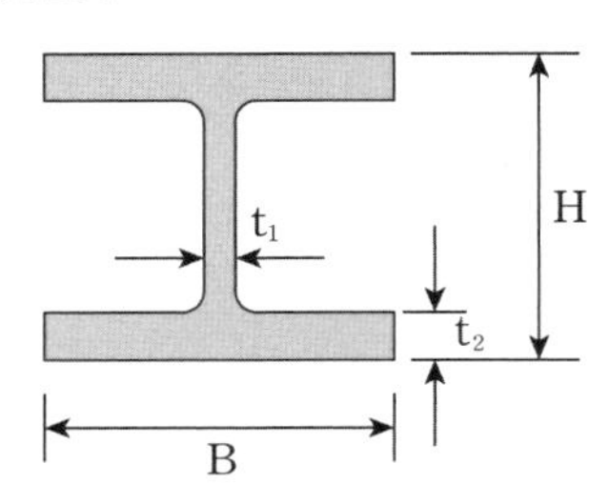

① $H - B \times H \times t_1 \times t_2$
② $H - t_1 \times t_2 \times B \times H$
③ $H - H \times B \times t_1 \times t_2$
④ $H - H \times t_1 \times B \times t_2$
⑤ $H - B \times t_2 \times H \times t_1$

10 철골구조에 대한 설명으로 옳지 않은 것은?

① 기둥과 보는 주로 강관이나 형강을 사용한다.
② 기둥과 보를 연결하는 접합은 리벳이음을 주로 사용한다.
③ 강재를 용접하는 경우에는 용접용 강재를 사용하는 것이 유리하다.
④ 고장력볼트를 이용한 접합은 접합재 상호간 생긴 마찰력으로 힘을 전달한다.
⑤ 용접이음은 모재와 접합재가 일체되어 튼튼하며, 구멍이 뚫려 생기는 단면결손이 없다.

대표예제 23 철골접합 ★★★

철골공사의 용접접합에 관한 설명으로 옳지 않은 것은? 제12회

① 구멍에 의한 부재단면의 결손이 없다.
② 소음 발생이 적다.
③ 용접공의 숙련도에 따라서 품질이 좌우된다.
④ 용접열에 의하여 부재의 변형이 생기기 쉽다.
⑤ 접합부의 검사가 쉽다.

해설 | 용접접합은 접합부의 검사가 어렵다.

기본서 p.187~197 정답 ⑤

11 철골구조의 접합에 관한 설명으로 옳지 않은 것은?

① 철골구조는 공장에서 가공한 강재를 현장에서 조립하는 방식으로 시공한다.
② 용접은 볼트접합에 비하여 단면결손이 있으나, 소음 발생이 적은 장점이 있다.
③ 고장력볼트접합은 접합부 강성이 높아 변형이 거의 없다.
④ 고장력볼트접합은 내력이 큰 볼트로 접합재를 강하게 조여 생기는 마찰력을 통하여 힘을 전달한다.
⑤ 용접은 시공기술에 따라 접합강도의 차이가 있으며, 열에 의한 변형 등이 발생할 수 있다.

정답 및 해설

08 ① 강재의 화학적 성질에서 탄소량이 증가하면 강도는 증가하나, 연성과 용접성은 감소한다.
09 ③ H(모양) − H(세로) × B(가로) × t_1(웨브) × t_2(플랜지)
10 ② 기둥과 보를 연결하는 접합은 용접접합을 주로 사용한다.
11 ② 용접은 볼트접합에 비해 단면결손이 없고, 소음 발생이 적은 장점이 있다.

12 철골구조의 접합에 관한 설명으로 옳은 것은? 제27회

① 고장력볼트 F10T-M24의 표준구멍지름은 26mm이다.
② 고장력볼트의 경우 표준볼트장력은 설계볼트장력을 10% 할증한 값으로 한다.
③ 플러그용접은 겹침이음에서 전단응력보다는 휨응력을 주로 전달하게 해준다.
④ 필릿용접의 유효단면적은 유효목두께의 2배에 유효길이를 곱한 것이다.
⑤ 용접을 먼저 한 후 고장력볼트를 시공한 경우 접합부의 내력은 양쪽 접합내력의 합으로 본다.

13 철골구조의 접합에 관한 설명으로 옳은 것을 모두 고른 것은? 제23회

㉠ 볼트접합은 주요 구조부재의 접합에 주로 사용된다.
㉡ 용접금속과 모재가 융합되지 않고 겹쳐지는 용접결함을 언더컷이라고 한다.
㉢ 볼트접합에서 게이지라인상의 볼트 중심간 간격을 피치라고 한다.
㉣ 용접을 먼저 시공하고 고력볼트를 시공하면 용접이 전체하중을 부담한다.

① ㉠, ㉡
② ㉠, ㉣
③ ㉢, ㉣
④ ㉠, ㉡, ㉢
⑤ ㉡, ㉢, ㉣

14 철골구조의 일반적인 접합에 관한 설명으로 옳지 않은 것은? 제19회

① 큰보와 작은보의 접합은 단순지지의 경우가 많으므로 클립앵글 등을 사용하여 웨브(web)만을 상호 접합한다.
② 철골부재의 접합방법에는 볼트접합, 고력볼트접합, 용접접합 등이 있다.
③ 접합부는 부재에 발생하는 응력이 완전히 전달되도록 하고, 이음은 가능한 한 응력이 작게 되도록 한다.
④ 용접접합과 볼트접합을 병용할 경우에는 볼트를 조인 후 용접을 실시한다.
⑤ 볼트 조임 후 검사방법에는 토크관리법, 너트회전법, 조합법 등이 있다.

고난도

15 철골구조의 용접에 관한 설명으로 옳은 것을 모두 고른 것은?

㉠ 용접 자세는 가능한 한 회전지그를 이용하여 아래보기 또는 수평자세로 한다.
㉡ 용접부에 대한 코킹은 허용된다.
㉢ 모든 용접은 전 길이에 대해 육안검사를 수행한다.
㉣ 아크 발생은 필히 용접부 내에서 일어나지 않도록 한다.

① ㉠, ㉡
② ㉠, ㉢
③ ㉡, ㉢
④ ㉡, ㉣
⑤ ㉢, ㉣

16 철골공사의 용접부 비파괴검사방법인 초음파탐상법의 특징으로 옳지 않은 것은?

제19회

① 복잡한 형상의 검사가 어렵다.
② 장치가 가볍고 기동성이 좋다.
③ T형 이음의 검사가 가능하다.
④ 소모품이 적게 든다.
⑤ 주로 표면결함 검출을 위해 사용한다.

정답 및 해설

12 ② ① 고장력볼트 F10T-M24의 표준구멍지름은 27mm이다.
③ 플러그용접은 겹침이음에서 휨응력보다는 전단응력을 주로 전달하게 해준다(겹침이음의 전단응력을 전달할 때 겹침부분의 좌굴 또는 분리를 방지).
④ 필릿용접의 유효단면적은 유효목두께(a)에 용접유효길이(L_e)를 곱한 것이다.
⑤ 용접을 먼저 한 후 고장력볼트를 시공한 경우 접합부의 내력은 용접이 전응력을 부담한다.

13 ③ ㉠ 볼트접합은 주요 구조부재의 접합에 사용할 수 없다.
㉡ 용접금속과 모재가 융합되지 않고 겹쳐지는 용접결함을 오버랩(overlap)이라고 한다.

14 ④ 용접접합과 볼트접합을 병용할 경우에는 용접을 한 후 볼트를 조인다.

15 ② ㉡ 용접부에 대한 코킹은 허용되지 않는다.
㉣ 아크 발생은 필히 용접부 내에서 일어나도록 한다.

16 ⑤ 초음파탐상법은 주로 내부결함 검출을 위해 사용한다.

17 **철골구조와 관련된 용어의 설명으로 옳지 않은 것은?**

① 뒷댐재는 용접시 루트간격 아래에 대는 판을 말한다.
② 고력볼트의 접합력은 볼트의 장력에 의해 발생되는 마찰력이 좌우한다.
③ 턴버클(turn buckle)은 스터드 용접시 용접불량을 방지하기 위해 사용된다.
④ 엔드탭(end tab)은 용접의 시점과 종점에 용접불량을 방지하기 위해 설치하는 금속 판이다.
⑤ 스칼럽(scallop)은 용접선이 교차할 경우 이를 피하기 위해 오목하게 파 놓은 것이다.

18 **철골구조 용접접합에서 두 접합재의 면을 가공하지 않고 직각으로 맞추어 겹쳐지는 모서리 부분을 용접하는 방식은?** 제25회

① 그루브(groove)용접
② 필릿(fillet)용접
③ 플러그(plug)용접
④ 슬롯(slot)용접
⑤ 스터드(stud)용접

19 **용접결함에 관한 설명으로 옳지 않은 것은?**

① 크레이터(crater)는 아크용접을 할 때 비드(bead) 끝에 오목하게 패인 결함이다.
② 공기구멍(blow hole)은 용융금속이 응고할 때 방출가스가 남아서 생기는 결함이다.
③ 오버랩(over lap)은 용접금속과 모재가 융합되지 않고 겹쳐지는 결함이다.
④ 언더컷(under cut)은 모재가 녹아 용착금속이 채워지지 않고 홈으로 남는 결함이다.
⑤ 슬래그(slag)혼입은 기공에 의해 용접부 표면에 작은 구멍이 생기는 결함이다.

20 **철골공사에서 용접금속이 모재에 완전히 붙지 않고 겹쳐 있는 용접결함은?** 제20회

① 크랙(crack)
② 공기구멍(blow hole)
③ 오버랩(over lap)
④ 크레이터(crater)
⑤ 언더컷(under cut)

21 철골구조 접합에 관한 설명으로 옳지 않은 것은? 제22회

① 일반볼트접합은 가설건축물 등에 제한적으로 사용되며, 높은 강성이 요구되는 주요 구조 부분에는 사용하지 않는다.
② 언더컷은 약한 전류로 인해 생기는 용접결함의 하나이다.
③ 용접봉의 피복제 역할을 하는 분말상의 재료를 플럭스라 한다.
④ 고장력볼트의 접합은 응력집중이 적으므로 반복응력에 강하다.
⑤ 고장력볼트 마찰접합부의 마찰면은 녹막이칠을 하지 않는다.

22 철골구조의 고장력볼트에 관한 설명으로 옳지 않은 것은? 제21회

① 토크-전단형(T/S) 고장력볼트는 너트 측에만 1개의 와셔를 사용한다.
② 볼트는 1차 조임 후 1일 정도의 안정화를 거친 다음 본조임하는 것을 원칙으로 한다.
③ 볼트는 원칙적으로 강우 및 결로 등 습한 상태에서 본조임해서는 안 된다.
④ 볼트 끼우기 중 나사부분과 볼트머리는 손상되지 않도록 보호한다.
⑤ 볼트 조임 및 검사용 토크렌치와 축력계의 정밀도는 ±3% 오차범위 이내가 되도록 한다.

정답 및 해설

17 ③ 턴버클(turn buckle)은 철골구조나 목구조의 가새 등에 사용되며, 그 길이를 조절하기 위한 기구이다.

18 ② 용접접합에서 두 접합재의 면을 가공하지 않고 직각으로 맞추어 겹쳐지는 모서리 부분을 용접하는 방식은 필릿(fillet)용접이다.

19 ⑤ 슬래그(slag)혼입은 슬래그가 용착금속 내에 혼입되는 현상이다.

20 ③ 철골공사에서 용접금속이 모재에 완전히 붙지 않고 겹쳐 있는 용접결함은 오버랩(over lap)이다.

21 ② 언더컷은 과전류로 인해 생기는 용접결함의 하나이다.

22 ② 고장력볼트 끼움에서 본조임까지의 작업은 같은(하루) 날 이루어지는 것을 원칙으로 한다.

23 철골구조에 관한 설명으로 옳지 않은 것은?

① 고장력볼트 조임기구에는 임팩트렌치, 토크렌치 등이 있다.
② 고장력볼트접합은 부재간의 마찰력에 의하여 힘을 전달하는 마찰접합이 가능하다.
③ 얇은 강판에 적당한 간격으로 골을 내어 요철 가공한 것을 데크플레이트라 하며, 주로 바닥판공사에 사용된다.
④ 시어커넥터(shear connector)는 철골보에서 웨브의 좌굴을 방지하기 위해 사용된다.
⑤ 허니콤보의 웨브는 설비의 배관 통로로 이용될 수 있다.

24 철골구조와 관련된 용어의 설명으로 옳지 않은 것은?

① 고력볼트접합은 볼트의 인장력만으로 힘을 전달하는 접합방법이다.
② 스티프너는 판보에서 웨브의 좌굴을 방지하기 위해 사용된다.
③ 트러스는 가늘고 긴 부재를 삼각형 단위로 구성한 구조형식이다.
④ 베이스플레이트는 기둥으로부터 전달되는 힘을 기초에 전달하는 역할을 한다.
⑤ 데크플레이트는 강판에 적당한 간격으로 골 등을 낸 것으로 슬래브에 사용된다.

대표예제 24 각부 구조 ★★

철골구조에 관한 설명으로 옳지 않은 것은? 제13회

① H형강보에서 플랜지는 상하에 날개처럼 내민 부분을 말한다.
② H형강보에서 웨브는 중앙복부를 말하며, 이 부분의 부재를 복부재라고도 한다.
③ 커버플레이트는 전단력에 의한 웨브의 좌굴을 방지하기 위해 사용된다.
④ 하이브리드 빔(hybrid beam)은 플랜지와 웨브의 재질을 다르게 하여 조립시켜 휨성능을 높인 조립보이다.
⑤ 일반적으로 철골기둥은 세장(細長)하여 압축력만으로도 좌굴현상을 일으키기 쉽다.

해설 | 커버플레이트는 플랜지의 휨 · 처짐을 보강하기 위해 사용되고, 전단력에 의한 웨브의 좌굴을 방지하기 위해 사용되는 것은 스티프너이다.

기본서 p.198~204

정답 ③

25 철골구조에 관한 설명으로 옳지 않은 것은? 제20회

① H형강보의 플랜지는 전단력, 웨브는 휨모멘트에 저항한다.
② H형강보에서 스티프너(stiffener)는 전단 보강, 덧판(cover plate)은 휨 보강에 사용된다.
③ 볼트의 지압파괴는 전단접합에서 발생하는 파괴의 일종이다.
④ 절점간을 대각선으로 연결하는 부재인 가새는 수평력에 저항하는 역할을 한다.
⑤ 압축재 접합부에 볼트를 사용하는 경우 볼트 구멍의 단면결손은 무시할 수 있다.

26 철골구조에 관한 설명으로 옳은 것을 모두 고른 것은? 제25회

ㄱ 고장력볼트를 먼저 시공한 후 용접을 한 경우, 응력은 용접이 모두 부담한다.
ㄴ H형강보의 플랜지(flange)는 휨모멘트에 저항하고, 웨브(web)는 전단력에 저항한다.
ㄷ 볼트접합은 구조안전성, 시공성 모두 우수하기 때문에 구조내력상 주요 부분 접합에 널리 적용된다.
ㄹ 철골보와 콘크리트슬래브 연결부에는 쉬어커넥터(shear connector)가 사용된다.

① ㄱ, ㄷ
② ㄱ, ㄹ
③ ㄴ, ㄷ
④ ㄴ, ㄹ
⑤ ㄷ, ㄹ

정답 및 해설

23 ④ 시어커넥터(shear connector)는 콘크리트 슬래브와 철골보의 플랜지를 일체화하는 데 사용되는 보강철물로 수평전단력에 저항한다.

24 ① 고력볼트접합은 부재간의 마찰력에 의하여 힘을 전달하는 마찰접합이다.

25 ① H형강보의 플랜지는 휨모멘트에 저항하고, 웨브는 전단력에 저항한다.

26 ④ ㄱ 고장력볼트를 먼저 시공한 후 용접을 한 경우, 응력은 각각 부담한다.
ㄷ 일반볼트접합은 가설건축물 등에 제한적으로 사용되며 높은 강성이 요구되는 주요 구조부분에는 사용하지 않는다.

27 철골구조공사에 관한 설명으로 옳지 않은 것은?

제21회

① 부재의 길이가 길고 두께가 얇아 좌굴이 발생하기 쉽다.
② H형강보에서 플랜지의 국부 좌굴방지를 위해 스티프너를 사용한다.
③ 아크용접을 할 때 비드(bead) 끝에 오목하게 패인 결함을 크레이터(crater)라 한다.
④ 밀시트(mill sheet)는 강재의 품질보증서로 제조번호, 강재번호, 화학성분, 기계적 성질 등이 기록되어 있다.
⑤ 공장제작 및 현장조립으로 공사의 표준화를 도모할 수 있다.

28 철골공사 용어에 관한 설명으로 옳지 않은 것은?

제26회

① 커버플레이트(cover plate): 휨모멘트 저항
② 스티프너(stiffener): 웨브(web) 좌굴방지
③ 스터드볼트(stud bolt): 휨 연결철물
④ 플랜지(flange): 휨모멘트 저항
⑤ 크레이터(crater): 용접결함

29 보의 종류 중 다음 설명에 알맞은 것은?

- 보의 춤을 높여서 휨모멘트에 대한 내력을 증가시킬 수 있고, 웨브의 뚫린 구멍을 통하여 덕트배관을 할 수 있다.
- 층고를 낮게 할 수 있으며, 전단력이 큰 경우 보강이 필요하다.

① 허니콤보
② 형강보
③ 격자보
④ 하이브리드보
⑤ 합성보

30 H형강보의 웨브를 지그재그로 절단한 후, 위아래를 어긋나게 용접하여 육각형의 구멍이 뚫린 보는?

제25회

① 래티스보
② 허니콤보
③ 격자보
④ 판보
⑤ 합성보

대표예제 25 내화피복 ★★

철골구조의 내화피복공법에 해당하지 않는 것은? 제14회

① 타설공법
② 조적공법
③ 압착공법
④ 도장공법
⑤ 뿜칠공법

해설 | 압착공법은 타일붙임공법의 일종이다.

기본서 p.204~205

정답 ③

31 **철골구조 내화피복의 목적으로 옳지 않은 것은?**

① 화재로부터 구조물 보호
② 구조물의 내력저하 방지
③ 구조물의 안정성 확보
④ 구조물의 변형 방지
⑤ 구조물의 유연성 확보

정답 및 해설

27 ② H형강보에서 웨브의 국부좌굴 방지를 위해 스티프너를 사용한다.

28 ③ 스터드볼트(stud bolt)는 전단연결재의 한 종류이며 콘크리트슬래브와 철골보의 플랜지를 일체화하는 데 사용되는 보강철물로 수평 전단력에 저항한다.

29 ① ② 형강보: 형강의 단면을 그대로 사용하므로 부재의 가공절차가 간단하고 기둥과의 접합도 단순하여 널리 사용된다.
③ 격자보: 웨브재와 플랜지를 90°로 조립한 보로 가장 경미한 하중을 받는 곳에 사용한다.
④ 하이브리드보: 웨브는 저강도의 일반 강재를 사용하고, 플랜지는 고강도의 강재를 사용하여 경제성을 증가시킨 보이다.
⑤ 합성보: 두 개 이상의 서로 다른 재료를 결합하여 일체로 작용하도록 한 보이다.

30 ② H형강보의 웨브를 지그재그로 절단한 후, 위아래를 어긋나게 용접하여 육각형의 구멍이 뚫린 보는 허니콤보이다.

31 ⑤ 구조물의 유연성 확보는 철골구조 내화피복의 목적이 아니다.

고난도

32 철골구조 내화피복에 관한 사항 중 연결이 옳지 않은 것은?

① 뿜칠공법 – 암면을 도포하는 공법으로 복잡한 형상에는 시공이 어렵고 손실률이 크며 피복두께 유지가 어렵다.

② 바름공법 – 메탈라스나 용접철망을 부착하고 플라스터나 단열모르타르를 바르는 공법이다.

③ 타설공법 – 거푸집을 설치하고 경량콘크리트나 질석모르타르 등을 타설하는 공법이다.

④ 조적공법 – 벽돌 · 블록 · 석재 등을 철골 주위에 쌓는 공법이다.

⑤ 복합공법 – 하나의 제품으로 2가지 기능을 충족시키는 공법으로 외부 커튼월과 내화피복, 천장공사의 천장마감과 내화피복 기능을 충족하는 공법이다.

33 철골조 내화피복공법에 관한 설명으로 옳지 않은 것은?

제26회

① 화재발생시 지정된 시간 동안 철골 부재의 내력을 유지하기 위하여 내화피복을 실시한다.

② 성형판 붙임공법은 작업능률이 우수하나, 재료 파손의 우려가 있다.

③ 뿜칠공법은 복잡한 형상에도 시공이 가능하며, 균일한 피복두께의 확보가 용이하다.

④ 타설공법은 거푸집을 설치하여 철골 부재에 콘크리트 등을 타설하는 공법이다.

⑤ 미장공법은 시공면적 $5m^2$당 1개소 단위로 핀 등을 이용하여 두께를 확인한다.

34 철골구조의 내화피복공법에 관한 설명으로 옳지 않은 것은?

제24회

① 12/50[최고층수/최고높이(m)]를 초과하는 주거시설의 보 · 기둥은 2시간 이상의 내화구조 성능기준을 만족해야 한다.

② 뿜칠공법은 작업성능이 우수하고 시공가격이 저렴하지만 피복두께 및 밀도의 관리가 어렵다.

③ 합성공법은 이종재료의 적층이나 이질재료의 접합으로 일체화하여 내화성능을 발휘하는 공법이다.

④ 도장공법의 내화도료는 화재시 강재의 표면 도막이 발포 · 팽창하여 단열층을 형성한다.

⑤ 건식공법은 내화 및 단열성이 좋은 경량 성형판을 연결철물 또는 접착제를 이용해 부착하는 공법이다.

35 내화피복의 분류 및 특징 중 다음 설명에 알맞은 것은?

하나의 제품으로 2가지 기능을 충족시키는 공법으로 외부 커튼월과 내화피복, 천장공사의 천장마감과 내화피복 기능을 충족하는 공법이다.

① 뿜칠공법
② 미장공법
③ 타설공법
④ 복합공법
⑤ 이질재료 접합공법

36 철골구조의 내화피복에 관한 설명으로 옳지 않은 것은?

① 강재의 강도는 500℃에서 상온시 강도의 2분의 1 정도로 감소하고, 800~900℃ 이상일 때에는 강도를 발휘할 수 없으므로 화재시 열을 차단하는 보호대책이 필요하다.
② 내화피복의 목적은 화재로부터 구조물을 보호하고 안정성을 확보하는 것이다.
③ 습식공법에는 뿜칠공법, 미장공법, 타설공법, 조적공법 등이 있다.
④ 건식공법은 ALC판, 석면성형판, PC판 등을 연결철물이나 접착제 등으로 부착하는 공법이다.
⑤ 바탕에는 석면성형판으로, 상부에는 질석플라스터로 마무리하는 공법을 이질재료 접합공법이라 한다.

정답 및 해설

32 ① 뿜칠공법은 암면을 도포하는 공법으로 복잡한 형상에도 시공이 용이하나 손실률이 크고 피복두께 유지가 어렵다.

33 ③ 뿜칠공법은 복잡한 형상에도 시공이 가능하지만, 균일한 피복두께의 확보가 어렵다.

34 ① 12/50[최고층수/최고높이(m)]를 초과하는 주거시설의 보 · 기둥은 3시간 이상의 내화구조 성능기준을 만족해야 한다.

35 ④ ① 뿜칠공법: 암면을 도포하는 공법으로 복잡한 형상에도 시공이 용이하나 손실률이 크고 피복두께 유지가 어렵다.
② 미장공법: 메탈라스나 용접철망을 부착하고 플라스터나 단열모르타르를 바르는 공법이다.
③ 타설공법: 거푸집을 설치하고 경량콘크리트나 질석모르타르 등을 타설하는 공법이다.
⑤ 이질재료 접합공법: 내부 마감제품과 이질재료를 접합하는 공법으로 외부는 PC판으로, 내부는 규산칼슘판으로 마감하는 공법이다.

36 ⑤ 바탕에는 석면성형판으로, 상부에는 질석플라스터로 마무리하는 공법은 이종재료 적층공법이다.

제6장 지봉공사

대표예제 26 지붕의 종류★

모임지붕 물매의 상하를 다르게 한 지붕으로 천장 속을 높게 이용할 수 있고, 비교적 큰 실내구성에 용이한 지붕은? 제25회

① 합각지붕
② 솟을지붕
③ 꺾임지붕
④ 맨사드(mansard)지붕
⑤ 부섭지붕

해설 | 모임지붕 물매의 상하를 다르게 한 지붕으로 천장 속을 높게 이용할 수 있고, 비교적 큰 실내구성에 용이한 지붕은 맨사드(mansard)지붕이다.

보충 |
- 합각지붕: 일자(一字)형 평면에 구성되는 지붕의 형태로서 처마는 추녀가 설치된 형태이며, 좌우 마구리에는 큼직한 삼각상(三角狀)의 합각이 구성된다.
- 솟을지붕: 건축물의 지붕 일부가 솟아 있는 지붕. 또는 중앙 칸 지붕이 높고 좌우 칸 지붕이 낮은 지붕이다.
- 꺾임지붕: 지붕을 도중에서 꺾어 두 물매로 만든 지붕이다.
- 부섭지붕: 벽이나 물림간에 기대어 만든 지붕이다.

기본서 p.217

정답 ④

01 **지붕의 형태와 명칭의 연결이 옳지 않은 것은?** 제23회

①
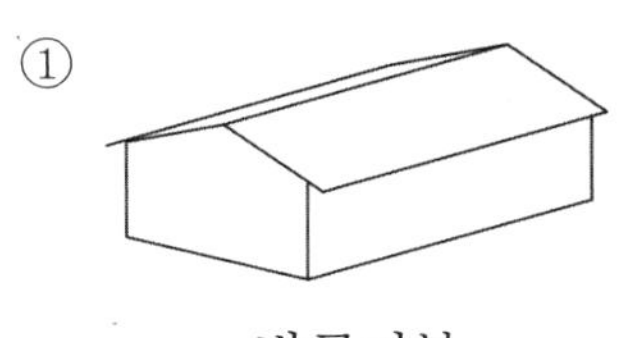
박공지붕

②
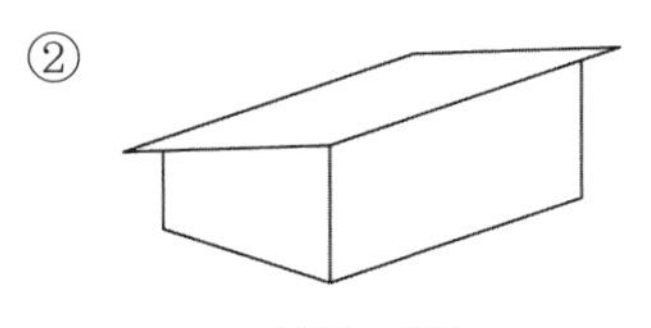
외쪽지붕

③
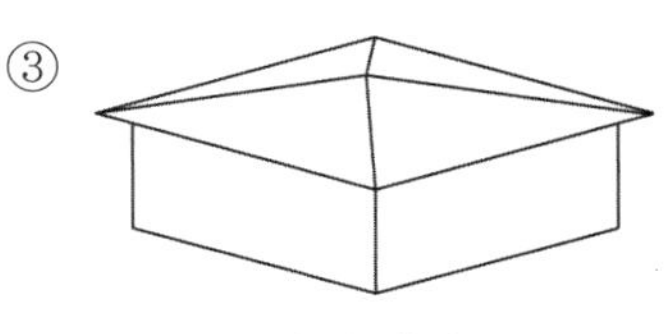
합각지붕

④
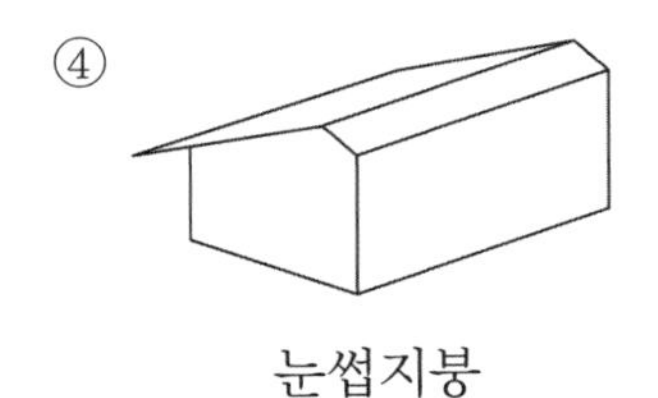
눈썹지붕

⑤
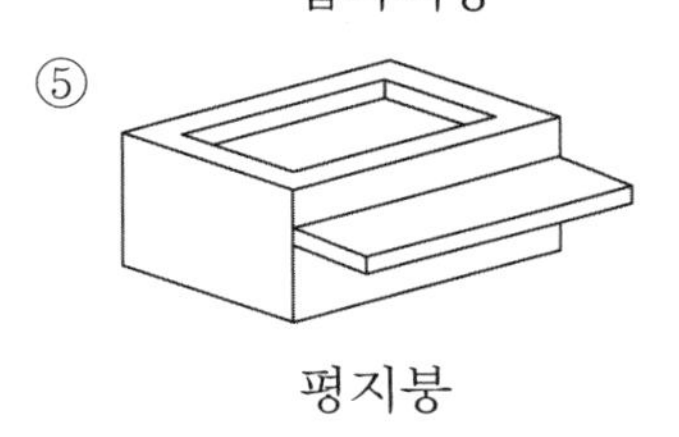
평지붕

대표예제 27 지붕구조의 물매★

지붕구조의 물매에 관한 설명으로 옳지 않은 것은? 제16회

① 지붕면적이 클수록 물매는 크게 한다.
② 지붕재료의 크기가 작을수록 물매는 크게 한다.
③ 강우량과 적설량이 많은 지방에서는 물매를 크게 한다.
④ 수평거리와 수직거리가 같은 물매를 된물매라고 한다.
⑤ 물매는 직각삼각형에서 수평거리 10에 대한 수직높이의 비로 표시할 수 있다.

해설 | 수평거리와 수직거리가 같은 물매를 되물매라고 한다.

기본서 p.218~219

정답 ④

정답 및 해설

01 ③ ③은 방형지붕이다.

02 **지붕재의 재료적 특성과 지붕 기울기(물매)에 대한 설명으로 옳지 않은 것은?**

① 평기와의 기울기는 4 : 10 이상으로 한다.
② 지붕면적이 클수록 기울기를 가파르게 한다.
③ 대형 슬레이트는 소형 슬레이트보다 물매가 크다.
④ 지붕의 기울기는 지붕의 형태, 재료의 성질 및 강우량 등에 의해 결정된다.
⑤ 지붕재료는 내수성, 수밀성 및 경량성 등이 요구된다.

03 **지붕 물매기준으로 옳지 않은 것은?** 제21회

① 설계도면에 별도로 지정하지 않은 경우: 50분의 1 이상
② 금속기와 지붕: 2분의 1 이상
③ 아스팔트싱글 지붕(강풍 이외 지역): 3분의 1 이상
④ 일반적인 금속판 및 금속패널 지붕: 4분의 1 이상
⑤ 합성고분자시트 지붕: 50분의 1 이상

04 **지붕의 경사(물매)에 관한 설명으로 옳지 않은 것은?** 제24회

① 되물매는 경사 1 : 2 물매이다.
② 평물매는 경사 45° 미만의 물매이다.
③ 반물매는 평물매의 2분의 1 물매이다.
④ 급경사지붕은 경사가 4분의 3 이상의 지붕이다.
⑤ 평지붕은 경사가 6분의 1 이하의 지붕이다.

05 **지붕재료의 조건으로 옳지 않은 것은?**

① 경량이면서 내수 · 내풍적일 것
② 열전도율이 크고 준불연재일 것
③ 방한 · 방서적이며 내구적일 것
④ 모양과 빛깔이 좋고 건물과 잘 조화될 것
⑤ 시공성이 좋고 수리가 용이할 것

대표예제 28 홈통 ★★★

홈통에 관한 설명으로 옳지 않은 것은? 제12회

① 처마홈통과 선홈통을 연결하는 경사홈통을 깔대기홈통이라 한다.
② 처마 끝에 수평으로 설치하여 빗물을 받는 홈통을 처마홈통이라 한다.
③ 처마홈통에서 내려오는 빗물을 지상으로 유도하는 수직홈통을 선홈통이라 한다.
④ 위(상부)층 선홈통의 빗물을 받아 아래(하부)층 지붕의 처마홈통이나 선홈통에 넘겨주는 홈통을 누인홈통이라 한다.
⑤ 두 개의 지붕면이 만나는 자리 또는 지붕면과 벽면이 만나는 수평지붕골에 쓰이는 홈통을 장식홈통이라 한다.

해설 | 두 개의 지붕면이 만나는 자리 또는 지붕면과 벽면이 만나는 수평지붕골에 쓰이는 홈통을 골홈통이라 한다.

기본서 p.223~226

정답 ⑤

06 지붕 위의 빗물을 모아 하수구로 유도하는 홈통에서 빗물이 흐르는 순서로 알맞은 것은?

㉠ 장식통	㉡ 처마홈통
㉢ 깔대기홈통	㉣ 선홈통

① ㉠ ⇨ ㉡ ⇨ ㉢ ⇨ ㉣
② ㉡ ⇨ ㉠ ⇨ ㉣ ⇨ ㉢
③ ㉠ ⇨ ㉡ ⇨ ㉣ ⇨ ㉢
④ ㉡ ⇨ ㉢ ⇨ ㉠ ⇨ ㉣
⑤ ㉠ ⇨ ㉢ ⇨ ㉡ ⇨ ㉣

정답 및 해설

02 ③ 대형 슬레이트는 소형 슬레이트보다 물매가 작다.
03 ② 금속기와 지붕의 물매는 4분의 1 이상으로 한다.
04 ① 되물매는 경사 1 : 1 물매이다.
05 ② 지붕재료는 열전도율이 작고 불연재료를 사용하여야 한다.
06 ④ 홈통에서 빗물이 흐르는 순서는 '처마홈통 ⇨ 깔대기홈통 ⇨ 장식통 ⇨ 선홈통' 순이다.

07 홈통공사에 관한 설명으로 옳지 않은 것은?

① 처마홈통은 끝단막이, 물받이통 연결부, 깔때기관 이음통 및 홈통걸이 등 모든 부속물을 연결 부착하여 설치한다.
② 처마홈통 제작시 단위길이는 2,400~3,000mm 이내로 한다.
③ 처마홈통의 이음부는 겹침부분이 최소 20mm 이상이 되도록 제작한다.
④ 선홈통의 하단부 배수구는 우배수관에 직접 연결하고 연결부 사이의 빈틈은 시멘트 모르타르로 채운다.
⑤ 처마홈통 연결관과 선홈통 연결부의 겹침길이는 최소 50mm 이상이 되도록 한다.

08 홈통공사에 관한 설명으로 옳지 않은 것은? 제19회

① 처마홈통의 물매는 400분의 1 이상으로 한다.
② 처마홈통은 안홈통과 밖홈통이 있다.
③ 깔때기홈통은 처마홈통에서 선홈통까지 연결한 것이다.
④ 장식홈통은 선홈통 상부에 설치되어 유수방향을 돌리며, 장식적인 역할을 한다.
⑤ 선홈통 하부는 건물의 외부방향으로 물이 배출되도록 바깥으로 꺾어 마감하는 것이 통상적이다.

09 홈통공사에 관한 설명으로 옳지 않은 것은? 제20회

① 선홈통은 벽면과 틈이 없게 밀착하여 고정한다.
② 처마홈통의 양쪽 끝은 둥글게 감되 안감기를 원칙으로 한다.
③ 처마홈통은 선홈통 쪽으로 원활한 배수가 되도록 설치한다.
④ 처마홈통의 길이가 길어질 경우 신축이음을 둔다.
⑤ 장식홈통은 선홈통 상부에 설치되어 우수방향을 돌리거나, 집수 등으로 인한 넘쳐흐름을 방지하는 역할을 한다.

10 지붕 및 홈통공사에 관한 설명으로 옳은 것은? 제22회

① 지붕의 물매가 6분의 1보다 큰 지붕을 평지붕이라고 한다.
② 평잇기 금속 지붕의 물매는 4분의 1 이상이어야 한다.
③ 지붕 하부 데크의 처짐은 경사가 50분의 1 이하의 경우에 별도로 지정하지 않는 한 120분의 1 이하이어야 한다.
④ 처마홈통의 이음부는 겹침 부분이 최소 25mm 이상 겹치도록 제작하고, 연결철물은 최대 60mm 이하의 간격으로 설치 고정한다.
⑤ 선홈통은 최장 길이 3,000mm 이하로 제작 설치한다.

11 지붕 및 홈통공사에 관한 설명으로 옳지 않은 것은?

① 간사이가 클수록 지붕물매는 된물매로 한다.
② 지붕의 경사는 설계도면에 지정한 바에 따르되, 별도로 지정한 바가 없으면 50분의 1 이상으로 한다.
③ 신축이음 사이에는 최소 1개 이상의 선홈통을 설치하며, 신축이음은 선홈통과 처마홈통의 모서리로부터 가장 멀리 위치하도록 제작 설치한다.
④ 선홈통의 하단부 배수구는 우배수관에 간접 배수되도록 연결하여야 한다.
⑤ 장식홈통은 유수의 방향전환 및 넘쳐흐름을 방지한다.

정답 및 해설

07 ⑤ 처마홈통 연결관(깔때기홈통)과 선홈통 연결부의 겹침길이는 최소 100mm 이상이 되도록 한다.

08 ① 처마홈통의 물매는 200분의 1 이상으로 한다.

09 ① 선홈통은 벽면과 최소 30mm 이상 간격을 두고 고정한다.

10 ⑤ ① 지붕의 물매가 6분의 1 이하인 지붕을 평지붕이라고 한다.
② 평잇기 금속 지붕의 물매는 2분의 1 이상이어야 한다.
③ 지붕 하부 데크의 처짐은 경사가 50분의 1 이하의 경우에 별도로 지정하지 않는 한 240분의 1 이하이어야 한다.
④ 처마홈통의 이음부는 겹침 부분이 최소 20mm 이상 겹치도록 제작하고, 연결철물은 최대 50mm 이하의 간격으로 설치 고정한다.

11 ④ 선홈통의 하단부 배수구는 우배수관에 직접 배수되도록 연결하여야 한다.

12 **지붕 및 홈통공사에 관한 설명으로 옳은 것은?** 제27회

① 지붕면적이 클수록 물매는 작게 하는 것이 좋다.
② 되물매란 경사가 30°일 때의 물매를 말한다.
③ 지붕 위에 작은 지붕을 설치하는 것은 박공지붕이다.
④ 수평 거멀접기는 이음방향이 배수방향과 평행한 방향으로 설치한다.
⑤ 장식홈통은 선홈통 하부에 설치되며, 장식기능 이외에 우수방향을 돌리거나 넘쳐흐름을 방지한다.

정답 및 해설

12 ④ ① 지붕면적이 클수록 물매는 크게 하는 것이 좋다.
② 되물매란 경사가 45°일 때의 물매를 말한다.
③ 환기나 채광을 목적으로 지붕 위에 작은 지붕을 설치하는 것은 솟을지붕이다.
⑤ 장식홈통은 선홈통 상부에 설치되며, 장식기능 이외에 우수방향을 돌리거나 넘쳐흐름을 방지한다.

제7장 방수공사

대표예제 29 재료에 따른 방수공사 ★★★

아스팔트방수공사에서 루핑 붙임에 관한 설명으로 옳지 않은 것은? 제17회

① 일반 평면부의 루핑 붙임은 흘려 붙임으로 한다.
② 루핑의 겹침폭은 길이 및 폭 방향 100mm 정도로 한다.
③ 볼록 · 오목 모서리 부분은 일반 평면부의 루핑을 붙이기 전에 폭 300mm 정도의 스트레치 루핑을 사용하며 균등하게 덧붙임한다.
④ 루핑은 원칙적으로 물흐름을 고려하여 물매의 위쪽에서부터 아래쪽을 향해 붙인다.
⑤ 치켜올림부의 루핑은 각 층 루핑의 끝이 같은 위치에 오도록 하여 붙인 후, 방수층의 상단 끝부분을 누름철물로 고정하고 고무아스팔트계 실링재로 처리한다.

해설 | 루핑은 원칙적으로 물흐름을 고려하여 물매의 아래쪽에서부터 위쪽을 향해 붙인다.

기본서 p.235~246

정답 ④

01 아스팔트방수공법에 관한 설명으로 옳지 않은 것은? 제24회

① 아스팔트 용융공정이 필요하다.
② 멤브레인방수의 일종이다.
③ 작업 공정이 복잡하다.
④ 결함부 발견이 용이하다.
⑤ 보호누름층이 필요하다.

정답 및 해설

01 ④ 아스팔트방수는 결함부 발견이 어렵다.

02 아스팔트방수에서 바탕면과 방수층의 부착이 잘되도록 하기 위하여 바르는 것은?

제20회

① 스트레이트 아스팔트
② 블로운 아스팔트
③ 아스팔트 컴파운드
④ 아스팔트 루핑
⑤ 아스팔트 프라이머

03 방수공사에 관한 설명으로 옳은 것은?

제26회

① 기상조건은 방수층의 품질 및 성능에 큰 영향을 미치지 않는다.
② 안방수공법은 수압이 크고 깊은 지하실 방수공사에 적합하다.
③ 도막방수공법은 이음매가 있어 일체성이 좋지 않다.
④ 아스팔트 프라이머는 방수층과 바탕면의 부착력을 증대시키는 역할을 한다.
⑤ 아스팔트방수는 보호누름이 필요하지 않다.

04 아스팔트방수공사의 시공순서로 옳은 것은?

제22회

㉠ 바탕면 처리 및 청소
㉡ 아스팔트 바르기
㉢ 아스팔트 프라이머 바르기
㉣ 아스팔트 방수지 붙이기
㉤ 방수층 누름

① ㉠ - ㉡ - ㉢ - ㉣ - ㉤
② ㉠ - ㉡ - ㉣ - ㉢ - ㉤
③ ㉠ - ㉢ - ㉡ - ㉣ - ㉤
④ ㉠ - ㉢ - ㉣ - ㉡ - ㉤
⑤ ㉠ - ㉣ - ㉡ - ㉢ - ㉤

05 개량아스팔트시트방수공사에 관한 설명으로 옳지 않은 것은?

① 개량아스팔트시트의 상호 겹침폭은 길이 및 폭 방향 모두 100mm 이상으로 한다.
② 개량아스팔트시트의 치켜올림 끝부분은 누름철물을 이용하여 고정하고 실링재로 처리한다.
③ 개량아스팔트시트 붙이기는 용융아스팔트를 시트의 뒷면과 바탕에 균일하게 도포하여 밀착시킨다.
④ 오목 및 볼록 모서리 부분은 일반 평면부에서의 개량아스팔트시트 붙이기에 앞서 폭 200mm 정도의 덧붙임용 시트로 처리한다.
⑤ 지하외벽의 개량아스팔트시트 붙이기는 미리 개량아스팔트시트를 2m 정도로 재단하여 시공하고, 높이가 2m 이상인 벽은 같은 작업을 반복한다.

06 개량아스팔트시트방수의 시공순서로 옳은 것은?

제25회

㉠ 보호 및 마감
㉡ 특수부위 처리
㉢ 프라이머 도포
㉣ 바탕처리
㉤ 개량아스팔트시트 붙이기

① ㉣ ⇨ ㉠ ⇨ ㉤ ⇨ ㉡ ⇨ ㉢
② ㉣ ⇨ ㉡ ⇨ ㉠ ⇨ ㉢ ⇨ ㉤
③ ㉣ ⇨ ㉡ ⇨ ㉢ ⇨ ㉤ ⇨ ㉠
④ ㉣ ⇨ ㉢ ⇨ ㉡ ⇨ ㉠ ⇨ ㉤
⑤ ㉣ ⇨ ㉢ ⇨ ㉤ ⇨ ㉡ ⇨ ㉠

정답 및 해설

02 ⑤ 아스팔트방수에서 바탕면과 방수층의 부착이 잘되도록 하기 위하여 바르는 것은 아스팔트 프라이머이다.

03 ④ ① 기상조건은 방수층의 품질 및 성능에 큰 영향을 미친다.
② 수압이 크고 깊은 지하실 방수공사에 적합한 방수는 바깥방수공법이다.
③ 도막방수공법은 이음매가 없어 일체성이 좋다.
⑤ 아스팔트방수는 보호누름이 필요하다.

04 ③ 아스팔트방수공사는 '바탕면 처리 및 청소 ⇨ 아스팔트 프라이머 바르기 ⇨ 아스팔트 바르기 ⇨ 아스팔트 방수지 붙이기 ⇨ 방수층 누름' 순으로 이루어진다.

05 ③ 개량아스팔트시트 붙이기는 토치로 개량아스팔트시트의 뒷면과 바탕을 균일하게 가열하여 개량아스팔트를 용융시키고, 눌러서 붙이는 방법이다.

06 ⑤ 개량아스팔트시트방수의 시공순서는 '바탕처리 ⇨ 프라이머 도포 ⇨ 개량아스팔트시트 붙이기 ⇨ 특수부위 처리 ⇨ 보호 및 마감' 순이다.

07 시멘트액체방수에 관한 설명으로 옳지 않은 것은?

① 치켜올림 부위에는 미리 방수시멘트 페이스트를 바르고, 그 위를 100mm 이상의 겹침폭을 두고 평면부와 치켜올림부를 바른다.
② 한랭 시공시 방수층의 동해를 방지할 목적으로 방동제를 사용한다.
③ 공기단축을 위한 경화를 촉진시킬 목적으로 지수제를 사용한다.
④ 방수층을 시공한 후 부착강도를 측정한다.
⑤ 바탕의 균열부 충전을 목적으로 KS F 4910에 따른 실링재를 사용한다.

08 방수공사에 관한 설명으로 옳지 않은 것은?

제27회

① 아스팔트 프라이머는 바탕면과 방수층을 밀착시킬 목적으로 사용한다.
② 안방수는 바깥방수에 비해 수압이 작고 얕은 지하실 방수공사에 적합하다.
③ 멤브레인방수는 불투수성 피막을 형성하는 방수공사이다.
④ 시멘트액체방수시 치켜올림 부위의 겹침 폭은 30mm 이상으로 한다.
⑤ 백업재는 실링재의 줄눈 깊이를 소정의 위치로 유지하기 위해 줄눈에 충전하는 성형재료이다.

09 방수공법에 관한 설명으로 옳지 않은 것은?

제25회

① 시멘트액체방수는 모체에 균열이 발생하여도 방수층 손상이 효과적으로 방지된다.
② 아스팔트방수는 방수층 보호를 위해 보호누름 처리가 필요하다.
③ 도막방수는 도료상의 방수재를 여러 번 발라 방수막을 형성하는 방식이다.
④ 바깥방수는 수압이 강하고 깊은 지하실 방수에 사용된다.
⑤ 실링방수는 접합부, 줄눈, 균열부위 등에 적용하는 방식이다.

10 아스팔트방수와 비교한 시멘트액체방수의 특성에 관한 설명으로 옳지 않은 것은?

제26회

① 방수층의 신축성이 작다.
② 결함부의 발견이 어렵다.
③ 공사비가 비교적 저렴하다.
④ 시공에 소요되는 시간이 짧다.
⑤ 균열의 발생빈도가 높다.

11 건축물의 방수공법에 관한 설명으로 옳지 않은 것은?

제19회

① 시멘트모르타르방수는 가격이 저렴하고 습윤 바탕에 시공이 가능하다.
② 아스팔트방수는 여러 층의 방수재를 적층 시공하여 하자를 감소시킬 수 있다.
③ 시트방수는 바탕의 균열에 대한 저항성이 약하다.
④ 도막방수는 복잡한 형상에서 시공이 용이하다.
⑤ 복합방수는 시트재와 도막재를 복합적으로 사용하여 단일방수재의 단점을 보완한 공법이다.

정답 및 해설

07 ③ 공기단축을 위한 경화를 촉진시킬 목적으로 경화촉진제를 사용한다.
08 ④ 시멘트액체방수시 치켜올림 부위의 겹침 폭은 100mm 이상으로 한다.
09 ① 시멘트액체방수는 모체에 균열이 발생하면 방수성능이 떨어진다.
10 ② 시멘트액체방수는 결함부의 발견이 쉽다.
11 ③ 시트방수는 바탕의 균열에 대한 저항성이 강하다.

12 건축물의 방수공법에 관한 설명으로 옳지 않은 것은? 제21회

① 아스팔트방수: 아스팔트 펠트 및 루핑 등을 용융아스팔트로 여러 겹 적층하여 방수층을 형성하는 공법이다.
② 합성고분자시트방수: 신장력과 내후성 · 접착성이 우수하며, 여러 겹 적층하여 방수층을 형성하는 공법이다.
③ 아크릴고무계 도막방수: 방수제에 포함된 수분의 증발 및 건조에 의해 도막을 형성하는 공법이다.
④ 시트 도막 복합방수: 기존 시트 또는 도막을 이용한 단층 방수공법의 단점을 보완한 복층 방수공법이다.
⑤ 시멘트액체방수: 시공이 용이하며 경제적이지만, 방수층 자체에 균열이 생기기 쉽기 때문에 건조수축이 심한 노출환경에서는 사용을 피한다.

13 건축공사표준시방서상 도막방수공사에 관한 설명으로 옳은 것은? 제19회

① 고무아스팔트계 도막방수재의 벽체에 대한 스프레이 시공은 위에서부터 아래의 순서로 실시한다.
② 바닥평면 부위를 도포한 다음 치켜올림 부위의 순서로 도포한다.
③ 방수재의 겹쳐 바르기는 원칙적으로 각 공정의 겹쳐 바르기 위치와 동일한 위치에서 한다.
④ 겹쳐 바르기 또는 이어 바르기 폭은 50mm로 한다.
⑤ 방수재는 핀홀이 생기지 않도록 솔, 고무주걱 또는 뿜칠기구를 사용하여 균일하게 도포한다.

14 방수공사에 관한 설명으로 옳지 않은 것은?

① 보행용 시트방수는 상부 보호층이 필요하다.
② 벤토나이트방수는 지하외벽방수 등에 사용된다.
③ 아스팔트방수는 결함부 발견이 어렵고, 작업시 악취가 발생한다.
④ 시멘트액체방수는 모재콘크리트의 균열 발생시에도 방수성능이 우수하다.
⑤ 도막방수는 도료상의 방수재를 바탕면에 여러 번 칠해 방수막을 만드는 공법이다.

대표예제 30 시설개소에 따른 방수공사 ★★★

방수공법에 관한 설명으로 옳지 않은 것은? 제12회

① 지하실 안방수는 수압이 작은 지하실에 적당하다.
② 지하실 바깥방수는 본공사에 선행하는 것이 일반적이다.
③ 옥상방수는 지하실방수보다 아스팔트 침입도가 작고 연화점이 낮은 것을 사용한다.
④ 옥상방수의 바탕은 물흘림경사를 두어 배수가 잘되도록 한다.
⑤ 외벽방수에 있어서 벽을 두껍게 하거나 공간을 두어 이중으로 하면 어느 정도 방수효과가 있다.

해설 | 옥상방수는 지하실방수보다 아스팔트 침입도가 크고 연화점이 높은 것을 사용한다.

기본서 p.246~248 정답 ③

15 지하실 바깥방수공법과 비교하여 안방수공법에 관한 설명으로 옳지 않은 것은? 제24회

① 수압이 크고 깊은 지하실에 적합하다.
② 공사시기가 자유롭다.
③ 공사비가 저렴하다.
④ 시공성이 용이하다.
⑤ 보호누름이 필요하다.

정답 및 해설

12 ② 합성고분자시트방수는 신장력과 내구성 및 내후성이 우수하며, 시트 1겹으로 방수층을 형성하는 공법이다.

13 ⑤ ① 고무아스팔트계 도막방수재의 벽체에 대한 스프레이 시공은 아래에서부터 위의 순서로 실시한다.
② 치켜올림 부위를 도포한 다음 바닥평면 부위의 순서로 도포한다.
③ 방수재의 겹쳐 바르기는 원칙적으로 각 공정의 겹쳐 바르기 위치와 동일하지 않은 위치에서 한다.
④ 겹쳐 바르기 또는 이어 바르기 폭은 100mm 내외로 한다.

14 ④ 시멘트액체방수는 모재콘크리트의 균열 발생시 방수성능이 떨어진다.

15 ① 안방수공법은 수압이 작고 얕은 지하실에 적합하다.

16 방수공법에 대한 설명으로 옳지 않은 것은?

① 외벽의 바깥방수는 안방수에 비해 방수효과가 우수하다.
② 아스팔트방수, 도막방수 및 시트방수는 멤브레인방수에 속한다.
③ 기초 부분에서 바깥방수는 바닥방수를 한 후 밑창콘크리트를 타설한다.
④ 안방수는 보수가 쉽고 공사비가 저렴하지만, 지하수압이 크면 불리하다.
⑤ 안방수에서는 바닥에 누름콘크리트를 설치하고, 벽체에도 방수층 누름벽을 설치한다.

17 시멘트모르타르계 방수공사에 관한 설명으로 옳지 않은 것은?

① 지붕 슬래브, 실내 바닥 등의 방수바탕은 100분의 1~50분의 1의 물매로 한다.
② 양생시 재령 초기에는 충격 및 진동 등의 영향을 주지 않도록 한다.
③ 바탕처리에 있어서 오목모서리는 직각으로 면처리하고, 볼록모서리는 완만하게 면처리한다.
④ 물은 청정하고 유해 함유량의 염분, 철분, 이온 및 유기물 등이 포함되지 않은 깨끗한 물을 사용한다.
⑤ 곰보, 콜드 조인트, 이음타설부, 균열 등의 부위는 방수층 시공 후에 실링재 등으로 방수처리를 한다.

18 방수공법에 관한 설명으로 옳지 않은 것은?

제20회

① 도막방수란 액상형 방수재료를 콘크리트 바탕에 바르거나 뿜칠하여 방수층을 형성하는 공법이다.
② 시멘트액체방수공사에서 방수모르타르 바탕면은 최대한 매끄럽게 처리해야 한다.
③ 아스팔트 옥상방수에는 지하실방수보다 연화점이 높은 아스팔트를 사용한다.
④ 아스팔트방수는 보호누름이 필요하다.
⑤ 아스팔트방수는 시멘트액체방수보다 방수층의 신축성이 크다.

19 시트방수공법의 특징에 관한 설명으로 옳지 않은 것은?

① 상온시공이 용이하다.
② 아스팔트방수보다 공사기간이 짧다.
③ 바탕돌기에 의한 시트의 손상이 우려된다.
④ 아스팔트방수보다 바탕균열저항성이 작고 경제적이다.
⑤ 열을 사용하지 않는 시공이 가능하다.

20 도막방수에 대한 설명으로 옳지 않은 것은?

① 도막방수는 바탕처리를 한 후 프라이머를 도포한다.
② 도막방수시 핀홀 발생을 적게 하려면 평면부, 치켜올림부의 순서로 도포한다.
③ 도막방수에는 고무아스팔트방수, 우레탄방수 등이 사용된다.
④ 방수재의 1회 혼합량은 시공시기, 면적, 능률 및 재료의 사용가능시간 등을 고려하여 결정한다.
⑤ 보강포는 바탕균열 경감, 도막두께 확보 및 치켜올림부 방수재의 흘러내림 방지를 위하여 사용된다.

정답 및 해설

16 ③ 기초 부분에서 바깥방수는 밑창콘크리트를 타설한 후 바닥방수를 한다.
17 ⑤ 곰보, 콜드 조인트, 이음타설부, 균열 등의 부위는 방수층 시공 전에 실링재 등으로 방수처리를 한다.
18 ② 시멘트액체방수공사에서 방수모르타르 바탕면은 최대한 거칠게 처리해야 한다.
19 ④ 시트방수는 아스팔트방수보다 바탕균열저항성이 크며 접합부 처리가 어렵고, 가격이 비싸다.
20 ② 도막방수시 핀홀 발생을 적게 하려면 치켜올림부, 평면부의 순서로 도포한다.

21 실링방수공사에서 시공을 중지해야 하는 경우에 해당하지 않는 것은?

① 기온이 2℃인 경우
② 기온이 33℃인 경우
③ 습도가 80%인 경우
④ 구성부재의 표면온도가 55℃인 경우
⑤ 강우 후 피착체가 아직 건조되지 않은 경우

22 목조지붕의 아스팔트싱글공사에 관한 설명으로 옳지 않은 것은?

① 두루마리 형태의 제품은 변형을 방지하기 위하여 수평으로 눕혀서 보관한다.
② 시공하기 직전에 아스팔트싱글은 최소 24시간 동안 10℃ 이상의 온도에서 보관한다.
③ 펠트는 수분으로부터 격리되어야 하며, 항상 외기와 차단된 창고나 건물 내부에 보관한다.
④ 아스팔트싱글용 못이나 거멀못은 아연제 또는 아연도 제품을 사용하고, 공장에서 접착제가 도포된 부분에는 못질을 하지 않는다.
⑤ 유리섬유 제품의 아스팔트싱글은 풍압에 대한 고려가 필요하지 않은 일반적인 경우에는 무게가 $9.27kg/m^2$ 이상인 제품을 사용한다.

23 방수층의 종류에 속하지 않는 것은?

① 아스팔트 방수층
② 개량아스팔트시트 방수층
③ 합성고분자시트 방수층
④ 도막 방수층
⑤ 오일스테인 방수층

대표예제 31 간접방수 ★★

방습공사에 관한 설명으로 옳지 않은 것은? 제13회

① 방습공사 시공법에는 박판시트계, 아스팔트계, 시멘트모르타르계, 신축성 시트계 등이 있다.
② 콘크리트, 블록, 벽돌 등의 벽체가 지면에 접하는 곳은 지상 100~200mm 내외 위에 수평으로 방습층을 설치한다.
③ 아스팔트 펠트, 아스팔트 루핑 등의 방습층공사에서 아스팔트 펠트, 아스팔트 루핑 등의 너비는 벽체 등의 두께보다 15mm 내외로 좁게 하고 직선으로 잘라 쓴다.
④ 방습층을 방수모르타르로 시공할 경우 바탕면을 충분히 물씻기 청소를 하고 시멘트액체방수공법에 준하여 시공한다.
⑤ 콘크리트 다짐바닥, 벽돌깔기 등의 바닥면에 방습층을 둘 때에 사용되는 아스팔트 펠트, 비닐지의 이음은 50mm 이상 겹치고 필요할 때에는 접착제로 접착한다.

해설 | 콘크리트 다짐바닥, 벽돌깔기 등의 바닥면에 방습층을 둘 때에 사용되는 아스팔트 펠트, 비닐지의 이음은 100mm 이상 겹치고 필요할 때에는 접착제로 접착한다.

기본서 p.248~249 정답 ⑤

정답 및 해설

21 ③ 습도가 85% 이상인 경우에 시공을 중지한다.
22 ① 두루마리 형태의 제품은 변형을 방지하기 위하여 수직으로 세워서 보관한다.
23 ⑤ 오일스테인은 도장재료이다.

고난도

24 방습공사에 관한 설명으로 옳지 않은 것은?

① 방습층에 방수모르타르 바름을 할 경우 바름두께 및 횟수를 정한 바가 없을 때에는 두께 15mm 내외의 1회 바름으로 한다.

② 신축성 시트계 방습재료에는 비닐필름 방습지, 플라스틱금속박 방습재료, 폴리에틸렌 방습층 등이 있다.

③ 방습재료의 품질기준을 정하는 항목에서 강도는 23℃에서 15N 이상이고 발화하지 않아야 한다.

④ 아스팔트계 방습공사에서 수직 방습공사의 밑부분이 수평과 만나는 곳에는 밑변 50mm, 높이 50mm 크기의 경사끼움 스트립을 설치한다.

⑤ 콘크리트 다짐바닥, 벽돌깔기 등의 바닥면에 방습층을 둘 때에는 잡석다짐 또는 모래다짐 위에 아스팔트 펠트나 비닐지를 깔고 그 위에 콘크리트 또는 벽돌깔기를 한다.

25 방습공사에 관한 설명으로 옳지 않은 것은?

제22회

① 방수모르타르의 바름 두께 및 횟수는 정한 바가 없을 때 두께 15mm 내외의 1회 바름으로 한다.

② 방습공사 시공법에는 박판시트계, 아스팔트계, 시멘트모르타르계, 신축성 시트계 등이 있다.

③ 아스팔트 펠트, 비닐지의 이음은 100mm 이상 겹치고 필요할 때에는 접착제로 접착한다.

④ 방습도포는 첫 번째 도포층을 12시간 동안 양생한 후에 반복해야 한다.

⑤ 콘크리트, 블록, 벽돌 등의 벽체가 지면에 접하는 곳은 지상 100~200mm 내외 위에 수평으로 방습층을 설치한다.

고난도

26 방습공사에 사용되는 박판시트계 방습자재가 아닌 것은?

제21회

① 폴리에틸렌 방습층

② 종이 적층 방습자재

③ 펠트, 아스팔트필름 방습층

④ 금속박과 종이로 된 방습자재

⑤ 플라스틱금속박 방습자재

27 신축성 시트계 방습자재가 아닌 것은?

제23회

① 비닐필름 방습지
② 폴리에틸렌 방습층
③ 방습층 테이프
④ 아스팔트필름 방습층
⑤ 교착성이 있는 플라스틱아스팔트 방습층

28 신축성 시트계 방습자재에 해당하는 것을 모두 고른 것은?

제27회

㉠ 비닐필름 방습지	㉡ 폴리에틸렌 방습층
㉢ 아스팔트필름 방습지	㉣ 방습층 테이프

① ㉠, ㉣
② ㉡, ㉢
③ ㉠, ㉡, ㉣
④ ㉡, ㉢, ㉣
⑤ ㉠, ㉡, ㉢, ㉣

정답 및 해설

24 ② 신축성 시트계 방습재료에는 비닐필름 방습지, 폴리에틸렌 방습층, 플라스틱아스팔트 방습층, 방습층 테이프 등이 있으며, 플라스틱금속박 방습재료는 박판시트계 방습재료에 속한다.

25 ④ 방습도포는 첫 번째 도포층을 24시간 동안 양생한 후에 반복해야 한다.

26 ① 폴리에틸렌 방습층은 신축성 시트계 방습자재이다.

27 ④ 아스팔트필름 방습층은 박판시트계 방습재료이다.

28 ③ 아스팔트필름 방습지는 박판시트계 방습재료이다.

제8장 미장 및 타일공사

대표예제 32 **미장공사 ★★★**

미장공사에 대한 설명으로 옳지 않은 것은? 제11회

① 바름두께를 얇게 하여 여러 번 바르는 것이 좋다.
② 실내 모르타르 바르기의 순서는 벽, 천장, 바닥의 순으로 한다.
③ 상당히 긴 벽면의 미장면에는 신축줄눈을 설치하는 것이 좋다.
④ 시멘트모르타르는 시멘트, 물, 모래 및 기타 혼화재료 등을 혼합한 것이다.
⑤ 개구부 주변의 바탕면에는 메탈라스를 설치하는 것이 좋다.

해설 | 실내 모르타르 바르기의 순서는 '천장 ⇨ 벽 ⇨ 바닥'의 순으로 한다.

기본서 p.259~266 정답 ②

01 **미장공사의 품질 요구조건으로 옳지 않은 것은?** 제22회

① 마감면이 평편도를 유지하여야 한다.
② 필요한 부착강도를 유지하여야 한다.
③ 편리한 유지관리성이 보장되어야 한다.
④ 주름이 생기지 않아야 한다.
⑤ 균열의 폭과 간격을 일정하게 유지하여야 한다.

02 수경성 미장재료로 옳은 것을 모두 고른 것은?

제20회

㉠ 돌로마이트플라스터	㉡ 순석고플라스터
㉢ 경석고플라스터	㉣ 소석회
㉤ 시멘트모르타르	

① ㉠, ㉡, ㉢
② ㉠, ㉡, ㉣
③ ㉠, ㉣, ㉤
④ ㉡, ㉢, ㉤
⑤ ㉢, ㉣, ㉤

03 미장공사에 관한 설명으로 옳지 않은 것은?

① 바름면의 오염방지와 조기건조를 위해 통풍 및 일조량을 확보한다.
② 미장바름 작업 전에 근접한 다른 부재나 마감면 등은 오염되지 않도록 적절히 보양한다.
③ 시멘트모르타르 바름공사에서 시멘트모르타르 1회의 바름두께는 바닥의 경우를 제외하고 6mm를 표준으로 한다.
④ 시멘트모르타르 바름공사에서 초벌바름의 바탕두께가 너무 두껍거나 얼룩이 심할 때는 고름질을 한다.
⑤ 바람 등에 의하여 작업장소에 먼지가 날려 작업면에 부착될 우려가 있는 경우에는 방풍조치를 한다.

정답 및 해설

01 ⑤ 균열의 폭과 간격은 미장공사의 품질 요구조건이 아니다.
02 ④ 수경성 미장재료로 옳은 것은 순석고플라스터, 경석고플라스터, 시멘트모르타르이다.
03 ① 미장바름면은 급속한 건조에 의한 균열을 방지하기 위해 통풍을 시키지 않는다.

04 미장공사에 관한 설명으로 옳지 않은 것은?

① 고름질은 요철이 심할 때 초벌바름 위에 발라 붙여주는 작업이다.
② 마감두께는 손질바름을 포함한 바름층 전체의 바름두께를 말한다.
③ 미장두께는 각 미장 층별 발라 붙인 면적의 평균 바름두께를 말한다.
④ 라스먹임은 메탈라스, 와이어라스 등의 바탕에 모르타르 등을 최초로 발라 붙이는 것이다.
⑤ 덧먹임은 바르기 접합부 또는 균열 틈새 등에 반죽된 재료를 밀어 넣어 때워 주는 것이다.

05 미장공사에 관한 설명으로 옳지 않은 것은? 제26회

① 미장재료에는 진흙질이나 석회질의 기경성 재료와 석고질과 시멘트질의 수경성 재료가 있다.
② 석고플라스터는 시멘트, 소석회, 돌로마이트플라스터 등과 혼합하여 사용하면 안 된다.
③ 스터코(stucco)바름이란 소석회에 대리석가루 등을 섞어 흙손바름 성형이 가능한 외벽용 미장 마감이다.
④ 덧먹임이란 작업면의 종석이 빠져나간 자리를 메우기 위해 반죽한 것을 작업면에 발라 채우는 작업이다.
⑤ 단열 모르타르는 외단열이 내단열보다 효과적이다.

06 미장공사에 관한 설명으로 옳지 않은 것을 모두 고른 것은? 제21회

㉠ 미장두께는 각 미장 층별 발라 붙인 면적의 평균 바름두께를 말한다.
㉡ 라스 또는 졸대바탕의 마감두께는 바탕먹임을 포함한 바름층 전체의 두께를 말한다.
㉢ 콘크리트바탕 등의 표면 경화 불량은 두께가 2mm 이하의 경우 와이어 브러시 등으로 불량 부분을 제거한다.
㉣ 외벽의 콘크리트바탕 등 날짜가 오래되어 먼지가 붙어 있는 경우에는 초벌바름 작업 전날 물로 청소한다.

① ㉠
② ㉡
③ ㉠, ㉣
④ ㉡, ㉢
⑤ ㉢, ㉣

07 미장공사에서 콘크리트, 콘크리트블록 바탕에 초벌바름 하기 전 마감두께를 균등하게 할 목적으로 모르타르 등으로 미리 요철을 조정하는 것은? 제24회

① 고름질
② 라스먹임
③ 규준바름
④ 손질바름
⑤ 실러바름

08 시멘트모르타르바름의 일반적인 시공순서로 옳은 것은?

㉠ 바탕처리 및 청소
㉡ 재벌바름
㉢ 정벌바름
㉣ 재료비빔
㉤ 초벌바름 및 라스먹임
㉥ 고름질
㉦ 보양
㉧ 마무리

① ㉠ ⇨ ㉣ ⇨ ㉤ ⇨ ㉥ ⇨ ㉡ ⇨ ㉢ ⇨ ㉧ ⇨ ㉦
② ㉠ ⇨ ㉣ ⇨ ㉥ ⇨ ㉤ ⇨ ㉡ ⇨ ㉢ ⇨ ㉦ ⇨ ㉧
③ ㉠ ⇨ ㉥ ⇨ ㉣ ⇨ ㉤ ⇨ ㉡ ⇨ ㉢ ⇨ ㉦ ⇨ ㉧
④ ㉣ ⇨ ㉠ ⇨ ㉤ ⇨ ㉡ ⇨ ㉥ ⇨ ㉢ ⇨ ㉧ ⇨ ㉦
⑤ ㉣ ⇨ ㉠ ⇨ ㉥ ⇨ ㉤ ⇨ ㉡ ⇨ ㉢ ⇨ ㉧ ⇨ ㉦

제1편 건축구조

제8장

정답 및 해설

04 ② 마감두께는 바름층 전체의 두께를 말하며, 라스 또는 졸대바탕일 때에는 바탕먹임의 두께(손질바름)를 제외한다.

05 ④ 작업면의 종석이 빠져나간 자리를 메우기 위해 반죽한 것을 작업면에 발라 채우는 작업은 눈먹임이다. 덧먹임이란 바르기의 접합부 또는 균열의 틈새, 구멍 등에 반죽된 재료를 밀어 넣어 채워주는 작업이다.

06 ② ㉡ 마감두께는 바름층 전체의 두께를 말하며, 라스 또는 졸대바탕일 때에는 바탕먹임의 두께 및 손질바름은 제외한다.

07 ④ 초벌바름 전에 마감두께를 균등하게 할 목적으로 모르타르 등으로 미리 요철을 조정하는 것을 손질바름(바탕처리)이라고 한다.

08 ① 시멘트모르타르바름 시공은 '바탕처리 및 청소 ⇨ 재료비빔 ⇨ 초벌바름 및 라스먹임 ⇨ 고름질 ⇨ 재벌바름 ⇨ 정벌바름 ⇨ 마무리 ⇨ 보양' 순으로 한다.

09 시멘트모르타르 미장공사에 관한 설명으로 옳지 않은 것은? 제23회

① 모래의 입도는 바름두께에 지장이 없는 한 큰 것으로 한다.
② 콘크리트 천장 부위의 초벌바름 두께는 6mm를 표준으로 하고, 전체 바름 두께는 15mm 이하로 한다.
③ 초벌바름 후 충분히 건조시켜 균열을 발생시킨 후 고름질을 하고 재벌바름을 한다.
④ 재료의 배합은 바탕에 가까운 바름층일수록 빈배합으로 하고, 정벌바름에 가까울수록 부배합으로 한다.
⑤ 바탕면은 적당히 물축이기를 하고 면을 거칠게 해둔다.

10 미장공사에 관한 설명으로 옳은 것은? 제27회

① 소석회, 돌로마이트플라스터 등은 수경성 재료로서 가수에 의해 경화한다.
② 바탕처리시 살붙임바름은 한꺼번에 두껍게 바르는 것이 좋다.
③ 시멘트모르타르 바름시 초벌바름은 부배합, 재벌 및 정벌바름은 빈배합으로 부착력을 확보한다.
④ 석고플라스터는 기경성으로 경화속도가 느려 작업시간이 자유롭다.
⑤ 셀프레벨링재 사용시 통풍과 기류를 공급해 건조시간을 단축하여 표면평활도를 높인다.

11 미장공사에서 바름면의 박락(剝落) 및 균열원인이 아닌 것은? 제19회

① 구조체의 수축 및 변형
② 재료의 불량 및 수축
③ 바름모르타르에 감수제의 혼입 사용
④ 바탕면 처리 불량
⑤ 바름두께 초과 및 미달

12 온수온돌공사의 마감모르타르 바르기에 관한 설명으로 옳지 않은 것은?

① 온돌바닥 모르타르 바르기의 최종 미장은 미장기계나 쇠흙손을 사용하여 마감한다.
② 온돌바닥 모르타르 바르기의 미장마감 횟수는 최소 2회 이상으로 하며, 고름작업도 미장 횟수에 포함한다.
③ 온돌층 내부공사를 완전히 완료하고, 이를 확인한 후에 모르타르 바르기를 시작한다.
④ 각 미장 횟수별 시기는 표면에 물기가 걷힌 상태에서 하고, 흙손자국이 남지 않도록 한다.
⑤ 모르타르 바르기 하루 전에 바탕층에 충분히 살수하여 모르타르의 수분이 하부로 이동하는 것을 방지하여야 한다.

13 콘크리트 바탕에 시멘트모르타르 미장바름을 할 경우 각 부위별 전체 바름두께의 대소 관계로 옳은 것은? (단, 전체 바름두께는 초벌 · 재벌 · 정벌 바름두께 표준의 합이다)

① 바닥 > 외벽 > 내벽 > 천장
② 바닥 = 외벽 > 내벽 = 천장
③ 바닥 = 외벽 > 내벽 > 천장
④ 바닥 > 외벽 = 내벽 > 천장
⑤ 바닥 > 외벽 = 내벽 = 천장

정답 및 해설

09 ④ 재료의 배합은 바탕에 가까운 바름층일수록 부배합으로 하고, 정벌바름에 가까울수록 빈배합으로 한다.

10 ③ ① 소석회, 돌로마이트플라스터 등은 기경성 재료이며 공기 중의 이산화탄소(탄산가스)와 반응하여 경화한다.
② 바탕처리시 살붙임바름은 한꺼번에 두껍게 바르는 것은 좋지 않다.
④ 석고플라스터는 수경성으로 경화속도가 빠르지만 작업시간이 자유롭지 않다.
⑤ 셀프레벨링재(자동수평몰탈) 사용시 표면에 불필요한 물결무늬 등이 생기는 것을 방지하기 위해 창문 등을 밀폐하여 통풍과 기류를 차단하여 표면평활도를 높여야 한다.

11 ③ 바름모르타르에 감수제의 혼입 사용은 미장공사에서 바름면의 박락 및 균열원인이 아니다.

12 ② 온돌바닥 모르타르 바르기의 미장마감 횟수는 최소 3회 이상으로 하며, 고름작업은 미장 횟수에 포함하지 않는다.

13 ③ 바닥(24mm) = 외벽(24mm) > 내벽(18mm) > 천장(15mm)

14 미장공사에서 단열 모르타르바름에 관한 설명으로 옳지 않은 것은?

① 보강재로 사용되는 유리섬유는 내알칼리 처리된 제품이어야 한다.
② 초벌바름은 10mm 이하의 두께로 기포가 생기지 않도록 바른다.
③ 보양기간은 별도의 지정이 없는 경우는 7일 이상 자연건조되도록 한다.
④ 재료의 저장은 바닥에서 150mm 이상 띄워서 수분에 젖지 않도록 보관한다.
⑤ 지붕에 바탕단열층으로 초벌바름할 경우에는 신축줄눈을 설치하지 않는다.

대표예제 33 타일공사 ★★★

타일공사에 관한 설명으로 옳지 않은 것은? 제17회

① 도기질 타일은 자기질 타일에 비하여 흡수율이 높으며, 내장용으로 사용한다.
② 벽타일붙이기에서 내장타일붙임공법에는 압착붙이기, 개량압착붙이기, 동시줄눈붙이기가 있다.
③ 모자이크타일붙이기를 할 경우 붙임모르타르를 바탕면에 초벌과 재벌로 두 번 바르고, 총 두께는 4~6mm를 표준으로 한다.
④ 타일에서 동해란 타일 자체가 흡수한 수분이 동결함에 따라 생기는 균열과 타일 뒷면에 스며든 물이 얼어 타일 전체를 박리시킨 것이다.
⑤ 타일붙임면의 모르타르 바탕 바닥면은 물고임이 없도록 구배를 유지하되 100분의 1을 넘지 않도록 한다.

해설 | 개량압착붙이기는 외장타일붙임에 사용한다.

기본서 p.266~273

정답 ②

15 타일공사에 관한 설명으로 옳지 않은 것은? 제27회

① 자기질 타일은 물기가 있는 곳과 외부에는 사용할 수 없다.
② 벽체타일이 시공되는 경우 바닥타일은 벽체타일을 먼저 붙인 후 시공한다.
③ 접착모르타르의 물 · 시멘트비를 낮추어 동해를 방지한다.
④ 줄눈누름을 충분히 하여 빗물침투를 방지한다.
⑤ 접착력 시험은 타일시공 후 4주 이상일 때 실시한다.

16 타일공사에 관한 설명으로 옳은 것을 모두 고른 것은? 제22회

㉠ 모르타르는 건비빔한 후 3시간 이내에 사용하며, 물을 부어 반죽한 후 1시간 이내에 사용한다.
㉡ 타일 1장의 기준치수는 타일치수와 줄눈치수를 합한 것으로 한다.
㉢ 타일을 붙이는 모르타르에 시멘트가루를 뿌리면 타일의 접착력이 좋아진다.
㉣ 벽타일압착붙이기에서 타일의 1회 붙임면적은 모르타르의 경화속도 및 작업성을 고려하여 $1.2m^2$ 이하로 한다.

① ㉠, ㉡
② ㉠, ㉢
③ ㉢, ㉣
④ ㉠, ㉡, ㉣
⑤ ㉡, ㉢, ㉣

17 다음에서 설명하는 공법은?

붙임모르타르를 바탕면에 도포 후 진동공구를 이용하여 타일에 진동을 주어 매입에 의해 벽타일을 붙이는 공법

① MCR공법
② 개량압착붙임공법
③ 밀착붙임공법
④ 마스크붙임공법
⑤ 모자이크타일붙임공법

정답 및 해설

14 ⑤ 지붕에 바탕단열층으로 초벌바름할 경우에도 신축줄눈을 설치하여야 한다.

15 ① 자기질 타일은 흡수율이 작기 때문에 물기가 있는 곳과 외부에 사용할 수 있다.

16 ④ ㉢ 타일을 붙이는 모르타르에 시멘트가루를 뿌리면 시멘트의 수축이 크기 때문에 타일이 떨어지기 쉽고 백화가 생기기 쉬우므로 뿌리지 않아야 한다.

17 ③ 붙임모르타르를 바탕면에 도포 후 진동공구를 이용하여 타일에 진동을 주어 매입에 의해 벽타일을 붙이는 공법은 밀착붙임공법이다.

18 다음에서 설명하는 타일붙임공법은?

제23회

> 전용 전동공구(vibrator)를 사용해 타일을 눌러 붙여 면을 고르고, 줄눈 부분의 배어 나온 모르타르(mortar)를 줄눈봉으로 눌러서 마감하는 공법

① 밀착공법
② 떠붙임공법
③ 접착제공법
④ 개량압착붙임공법
⑤ 개량떠붙임공법

19 벽타일붙이기공사에 관한 설명으로 옳지 않은 것은?

① 동시줄눈붙이기(밀착붙임공법)는 바탕면에 붙임모르타르를 발라 타일을 붙인 다음, 충격공구로 타일면에 충격을 가하여 붙이는 방법이다.
② 판형붙이기는 동시줄눈붙이기와 붙임방법은 같으나, 붙이는 재료로 모르타르 대신 유기질 접착제 또는 수지모르타르를 사용한다.
③ 떠붙이기는 타일 뒷면에 붙임모르타르를 바르고 빈틈이 생기지 않게 바탕에 눌러 붙이는 방법으로 백화가 발생하기 쉽기 때문에 외장용으로는 사용하지 않는 것이 좋다.
④ 압착붙이기는 평탄하게 마무리한 바탕모르타르면에 붙임모르타르를 바르고, 나무망치 등으로 타일을 두들겨 붙이는 방법이다.
⑤ 개량압착붙이기는 평탄하게 마무리한 바탕모르타르면에 붙임모르타르를 바르고, 타일 뒷면에도 붙임모르타르를 발라 붙이는 방법이다.

20 타일공사에 관한 설명으로 옳지 않은 것은?

제21회

① 치장줄눈파기는 타일을 붙이고 3시간이 경과한 후 실시한다.
② 타일의 접착력 시험결과 인장 부착강도는 0.39MPa 이상이어야 한다.
③ 바탕모르타르 바닥면은 물고임이 없도록 구배를 유지하되 100분의 1을 넘지 않도록 한다.
④ 타일의 탈락(박락)은 떠붙임공법에서 가장 많이 발생하며, 모르타르의 시간경과로 인한 강도저하가 주요 원인이다.
⑤ 내장타일의 크기가 대형화되면서 발생하는 타일의 옆면 파손은 벽체 모서리 등에 신축조정줄눈을 설치하여 방지할 수 있다.

21 타일공사에 관한 설명으로 옳지 않은 것은? 제26회

① 치장줄눈은 타일 부착 3시간 정도 경과 후 줄눈파기를 실시한다.
② 타일붙임용 모르타르의 배합비는 용적비로 계상한다.
③ 타일제품의 흡수성이 높은 순서는 토기질, 도기질, 석기질, 자기질의 순이다.
④ 타일붙이기는 벽타일, 바닥타일의 순서로 실시한다.
⑤ 모르타르로 부착하는 타일공법의 붙임 시간(open time)은 모두 동일하게 관리한다.

22 타일공사에서 일반적인 벽타일붙임공법이 아닌 것은? 제19회

① 떠붙임공법
② 온통사춤공법
③ 압착공법
④ 접착붙임공법
⑤ 동시줄눈붙임공법

23 타일의 줄눈너비로 옳지 않은 것은? (단, 도면 또는 공사시방서에 타일 줄눈너비에 대하여 정한 바가 없는 경우) 제24회

① 개구부 둘레와 설비기구류와의 마무리 줄눈: 10mm
② 대형 벽돌형(외부): 10mm
③ 대형(내부 일반): 6mm
④ 소형: 3mm
⑤ 모자이크: 2mm

정답 및 해설

18 ① 전용 전동공구를 사용해 타일을 눌러 붙여 면을 고르고, 줄눈 부분의 배어 나온 모르타르를 줄눈봉으로 눌러서 마감하는 공법은 밀착공법(동시줄눈붙이기)이다.

19 ② 판형붙이기는 낱장붙이기와 같은 방법으로 하되 타일 뒷면의 표시와 모양에 따라 그 위치를 맞추어 순서대로 붙이고, 모르타르가 줄눈 사이로 스며 나오도록 표본누름판을 사용하여 압착하여 붙이는 방법이다.

20 ④ 타일의 탈락(박락)은 떠붙임공법에서 가장 많이 발생하며, 물에 의한 동결융해가 주요 원인이다.

21 ⑤ 타일공법의 붙임 시간(open time)은 타일붙임공법에 따라 다르다.
압착붙이기 공법과 동시줄눈붙이기 공법은 15분 이내이고, 개량압착붙이기 공법은 30분이다.

22 ② 타일공사에서 일반적인 벽타일붙임공법이 아닌 것은 온통사춤공법이다.

23 ② 대형 벽돌형(외부) 타일의 줄눈너비는 9mm가 표준이다.

24 타일공사의 바탕처리 및 만들기에 관한 설명으로 옳지 않은 것은?

① 타일을 붙이기 전에 바탕의 들뜸, 균열 등을 검사하여 불량부분을 보수한다.
② 바닥면은 물고임이 없도록 구배를 유지하되 100분의 1을 넘지 않도록 한다.
③ 여름에 외장타일을 붙일 경우에는 부착력을 높이기 위해 바탕면을 충분히 건조시킨다.
④ 타일붙임 바탕의 건조상태에 따라 뿜칠 또는 솔을 사용하여 물을 골고루 뿌린다.
⑤ 흡수성이 있는 타일에는 제조업자의 시방에 따라 물을 축여 사용한다.

25 벽체의 타일공사에 관한 설명으로 옳지 않은 것은?

① 하절기에 외장타일을 붙일 경우 하루 전에 바탕면에 물을 충분히 적셔둔다.
② 치장줄눈은 타일을 붙인 후 바로 줄눈파기를 실시하고 줄눈 부분을 청소한다.
③ 타일의 치장줄눈은 세로줄눈을 먼저 시공하고, 가로줄눈은 위에서 아래로 마무리한다.
④ 창문선, 문선 등 개구부 둘레와 설비기구류와의 마무리 줄눈너비는 10mm 정도로 한다.
⑤ 타일은 충분한 뒷굽이 붙어 있는 것을 사용하고, 뒷면은 유약이 묻지 않고 거친 것을 사용한다.

26 타일공사에 관한 설명으로 옳지 않은 것은? 제25회

① 클링커타일은 바닥용으로 적합하다.
② 붙임용 모르타르에 접착력 향상을 위해 시멘트가루를 뿌린다.
③ 흡수성이 있는 타일의 경우 물을 축여 사용한다.
④ 벽타일붙임공법에서 접착제붙임공법은 내장공사에 주로 적용한다.
⑤ 벽타일붙임공법에서 개량압착붙임공법은 바탕면과 타일 뒷면에 붙임모르타르를 발라 붙이는 공법이다.

27 타일에 관한 설명으로 옳지 않은 것은?

① 타일의 흡수율은 자기질이 석기질보다 작다.
② 도기질 타일은 불투명하며, 두드리면 탁음이 난다.
③ 타일의 최종 소성온도는 자기질이 도기질보다 높다.
④ 바닥용 미끄럼방지 타일에는 주로 시유타일을 사용한다.
⑤ 폴리싱타일은 고온 · 고압으로 소성한 자기질 무유타일의 표면을 연마처리한 것이다.

28 표면이 거친 석기질 타일로 주로 외부바닥이나 옥상 등에 사용되는 것은? 제20회

① 테라코타(terra cotta)타일
② 클링커(clinker)타일
③ 모자이크(mosaic)타일
④ 폴리싱(polishing)타일
⑤ 파스텔(pastel)타일

제1편 건축구조

제8장

정답 및 해설

24 ③ 여름에 외장타일을 붙일 경우에는 하루 전에 <u>바탕면에 물을 충분히 적셔둔다</u>.

25 ② 치장줄눈은 타일을 붙이고 <u>3시간 경과 후</u> 줄눈파기를 하고, 24시간 경과 후 치장줄눈을 실시한다.

26 ② 타일을 붙이는 모르타르에 시멘트가루를 뿌리면 시멘트의 수축이 크기 때문에 <u>타일이 떨어지기 쉽고 백화가 생기기 쉬우므로 뿌리지 말아야 한다</u>.

27 ④ 바닥용 미끄럼방지 타일에는 주로 <u>무유타일</u>을 사용한다.

28 ② 표면이 거친 석기질 타일로 주로 외부바닥이나 옥상 등에 사용되는 것은 <u>클링커(clinker)타일</u>이다.

제9장 창호 및 유리공사

대표예제 34 창호의 종류 ★★

창호의 종류 중 개폐방식에 따른 분류에 해당하는 것은? 제18회

① 자재문
② 비늘살문
③ 플러시문
④ 양판문
⑤ 도듬문

해설 | 창호의 종류 중 개폐방식에 따른 분류에 해당하는 것은 자재문이다.

기본서 p.285~289

정답 ①

01 문틀을 짜고 문틀 양면에 합판을 붙여서 평평하게 제작한 문은? 제25회

① 플러시문
② 양판문
③ 도듬문
④ 널문
⑤ 합판문

02 창호에 관한 설명으로 옳지 않은 것은?

① 여닫이창호: 창호의 한쪽에 경첩 등을 선틀 또는 기둥에 달아 한쪽으로 여닫게 한 것
② 미서기창호: 창호받이재에 홈을 한 줄 파거나 레일을 붙여 문을 이중벽 속 등에 밀어 넣은 것
③ 오르내리창: 수직 홈에 문을 달아 상하로 슬라이딩시키는 창으로 추를 매달아 균형을 유지함
④ 회전문: 통풍, 기류를 방지하고 출입인원을 조절하는 목적으로 사용함
⑤ 접문: 여러 장의 문을 경첩으로 연결하고 큰 방을 분할하거나 전체를 개방할 때 사용함

03 창호공사에 관한 설명으로 옳은 것을 모두 고른 것은? 제24회

㉠ 알루미늄 창호는 알칼리에 약하므로 모르타르와의 직접 접촉을 피한다.
㉡ 여닫이 창호철물에는 플로어힌지, 피벗힌지, 도어클로저, 도어행거 등이 있다.
㉢ 멀리온은 창 면적이 클 때, 스틸바(steel bar)만으로는 부족하여 이를 보강하기 위해 강판을 중공형으로 접어 가로 또는 세로로 대는 것이다.
㉣ 레버토리힌지는 자유정첩(경첩)의 일종으로 저절로 닫히지만 10~15cm 정도 열려 있도록 만든 철물이다.

① ㉠, ㉡
② ㉠, ㉢
③ ㉡, ㉣
④ ㉢, ㉣
⑤ ㉠, ㉢, ㉣

제1편 건축구조 제9장

정답 및 해설

01 ① 문틀을 짜고 문틀 양면에 합판을 붙여서 평평하게 제작한 문은 플러시문이다.
02 ② 창호받이재에 홈을 한 줄 파거나 레일을 붙여 문을 이중벽 속 등에 밀어 넣은 것은 미닫이창호이다.
03 ⑤ ㉡ • 플로어힌지 – 중량의 자재문
• 피벗힌지 – 무거운 여닫이문
• 도어클로저 – 여닫이문
• 도어행거 – 미닫이문

04 알루미늄창호의 특징으로 옳지 않은 것은?

① 기밀성이 우수하다.
② 철재 창호보다 가볍다.
③ 내화성이 좋지 않다.
④ 산 및 알칼리에 대한 내식성이 우수하다.
⑤ 제작이 용이하고 외관이 미려하다.

05 크롬산아연과 알키드수지로 구성된 도료로서 알루미늄판의 초벌용으로 적당한 것은?

제20회

① 광명단
② 연시안아미드 도료
③ 징크로메이트 도료
④ 그래파이트 도료
⑤ 이온교환수지 도료

06 창호에 관한 설명으로 옳지 않은 것은?

① 창호는 사람이나 물건의 출입 및 채광·환기 등의 목적으로 사용된다.
② 풍소란은 방풍을 목적으로 사용된다.
③ 조적조에서 문틀 세우기는 나중세우기를 하고, 목조나 철근콘크리트구조는 먼저세우기를 한다.
④ 방화셔터는 방화, 도난방지, 방풍, 차음 등에 사용된다.
⑤ 멀리온은 창 면적이 클 때 창의 보강 및 미관을 위하여 중공형의 강판을 가로와 세로로 설치하는 것이다.

대표예제 35 창호철물 ★★

저절로 문은 닫히지만 15cm 정도는 열려 있도록 하기 위해 사용되는 창호철물은? 제21회

① 레버토리힌지(lavatory hinge)
② 도어클로저(door closer)
③ 크레센트(crescent)
④ 실린더 자물쇠(cylinder lock)
⑤ 피벗힌지(pivot hinge)

해설 | 문은 저절로 닫히지만 15cm 정도는 열려 있도록 하기 위해 사용되는 창호철물은 레버토리힌지(lavatory hinge)이며, 이는 화장실이나 공중전화박스 등에 사용된다.

기본서 p.289~292

정답 ①

07 **문 위틀과 문짝에 설치하여 문을 열면 자동적으로 조용히 닫히게 하는 장치로 피스톤 장치가 있어 개폐 속도를 조절할 수 있는 창호철물은?** 제22회

① 도어체크
② 플로어힌지
③ 레버토리힌지
④ 도어스톱
⑤ 크리센트

정답 및 해설

04 ④ 알루미늄창호는 알칼리에 대한 내식성이 작다.

05 ③ 크롬산아연과 알키드수지로 구성된 도료로서 알루미늄판의 초벌용으로 적당한 것은 징크로메이트 도료이다.

06 ③ 조적조에서 문틀 세우기는 먼저세우기를 하고, 목조나 철근콘크리트구조는 나중세우기를 한다.

07 ① 문 위틀과 문짝에 설치하여 문을 열면 자동적으로 조용히 닫히게 하는 장치로 피스톤 장치가 있어 개폐 속도를 조절할 수 있는 창호철물은 도어체크이다.

08 창호 및 부속철물에 관한 설명으로 옳지 않은 것은? 제27회

① 풍소란은 마중대와 여밈대가 서로 접하는 부분에 방풍 등의 목적으로 사용한다.
② 레버토리힌지는 문이 저절로 닫히지만 15cm 정도 열려 있도록 하는 철물이다.
③ 주름문은 도난방지 등의 방범목적으로 사용한다.
④ 피벗힌지는 주로 중량문에 사용한다.
⑤ 도어체크는 피스톤장치가 있지만 개폐속도는 조절할 수 없다.

09 외부에서는 열쇠로, 내부에서는 작은 손잡이를 돌려서 열 수 있는 창호철물은? 제23회

① 도어체크(door check)
② 크레센트(crescent)
③ 패스너(fastner)
④ 나이트래치(night latch)
⑤ 레버토리힌지(lavltory hinge)

10 여닫이창호에 사용하는 창호철물이 아닌 것은?

① 크레센트(crescent)
② 피벗힌지(pivot hinge)
③ 레버토리힌지(lavatory hinge)
④ 도어클로저(door closer)
⑤ 실린더 자물쇠(cylinder lock)

11 창호철물에서 경첩(hinge)에 관한 설명으로 옳지 않은 것은? 제25회

① 경첩은 문짝을 문틀에 달 때, 여닫는 축이 되는 역할을 한다.
② 경첩의 축이 되는 것은 핀(pin)이고, 핀을 보호하기 위해 둘러 감은 것이 행거(hanger)이다.
③ 자유경첩(spring hinge)은 경첩에 스프링을 장치하여 안팎으로 자유롭게 여닫게 해주는 철물이다.
④ 플로어힌지(floor hinge)는 바닥에 설치하여 한쪽에서 열고 나면 저절로 닫혀지는 철물로 중량이 큰 자재문에 사용된다.
⑤ 피벗힌지(pivot hinge)는 암수 돌쩌귀를 서로 끼워 회전으로 여닫게 해주는 철물이다.

12 창호공사에 관한 설명으로 옳지 않은 것은? 제26회

① 피벗힌지(pivot hinge)는 문을 자동으로 닫히게 하는 경첩으로 중량의 자재문에 사용한다.
② 알루미늄 창호는 콘크리트나 모르타르에 직접적인 접촉을 피하는 것이 좋다.
③ 도어스톱(door stop)은 벽 또는 문을 파손으로부터 보호하기 위하여 사용한다.
④ 크레센트(crescent)는 미서기창과 오르내리창의 잠금장치이다.
⑤ 도어체크(door check)는 문짝과 문 위틀에 설치하여 자동으로 문을 닫히게 하는 장치이다.

정답 및 해설

08 ⑤ 도어체크는 피스톤장치가 있고 개폐속도를 조절할 수 있다.

09 ④ 외부에서는 열쇠로, 내부에서는 작은 손잡이를 돌려서 열 수 있는 창호철물은 나이트래치이다.

10 ① 크레센트(crescent)는 미서기창이나 오르내리창의 창호철물이다.

11 ② 경첩의 축이 되는 것은 핀(pin)이고, 핀을 보호하기 위해 둘러 감은 것은 너클(knuckle)이다.

12 ① 문을 자동으로 닫히게 하는 경첩으로 중량의 자재문에 사용하는 것은 플로어힌지이다. 피벗힌지(pivot hinge)는 암수 돌쩌귀를 서로 끼워 여닫게 하는 경첩으로 무거운 여닫이문에 사용한다.

13 창호에 관한 설명으로 옳은 것은?

① 플러시문은 울거미를 짜고 합판 등으로 양면을 덮은 문이다.
② 무테문은 방충 및 환기를 목적으로 울거미에 망사를 설치한 문이다.
③ 홀딩도어는 일광과 시선을 차단하고 통풍을 목적으로 설치하는 문이다.
④ 루버는 문을 닫았을 때 창살처럼 되고 도난방지를 위해 사용하는 문이다.
⑤ 주름문은 울거미 없이 강화 판유리 등을 접착제나 볼트로 설치한 문이다.

14 창호에 관한 설명으로 옳은 것은? 제20회

① 알루미늄창호는 강재에 비해 비중이 낮고 내알칼리성이 우수하다.
② 갑종 방화문은 강제틀에 두께 0.3mm 이상의 강판을 한쪽 면에 붙인 것이다.
③ 여밈대는 미닫이 또는 여닫이 문짝이 서로 맞닿는 선대를 말한다.
④ 나이트래치는 미닫이창호의 선대에 달아 잠그는 데 사용되는 철물이다.
⑤ 꽂이쇠는 여닫이창호에 상하 고정용으로 달아서 개폐상태를 유지하는 데 사용한다.

15 창호공사에 관한 설명으로 옳은 것을 모두 고른 것은? 제19회

㉠ 알루미늄창호는 알칼리에 약해서 시멘트모르타르나 콘크리트에 부식되기 쉽다.
㉡ 스테인리스강재창호는 일반 알루미늄창호에 비해 강도가 약하다.
㉢ 합성수지(PVC)창호는 열손실이 많아 보온성이 떨어진다.
㉣ 크레센트(crescent)는 여닫이창호철물에 사용된다.
㉤ 목재의 함수율은 공사시방서에 정한 바가 없는 경우 18% 이하로 한다.

① ㉠, ㉡
② ㉠, ㉤
③ ㉡, ㉢, ㉣
④ ㉢, ㉣, ㉤
⑤ ㉡, ㉢, ㉣, ㉤

대표예제 36 유리공사★★★

유리공사에 관한 설명으로 옳지 않은 것은? 제18회

① 그레이징 가스켓은 염화비닐 등으로 압출성형에 의해 제조된 유리끼움용 부자재이다.
② 로이유리는 열응력에 의한 파손 방지를 위하여 배강도유리로 사용된다.
③ 유리블록은 도면에 따라 줄눈나누기를 하고, 방수재가 혼합된 시멘트모르타르로 쌓는다.
④ 세팅블록은 새시 하단부의 유리끼움용 부자재로서 유리의 자중을 지지하는 고임재이다.
⑤ 열선반사유리는 판유리의 한쪽 면에 열선반사막을 코팅하여 일사열의 차폐성능을 높인 유리이다.

해설 | 로이유리는 방사율과 열관류율을 낮추고 가시광선 투과율을 높인 유리로서, 일반적으로 복층유리로 제조하여 사용된다.

기본서 p.293~297 정답 ②

16 재료의 특성상 장식을 목적으로 사용하는 유리는?

① 에칭글라스(샌드블라스트글라스) ② 액정조광유리
③ 저방사(Low-E)유리 ④ 스팬드럴유리
⑤ 망입 · 선입유리

정답 및 해설

13 ① ② 무테문은 테두리가 없으며 10~12mm 정도의 강화유리를 사용하는 문이다. 방충 및 환기를 목적으로 울거미에 망사를 설치한 문은 망사문이다.
③ 홀딩도어는 병풍모양의 문으로 실의 크기 조절이 필요한 경우에 칸막이 기능을 하기 위해 만든 문이다.
④ 루버는 시선을 차단하고 채광과 통풍을 목적으로 설치하며 비늘살문이라고도 한다.
⑤ 주름문은 문을 닫았을 때 창살처럼 되고 도난방지를 위해 사용하는 문이다.

14 ⑤ ① 알루미늄창호는 강재에 비해 비중이 낮고 알칼리성에 약하다.
② 갑종 방화문은 강제틀에 두께 0.5mm 이상의 강판을 양쪽 면에 붙인 것이다.
③ 여밈대는 미서기창과 오르내리창에서 서로 여미어지는 선대이다.
④ 나이트래치는 여닫이창호의 선대에 달아 잠그는 데 사용되는 철물이다.

15 ② ㉡ 스테인리스강재창호는 일반 알루미늄창호에 비해 강도가 강하다.
㉢ 합성수지(PVC)창호는 열손실이 적어 보온성이 좋다.
㉣ 크레센트(crescent)는 미서기창이나 오르내리창의 창호철물에 사용된다.

16 ① 에칭유리는 불화수소에 부식되는 성질을 이용하여 유리면에 그림이나 무늬모양 · 문자 등을 새긴 유리로 조각유리라고도 하며, 장식용으로 사용되고 있다.

17 일반유리를 연화점 이하의 온도에서 가열하고 찬 공기를 약하게 불어주어 냉각하여 만든 유리로 내풍압 강도가 우수하여 건축물의 외벽, 개구부 등에 사용되는 유리는? 제22회

① 배강도유리
② 강화유리
③ 망입유리
④ 접합유리
⑤ 로이유리

18 유리공사에서 다음과 같은 특징을 가지고 있는 유리로 옳은 것은?

- 판유리를 약 600℃까지 가열한 후 급랭하여 강도를 높인 안전유리이다.
- 투시성은 같으나 강도가 약 5배 증가되며, 제조 후 절단 등의 가공은 불가능하다.

① 스마트유리
② 로이유리
③ 강화유리
④ 접합유리
⑤ 자외선투과유리

19 유리의 종류에 관한 설명으로 옳지 않은 것은? 제27회

① 강화유리는 판유리를 연화점 이상으로 가열 후 서서히 냉각시켜 열처리한 유리이다.
② 로이유리는 가시광선 투과율을 높인 에너지절약형 유리이다.
③ 배강도유리는 절단이 불가능하다.
④ 유리블록은 보온, 채광, 의장 등의 효과가 있다.
⑤ 접합유리는 파손시 유리파편의 비산을 방지할 수 있다.

20 반사유리나 컬러유리의 한쪽 면을 은으로 코팅한 것으로 열의 이동을 최소화시켜 주는 에너지절약형 유리는? 제23회

① 망입유리
② 로이유리
③ 스팬드럴유리
④ 복층유리
⑤ 프리즘유리

21 창호 및 유리공사에 관한 설명으로 옳지 않은 것은?

① 자재문은 자유경첩이 달려 있어 안팎으로 자유롭게 열리고 저절로 닫힌다.
② 도어체크는 여닫이문의 문 위틀과 문짝에 설치하여 자동으로 문이 닫히게 하는 장치이다.
③ 가스켓(gasket)은 유리 끼우기에 사용되는 탄성재로, 방수성 · 기밀성을 갖는 밀봉재이다.
④ 스팬드럴유리는 유리 내부에 철, 알루미늄 등의 망을 넣어 압착 성형한 유리로, 파손을 방지하고 도난 및 화재예방에 쓰인다.
⑤ 플러시문은 울거미를 짜고 중간에 살을 배치하여 양면에 합판을 교착한 문이다.

정답 및 해설

17 ① 일반유리를 연화점 이하의 온도에서 가열하고 찬 공기를 약하게 불어주어 냉각하여 만든 유리로 내풍압 강도가 우수하여 건축물의 외벽, 개구부 등에 사용되는 유리는 배강도유리이다.

18 ③ ① 스마트유리: 통과하는 빛과 열을 통제할 수 있게 만든 유리이다.
② 로이유리: 반사유리나 컬러유리를 은으로 코팅한 것으로 냉난방비를 절감할 수 있는 에너지절약형 유리이다.
④ 접합유리: 유리 사이에 플라스틱 필름을 넣고 150℃ 고열로 강하게 접착하여 파손되더라도 파편이 떨어지지 않게 만든 안전유리이다.
⑤ 자외선투과유리: 보통유리의 성분 중 철분을 줄여 자외선 투과율을 높인 유리로서 병원의 선룸, 결핵요양소, 온실 등에 사용한다.

19 ① 강화유리는 판유리를 연화점 이상으로 가열 후 급냉시켜 열처리한 유리이다.

20 ② 반사유리나 컬러유리의 한쪽 면을 은으로 코팅한 것으로 열의 이동을 최소화시켜 주는 에너지절약형 유리는 로이유리이다.

21 ④ 유리 내부에 철, 알루미늄 등의 망을 넣어 압착 성형한 유리로, 파손을 방지하고 도난 및 화재예방에 쓰이는 유리는 망입유리이다.

22 **창호 및 유리공사와 관련된 재료의 설명으로 옳지 않은 것은?**

① 접합유리는 2장 이상의 판유리 사이에 접합필름을 삽입하여 가열 압착한 것이다.
② 백업재는 실링 시공시 부재와 유리면 사이에 충전하여 유리 고정 등을 하는 자재이다.
③ 구조 가스켓(gasket)은 건(gun) 형태의 도구로 유리 사이에 시공하는 자재이며, 정형과 부정형으로 나뉜다.
④ Low-E유리는 일반유리에 얇은 금속막을 코팅하여 열의 이동을 극소화시켜 에너지의 절약을 도모한 것이다.
⑤ 열선반사유리는 판유리 한쪽 면에 열선반사를 위한 얇은 금속산화물 코팅막을 형성시켜 반사성능을 높인 것이다.

23 **(　　) 안에 들어갈 유리 명칭으로 옳은 것은?** 제25회

• (㉠)유리는 판유리에 소량의 금속산화물을 첨가하여 제작한 유리로서, 적외선이 잘 투과되지 않는 성질을 갖는다.
• (㉡)유리는 판유리 표면에 금속산화물의 얇은 막을 코팅하여 입힌 유리로서, 경면효과가 발생하는 성질을 갖는다.
• (㉢)유리는 판유리의 한쪽 면에 세라믹질 도료를 코팅하여 불투명하게 제작한 유리이다.

① ㉠: 열선흡수, ㉡: 열선반사, ㉢: 스팬드럴
② ㉠: 열선흡수, ㉡: 스팬드럴, ㉢: 복층유리
③ ㉠: 스팬드럴, ㉡: 열선흡수, ㉢: 복층유리
④ ㉠: 스팬드럴, ㉡: 열선반사, ㉢: 열선흡수
⑤ ㉠: 복층유리, ㉡: 열선흡수, ㉢: 스팬드럴

24 유리에 관한 설명으로 옳지 않은 것은?

제26회

① 강화유리는 판유리를 연화점 이상으로 열처리한 후 급랭한 것이다.
② 복층유리는 단열, 보온, 방음, 결로방지 효과가 우수하다.
③ 로이(Low-E)유리는 열적외선을 반사하는 은소재 도막을 코팅하여 단열효과를 극대화한 것이다.
④ 접합유리는 유리 사이에 접합필름을 삽입하여 파손시 유리파편의 비산을 방지한다.
⑤ 열선반사유리는 소량의 금속산화물을 첨가하여 적외선이 잘 투과되지 않는 성질을 갖는다.

25 유리가 파괴되어도 중간막(합성수지)에 의해 파편이 비산되지 않도록 한 안전유리는?

제20회

① 강화유리
② 배강도유리
③ 복층유리
④ 접합유리
⑤ 망입유리

정답 및 해설

22 ③ 가스켓(gasket)은 건(gun) 형태의 도구로 유리 사이에 시공하는 자재이며, 유리의 보호 및 지지기능 · 방수성 · 기밀성을 갖춘 정형화된 재료이다.

23 ① ㉠은 열선흡수유리, ㉡은 열선반사유리, ㉢은 스팬드럴유리에 대한 설명이다.

24 ⑤ 소량의 금속산화물을 첨가하여 적외선이 잘 투과되지 않는 성질을 갖는 유리는 열선흡수유리이다. 열선반사유리는 판유리의 한쪽 면에 금속산화물인 열선반사막을 표면에 코팅하여 얇은 막을 형성함으로써 태양열의 반사성능을 높인 유리이다.

25 ④ 유리가 파괴되어도 중간막(합성수지)에 의해 파편이 비산되지 않도록 한 안전유리는 접합유리이다.

26 유리공사에 관한 설명으로 옳지 않은 것은?

① 배수구멍은 일반적으로 5mm 이상의 지름으로 2개 이상이어야 한다.
② 복층유리는 15매 이상 겹쳐서 적치하여서는 안 되며, 각각의 판유리 사이에 완충재를 두어 보관한다.
③ 세팅블록은 유리폭의 4분의 1 지점에 각각 1개씩 설치하여 유리의 하단부가 하부 프레임에 닿지 않도록 하여야 한다.
④ 4℃ 이상의 기온에서 시공하여야 하며, 더 낮은 온도에서 시공해야 할 경우 담당원의 승인을 받은 후 시공한다.
⑤ 습도가 높은 날이나 우천시에는 담당원의 승인을 받은 후 시공하며, 실란트 작업의 경우 상대습도 90% 이상이면 작업을 하여서는 안 된다.

27 유리공사에 관한 설명으로 옳은 것은?

제19회

① 알루미늄 간봉은 단열에 우수하다.
② 로이유리는 열적외선을 반사하는 은(silver) 소재로 코팅하여 가시광선 투과율을 낮춘 유리이다.
③ 동일한 두께일 때 강화유리의 강도는 판유리의 10배 이상이다.
④ 강화유리는 일반적으로 현장에서 절단이 가능하다.
⑤ 세팅블록은 새시 하단부에 유리끼움용 부재로서 유리의 자중을 지지하는 고임재이다.

28 유리공사와 관련된 용어의 설명으로 옳지 않은 것은?

제21회

① 구조 가스켓: 클로로프렌고무 등으로 압출성형에 의해 제조되어 유리의 보호 및 지지기능과 수밀기능을 지닌 가스켓
② 그레이징 가스켓: 염화비닐 등으로 압출성형에 의해 제조된 유리끼우기용 가스켓
③ 로이유리(Low-E glass): 은소재 도막으로 코팅하여 방사율과 열관류율을 낮추고, 가시광선 투과율을 높인 유리
④ 핀홀(pin hole): 유리를 프레임에 고정하기 위하여 유리와 프레임에 설치하는 작은 구멍
⑤ 클린 컷: 유리의 절단면에 구멍흠집, 단면결손, 경사단면 등이 없도록 절단된 상태

29 유리공사에 관한 설명으로 옳은 것은? 제24회

① 방탄유리는 접합유리의 일종이다.

② 가스켓은 유리의 간격을 유지하며 흡습제의 용기가 되는 재료를 말한다.

③ 로이(Low-E)유리는 특수금속 코팅막을 실외측 유리의 외부면에 두어 단열효과를 극대화한 것이다.

④ 강화유리는 판유리를 연화점 이하의 온도에서 열처리한 후 급랭시켜 유리 표면에 강한 압축응력 층을 만든 것이다.

⑤ 배강도유리는 판유리를 연화점 이상의 온도에서 열처리를 한 후 서냉하여 유리 표면에 압축응력 층을 만든 것으로 내풍압이 우수하다.

정답 및 해설

26 ② 복층유리는 20매 이상 겹쳐서 적치하여서는 안 되며, 각각의 판유리 사이에 완충재를 두어 보관한다.

27 ⑤ ① 알루미늄 간봉은 단열에 취약하다.
② 로이유리는 열적외선을 반사하는 은(silver) 소재로 코팅하여 가시광선 투과율을 높인 유리이다.
③ 동일한 두께일 때 강화유리는 판유리의 강도보다 굽힘 강도는 3~5배, 내충격은 5~8배 강화되며, 내열강도(열충격저항)는 약 2배 이상 크다.
④ 강화유리는 일반적으로 현장에서 절단이 불가능하다.

28 ④ 유리를 지지하기 위하여 창틀에 설치하는 홈은 끼우기 홈으로, 그 홈의 단면치수는 끼우기 판유리의 두께에 따라 내풍압성능·내진성능·열깨짐 방지성능 등을 고려하여 정한다.

29 ① ② 가스켓은 금속이나 그 밖의 재료가 서로 접촉할 경우, 접촉면에서 가스나 물이 새지 않도록 하기 위하여 끼워 넣는 패킹이다.
③ 로이(Low-E)유리는 특수금속 코팅막을 실내측 유리의 외부면에 두어 단열효과를 극대화한 것이다.
④ 강화유리는 판유리를 연화점 이상의 온도에서 열처리한 후 급랭시켜 유리 표면에 강한 압축응력 층을 만든 것이다.
⑤ 배강도유리는 판유리를 연화점 이하의 온도에서 열처리를 한 후 서냉하여 유리 표면에 압축응력 층을 만든 것으로 내풍압이 우수하다.

제10장 수장공사

대표예제 37 **벽★**

다음의 용어에 관한 설명 중 옳지 않은 것은? 제14회

① 코너비드: 기둥과 벽의 모서리 등을 보호하기 위해 설치하는 것
② 코펜하겐리브: 음향조절을 하기 위해 오림목을 특수한 형태로 다듬어 벽에 붙여 대는 것
③ 걸레받이: 바닥과 접한 벽체 하부의 보호 및 오염방지를 위하여 높이 10~20cm 정도로 설치하는 것
④ 고막이: 벽면 상부와 천장이 접하는 곳에 설치하는 수평가로재로, 경계를 구획하고 디자인이나 장식을 목적으로 하는 것
⑤ 멀리온(mullion): 창의 면적이 클 경우 창의 개폐시 진동으로 유리가 파손될 우려가 있으므로 창의 면적을 분할하기 위하여 설치하는 것

해설 | 고막이는 외벽의 지면에서 50cm 정도의 높이로 벽면보다 1~3cm 정도 내밀거나 들어가게 처리한 부분이다.

기본서 p.307~308

정답 ④

01 **양면에 내열성이 우수한 두꺼운 종이를 밀착시켜 판으로 압축시킨 것으로, 내벽이나 천장 마감공사에 쉽게 부착할 수 있는 단열 및 방화용 마감은?**

① 석면슬레이트마감
② 석회미장마감
③ 경질텍스마감
④ 석고보드판마감
⑤ 아스팔트모르타르마감

02 다음 글의 용도로 사용되는 재료로 옳은 것은?

- 너비 10cm 이하의 오림목을 특수한 단면으로 쇠시리(moulding)하여 벽에 붙인 것으로 음향조절 효과와 의장적인 효과를 위하여 사용한다.
- 방송국, 극장 등에 사용되며 목재루버라고도 한다.

① 연질섬유판 ② 징두리판벽 ③ 코펜하겐리브
④ 석고보드판마감 ⑤ 고막이

대표예제 38 바닥★

바닥마감판을 필요에 따라 들어내어 파이프, 전선 등의 설치를 용이하게 할 수 있는 바닥은?

제13회

① 프리액세스(free access)바닥
② 데크 플레이트(deck plate)바닥
③ 프리캐스트 콘크리트(precast concrete)바닥
④ 프리스트레스트 콘크리트(prestressed concrete)바닥
⑤ ALC(Autoclaved Lightweight Concrete)바닥

해설 | 바닥마감판을 필요에 따라 들어내어 파이프나 전선 등의 설치를 용이하게 할 수 있는 바닥은 프리액세스(free access)바닥이다.

기본서 p.309~310

정답 ①

정답 및 해설

01 ④ 석고보드판마감은 양면에 내열성이 우수한 두꺼운 종이를 밀착시켜 판으로 압축시킨 것으로, 내벽이나 천장 마감공사에 쉽게 부착할 수 있다.

02 ③ ① 연질섬유판: 식물섬유를 주원료로 하여 화학적 · 물리적 처리를 통해 섬유화한 것을 뽑아내거나 열압으로 성형하여 만든 것으로, 단열 · 보온 · 흡음성이 있어 지붕이나 천장, 벽, 마루 등의 밑바닥 재료로 사용되고 있다.
② 징두리판벽: 내부벽 바닥에서 높이 1~1.5m 정도를 판벽으로 한 것을 징두리판벽이라 한다.
④ 석고보드판: 양면에 내열성이 우수한 두꺼운 종이를 밀착시켜 판으로 압축시킨 것으로, 내벽이나 천장 마감공사에 쉽게 부착할 수 있다.
⑤ 고막이: 외벽의 바깥쪽 부분에 지면에서 약 50cm 정도의 높이로 벽면보다 약 1~3cm 정도 나오게 하거나 들어가게 한 것이다.

03 다음의 용어에 관한 설명 중 옳지 않은 것은?

① 테라코타는 속이 빈 대형 점토제품으로 건축물의 난간벽, 주두 등의 장식에 사용된다.
② 코펜하겐리브는 오림목을 특수형태로 다듬어 벽에 붙여 댄 것으로 음향조절용으로 사용된다.
③ 크레센트는 오르내리창 등의 잠금장치이다.
④ 수장공사에서 고막이는 지면으로부터 높이 약 500mm 정도의 외벽 하부를 벽면에서 약 10~30mm 정도 나오게 하거나 들어가게 한 것이다.
⑤ 살대반자는 반자틀을 격자로 짜고 그 위에 넓은 널을 덮은 반자이다.

04 경량철골 천장틀이나 배관 등을 매달기 위하여 콘크리트에 미리 묻어 넣은 철물은?

제23회

① 익스팬션 볼트(expansion bolt)
② 코펜하겐리브(copenhagen rib)
③ 드라이브 핀(drive pin)
④ 멀리온(mullion)
⑤ 인서트(insert)

대표예제 39 도배공사★

도배공사에 대한 설명으로 옳지 않은 것은? 제11회

① 시공 전에 바탕면을 건조시킨다.
② 이음 부위에는 들뜸방지 조치를 한다.
③ 온통붙임은 도배지 전부에 풀칠하는 방법이다.
④ 봉투붙임은 도배지 한쪽 면에 풀칠하는 방법이다.
⑤ 도배지에는 초배지, 재배지 및 정배지 등이 있다.

해설 | 봉투붙임은 도배지 종이 주위에 풀칠하는 방법이고, 도배지 한쪽 면에 풀칠하는 방법은 비늘붙임(한쪽 풀칠)이다.

기본서 p.313

정답 ④

05 도배공사에 관한 설명으로 옳지 않은 것은? 제14회

① 도배지 보관장소의 온도는 5℃ 이상으로 유지되도록 한다.
② 창호지는 갓둘레풀칠을 하여 붙이는 것을 원칙으로 한다.
③ 도배지를 완전하게 접착시키기 위하여 접착과 동시에 롤링을 하거나 솔질을 해야 한다.
④ 두꺼운 종이, 장판지 등은 물을 뿌려두거나 풀칠하여 2시간 정도 방치한 다음 풀칠을 고르게 하여 붙인다.
⑤ 도배공사를 시작하기 72시간 전부터 시공 후 48시간이 경과할 때까지는 시공장소의 온도가 16℃ 이상으로 유지되도록 한다.

대표예제 40 계단★

계단 각부에 관한 명칭으로 옳은 것을 모두 고른 것은? 제25회

㉠ 디딤판 ㉡ 챌판 ㉢ 논슬립
㉣ 코너비드 ㉤ 엔드탭

① ㉠, ㉡, ㉢
② ㉠, ㉡, ㉤
③ ㉠, ㉢, ㉣
④ ㉡, ㉣, ㉤
⑤ ㉢, ㉣, ㉤

해설 | ㉠ 디딤판은 계단을 오르내릴 때 디디는 널이다.
㉡ 챌판은 계단의 디딤판과 디딤판 사이에 수직으로 댄 판이다.
㉢ 논슬립은 발이 미끄러지는 것과 계단코가 닳는 것을 막기 위하여 계단코에 대는 철물로, 놋쇠 따위의 금속으로 만든다.
㉣ 코너비드는 벽·기둥 등의 모서리를 보호하기 위하여 사용하는 보호용 철물이다.
㉤ 엔드탭은 용접의 시점과 종점에 용접 불량을 방지하기 위해 설치하는 금속판이다.

기본서 p.314~315 정답 ①

정답 및 해설

03 ⑤ 살대반자는 반자틀 밑에 합판이나 널을 대고 그 밑에 45cm 간격으로 살대를 설치한 것이다.
04 ⑤ 경량철골 천장틀이나 배관 등을 매달기 위하여 콘크리트에 미리 묻어 넣은 철물은 인서트(insert)이다.
05 ② 창호지는 온통붙임을 하여 붙이는 것을 원칙으로 한다.

제11장 도장공사

대표예제 41 **도장공사★★★**

도장공사에 대한 설명으로 옳지 않은 것은? 제11회

① 도장면은 가능한 한 직사일광을 피한다.
② 도막의 건조는 매회 충분히 하여야 한다.
③ 바람이 심할 때에는 작업을 피하는 것이 좋다.
④ 매회 두껍게 도장하여 도장 횟수를 줄이는 것이 좋다.
⑤ 도장 횟수를 구별하기 위하여 매회 칠의 색깔을 조금씩 다르게 한다.

해설 | 도막의 두께는 매회 얇게 여러 번 바르는 것이 좋다.

기본서 p.321~325 정답 ④

01 **도료의 사용목적이 아닌 것은?** 제26회

① 단면증가 ② 내화
③ 방수 ④ 방청
⑤ 광택

02 **도장공사시 잔금 및 균열의 원인으로 옳지 않은 것은?**

① 기온차가 심한 경우
② 초벌칠 건조가 불충분할 경우
③ 건조제를 과다 사용할 경우
④ 초벌칠과 재벌칠의 재질이 다를 경우
⑤ 초벌칠과 재벌칠의 색상을 다르게 했을 경우

03 도장공사 및 재료에 관한 설명으로 옳지 않은 것은?

① 도장공사의 목적은 방부 · 방습 · 방청 등의 특수목적의 달성, 물체의 보호, 외관의 미화 등이다.

② 도료를 사용하기 위해 개봉할 때에는 담당원의 입회하에 개봉하는 것을 원칙으로 한다.

③ 별도의 지시가 없을 경우 스테인리스강, 크롬판, 동, 주석 또는 이와 같은 금속으로 마감된 재료는 도장하지 않는다.

④ 가소제는 건조된 도막의 내구력을 증가시키는 데 사용된다.

⑤ 안료는 분산제로서 도장의 색상을 내며 햇빛으로부터 결합재의 손상을 방지한다.

04 가연성 도료의 보관 및 취급에 관한 설명으로 옳지 않은 것은?

① 사용하는 도료는 될 수 있는 대로 밀봉하여 새거나 엎지르지 않게 다루고, 샌 것 또는 엎지른 것은 발화의 위험이 없도록 닦아낸다.

② 건물 내의 일부를 도료의 저장장소로 이용할 때는 내화구조 또는 방화구조로 된 구획된 장소를 선택한다.

③ 지붕과 천장은 불에 잘 타지 않는 난연재료로 한다.

④ 바닥에는 침투성이 없는 재료를 깐다.

⑤ 도료가 묻은 헝겊 등 자연발화의 우려가 있는 것을 도료보관창고 안에 두어서는 안되며, 반드시 소각시켜야 한다.

정답 및 해설

01 ① 도료의 사용목적

물체의 보호	물체의 부식이나 노후로부터 보호한다.
의장적 효과	무늬와 광택으로 표면을 아름답게 하여 의장효과와 형상의 변화를 준다.
특수목적	방충, 방부, 방수, 방습, 전기전도율 조절, 음의 난반사 및 흡수조절, 방사선 차폐 등의 기능을 한다.

02 ⑤ 초벌칠과 재벌칠의 색상을 다르게 한 것은 도장공사시 잔금 및 균열의 원인과 관련이 없다.

03 ⑤ 안료는 분산제가 아닌 착색제로서 도료의 색채를 나타내고, 물체의 내구력 증진을 위하여 사용된다.

04 ③ 지붕은 불연재료로 하고, 천장은 설치하지 않는다.

05 도장공사에 관한 설명으로 옳지 않은 것은?

① 도료의 배합비율 및 시너의 희석비율은 용적비로 표시한다.
② 녹, 유해한 부착물 및 노화가 심한 기존의 도막은 완전히 제거한다.
③ 가연성 도료는 전용 창고에 보관하는 것을 원칙으로 하며, 적절한 보관온도를 유지하도록 한다.
④ 도료는 바탕면의 조밀, 흡수성 및 기온의 상승 등에 따라 배합 규정의 범위 내에서 도장하기에 적당하도록 조절한다.
⑤ 도금된 표면, 스테인리스강, 크롬판, 동, 주석 또는 이와 같은 금속으로 마감된 재료는 별도의 지시가 없으면 도장하지 않는다.

06 도장공사에 관한 설명으로 옳지 않은 것은?

① 유성페인트는 건성유와 안료를 희석제로 섞어 만든 도료로서, 목부 및 철부에 사용된다.
② 합성수지페인트는 인공의 화합물을 이용하여 만든 도료로서, 콘크리트나 플라스터면 등에 사용된다.
③ 본타일은 모르타르면에 스프레이를 이용하여 뿜칠도장으로 요철모양을 형성한 후 마감처리한 것이다.
④ 수성페인트는 안료를 물에 용해하여 수용성 교착제와 혼합하여 제조한 도료로서, 모르타르나 회반죽 등의 바탕에 사용된다.
⑤ 에나멜페인트는 휘발성 용제나 지방유에 각종 수지를 용해시켜 제조한 도료로서, 주로 목재의 무늬를 나타내기 위하여 사용된다.

07 유성바니시(유성니스)에 페인트용 안료를 섞은 것으로, 일반 유성페인트보다 도막이 두껍고 광택이 좋은 도료는? 제19회

① 수성페인트(water paint)
② 멜라민수지도료(melamine resin paint)
③ 래커(lacquer)
④ 에나멜페인트(enamel paint)
⑤ 에멀션페인트(emulsion paint)

08 도장공사에 관한 설명으로 옳지 않은 것은?

① 롤러도장은 붓도장보다 도장속도가 빠르며, 붓도장과 같이 일정한 도막두께를 유지할 수 있는 장점이 있다.
② 방청도장에서 처음 1회째의 녹막이 도장은 가공장에서 조립 전에 도장함이 원칙이다.
③ 주위의 기온이 5℃ 미만이거나 상대습도가 85%를 초과할 때는 도장작업을 피한다.
④ 스프레이도장에서 도장거리는 스프레이 도장면에서 300mm를 표준으로 하고 압력에 따라 가감한다.
⑤ 불투명한 도장일 때에는 하도 · 중도 · 상도 공정의 각 도막 층별로 색깔을 가능한 한 달리한다.

09 도장공사에 관한 설명으로 옳은 것은?

제22회

① 유성페인트는 내화학성이 우수하여 콘크리트용 도료로 널리 사용된다.
② 철재면 바탕만들기는 일반적으로 가공장소에서 바탕재 조립 전에 한다.
③ 기온이 10℃ 미만이거나 상대습도가 80%를 초과할 때에는 도장작업을 피한다.
④ 뿜칠시공시 약 40cm 정도의 거리를 두고 뿜칠넓이의 4분의 1 정도가 겹치도록 한다.
⑤ 롤러도장은 붓도장보다 도장속도가 빠르며 일정한 도막두께를 유지할 수 있다.

정답 및 해설

05 ① 도료의 배합비율 및 시너의 희석비율은 중량비로 표시한다.

06 ⑤ 에나멜페인트는 안료를 유성바니시에 용해한 것으로 광택이 뛰어나고, 피막이 강인하여 주로 금속면에 사용된다.

07 ④ 유성바니시(유성니스)에 페인트용 안료를 섞은 것으로, 일반 유성페인트보다 도막이 두껍고 광택이 좋은 도료는 에나멜페인트(enamel paint)이다.

08 ① 롤러도장은 붓도장보다 도장속도가 빠르지만 붓도장같이 일정한 도막두께를 유지하기가 매우 어렵다.

09 ② ① 유성페인트는 내후성과 내화학성이 우수하여 목재나 금속에 사용되지만 알칼리성에 약하므로 콘크리트용 도료로 사용하지 않는다.
③ 기온이 5℃ 미만이거나 상대습도가 85%를 초과할 때에는 도장작업을 피한다.
④ 뿜칠시공시 약 30cm 정도의 거리를 두고 뿜칠넓이의 3분의 1 정도가 겹치도록 한다.
⑤ 롤러도장은 붓도장보다 도장속도가 빠르지만 일정한 도막두께를 유지하는 것이 어렵다.

10 도장공사에 관한 설명으로 옳지 않은 것은?

① 목재면 바탕만들기에서 목재의 연마는 바탕연마와 도막마무리연마 2단계로 행한다.
② 철재면 바탕만들기는 일반적으로 가공장소에서 바탕재 조립 후에 한다.
③ 아연도금면 바탕만들기에서 인산염 피막처리를 하면 밀착이 우수하다.
④ 플라스터면은 도장하기 전 충분히 건조시켜야 한다.
⑤ 5℃ 이하의 온도에서 수성도료 도장공사는 피한다.

11 도장공사에 관한 설명으로 옳지 않은 것은? 제21회

① 불투명한 도장일 때 하도·중도·상도의 색깔은 가능한 한 달리한다.
② 스프레이건은 뿜칠면에 직각으로 평행운행하며 뿜칠너비의 3분의 1 정도 겹치도록 시공한다.
③ 롤러칠은 붓칠보다 속도가 빠르나 일정한 도막두께를 유지하기 어렵다.
④ 징크로메이트 도료는 철재 녹막이용으로 철재의 내구연한을 증대시킨다.
⑤ 처음 1회 방청도장은 가공장소에서 조립 전 도장을 원칙으로 한다.

12 도장공사에 관한 설명으로 옳지 않은 것은? 제23회

① 녹막이도장의 첫 번째 녹막이칠은 공장에서 조립 후에 도장함을 원칙으로 한다.
② 뿜칠공사에서 건(spray gun)은 도장면에서 300mm 정도 거리를 두어서 시공하고, 도장면과 평행이동하여 뿜칠한다.
③ 롤러칠은 평활하고 큰 면을 칠할 때 사용한다.
④ 뿜칠은 압력이 낮으면 거칠고, 높으면 칠의 유실이 많다.
⑤ 솔질은 일반적으로 위에서 아래로, 왼쪽에서 오른쪽으로 칠한다.

13 도장공사의 하자가 아닌 것은? 제24회

① 은폐불량 ② 백화
③ 기포 ④ 핀홀
⑤ 피트

종합

14 철골구조의 도장 및 도금에 관한 설명으로 옳지 않은 것은?

① 도료의 배합비율은 용적비로 표시한다.
② 철재 바탕일 경우, 도장 도료 견본 크기는 300 × 300mm로 한다.
③ 가연성 도료는 전용창고에 보관하는 것을 원칙으로 한다.
④ 운전부품 및 라벨에는 도장하지 않는다.
⑤ 볼트는 형상에 요철이 많고 부식이 쉬우므로 도장하기 전에 방식대책을 수립하여야 한다.

15 도장공사에 관한 설명으로 옳은 것은?

제27회

① 바니시(varnish)는 입체무늬 등의 도막이 생기도록 만든 에나멜이다.
② 롤러도장은 붓도장보다 도장속도가 느리지만 일정한 도막두께를 유지할 수 있다.
③ 도료의 견본품 제출시 목재 바탕일 경우 100mm × 200mm 크기로 제출한다.
④ 수지는 물이나 용체에 녹지 않는 무채 또는 유채의 분말이다.
⑤ 철재면 바탕만들기는 일반적으로 가공장소에서 바탕재 조립 후에 한다.

정답 및 해설

10 ② 철재면 바탕만들기는 일반적으로 가공장소에서 바탕재 조립 전에 한다.

11 ④ 징크로메이트는 알루미늄 녹막이용 도료이다.

12 ① 녹막이도장의 첫 번째 녹막이칠은 공장에서 조립 전에 도장함을 원칙으로 한다.

13 ⑤ 피트는 용접결함의 종류이다.

14 ① 도료의 배합비율은 중량비로 표시한다.

15 ③ ① 바니시(varnish)는 건조가 느리고 내후성이 떨어지므로 외부용으로 사용하지 않으며 투명 피막이므로 목부 칠용으로 사용된다.
② 롤러도장은 붓도장보다 도장속도가 빠르지만, 일정한 도막두께 유지가 어렵다.
④ 수지는 도막을 형성하는 주요소로 용융이 가능하고 가연성이 있는 것이 보통이며, 천연수지와 합성수지(플라스틱)로 크게 구분한다. 천연수지는 일반적으로 물에는 녹지 않고 알코올, 에테르 등 유기 용매에는 잘 녹는다. 투명 또는 반투명성이며 황색 또는 갈색을 띠는 것이 많다.
⑤ 철재면 바탕만들기는 일반적으로 가공장소에서 바탕재 조립 전에 한다.

제12장 건축적산

대표예제 42 **개요** ★★★

건축적산과 견적에 대한 설명으로 옳지 않은 것은? 제11회

① 견적의 정확도는 명세견적보다 개산견적이 높다.
② 시멘트벽돌의 소요량은 정미량에 5% 할증을 가산하여 구한다.
③ 실행예산은 건설회사에서 공사를 수행하기 위한 소요공사비이다.
④ 표준품셈이란 단위 작업당 소요되는 재료수량, 노무량 및 장비사용시간 등을 수치로 표시한 견적기준이다.
⑤ 견적은 산출된 수량에 단가를 곱하여 금액을 계산한 후 부대비용 등을 합하여 총공사비를 산출하는 것이다.

해설 | 견적의 정확도는 개산견적보다 명세견적이 높다.

기본서 p.333~337

정답 ①

01 **원가개념에 관한 설명으로 옳지 않은 것은?** 제20회

① 개산견적은 입찰가격을 결정하는 데 기초가 되는 정밀견적으로 입찰견적이라고도 한다.
② 예정가격 작성기준상 직접공사비는 재료비, 직접노무비, 직접공사경비로 구성된다.
③ 산업안전보건관리비는 작업현장에서 산업재해 및 건강장해를 예방하기 위한 비용으로 경비에 포함된다.
④ 수장용 합판의 할증률은 5%이다.
⑤ 지상 30층 건물의 경우 품의 할증률은 7%이다.

02 적산 및 견적과 관련된 용어의 설명으로 옳지 않은 것은?

① 일반관리비는 기업 유지를 위한 관리활동 부문의 비용이다.
② 직접재료비는 당해 공사목적물의 실체를 형성하는 데 소요되는 재료비이다.
③ 재료의 정미량은 설계도서에 표시된 치수에 의해 산출된 수량이다.
④ 품셈은 어떤 물체를 인력이나 기계로 만드는 데 들어가는 단위당 노력 및 재료의 수량이다.
⑤ 견적은 공사에 필요한 재료 및 품을 구하는 기술활동이며, 적산은 공사량에 단가를 곱하여 공사비를 구하는 기술활동이다.

03 건축 적산 및 견적에 관한 설명으로 옳지 않은 것은?

제25회

① 적산은 공사에 필요한 재료 및 품의 수량을 산출하는 것이다.
② 명세견적은 완성된 설계도서, 현장설명, 질의응답 등에 의해 정밀한 공사비를 산출하는 것이다.
③ 개산견적은 설계도서가 미비하거나 정밀한 적산을 할 수 없을 때 공사비를 산출하는 것이다.
④ 품셈은 단위공사량에 소요되는 재료, 인력 및 기계력 등을 단가로 표시한 것이다.
⑤ 일위대가는 재료비에 가공 및 설치비 등을 가산하여 단위단가로 작성한 것이다.

정답 및 해설

01 ① 명세견적은 입찰가격을 결정하는 데 기초가 되는 정밀견적으로 입찰견적이라고도 한다.

02 ⑤ 적산은 공사에 필요한 재료 및 품을 구하는 기술활동이며, 견적은 공사량에 단가를 곱하여 공사비를 구하는 기술활동이다.

03 ④ 품셈은 품이 드는 수효와 값을 계산하는 일이다.
▶ 표준품셈은 건설공사 중 대표적이며 일반화된 공종(工種)과 공법을 기준으로 하여 공사에 소요되는 자재 및 공량(工量)을 정하여 정부 및 지방자치단체, 정부투자기관이 공사의 예정가격을 산정하기 위한 기준이다.

04 적산 및 견적에 관한 설명으로 옳지 않은 것은?

제26회

① 할증률은 판재, 각재, 붉은 벽돌, 유리의 순으로 작아진다.
② 본사 및 현장의 여비, 교통비, 통신비는 일반관리비에 포함된다.
③ 이윤은 공사원가 중 노무비, 경비, 일반관리비 합계액의 15%를 초과 계상할 수 없다.
④ $10m^2$ 이하의 소단위 건축공사에서는 최대 50%까지 품을 할증할 수 있다.
⑤ 품셈이란 공사의 기본단위에 소요되는 재료, 노무 등의 수량으로 단가와는 무관하다.

05 다음은 공사비 구성의 분류표이다. (　　) 안에 들어갈 항목으로 옳은 것은?

제22회

<table>
<tr><td rowspan="7">총공사비</td><td>부가이윤</td><td colspan="3"></td></tr>
<tr><td rowspan="6">총원가</td><td>일반관리비부담금</td><td colspan="2"></td></tr>
<tr><td rowspan="5">공사원가</td><td>간접공사비</td><td></td></tr>
<tr><td rowspan="4">(　　)</td><td>재료비</td></tr>
<tr><td>노무비</td></tr>
<tr><td>외주비</td></tr>
<tr><td>경비</td></tr>
</table>

① 공통경비
② 직접경비
③ 직접공사비
④ 간접경비
⑤ 현장관리비

06 건축 적산 및 견적에 관한 설명으로 옳지 않은 것은?

제27회

① 비계, 거푸집과 같은 가설재는 간접재료비에 포함된다.
② 직접노무비에는 현장감독자의 기본급이 포함되지 않는다.
③ 개산견적은 과거 유사건물의 견적자료를 참고로 공사비를 개략적으로 산출하는 방법이다.
④ 공사원가는 일반관리비와 이윤을 포함한다.
⑤ 아파트 적산의 경우 단위세대에서 전체로 산출한다.

07 원가계산에 의한 예정가격작성준칙에 따라 공사비를 산정할 때 순공사원가(직접공사비)에 포함되지 않는 것은?

① 경비
② 노무비
③ 일반관리비
④ 직접재료비
⑤ 간접재료비

08 공사비 구성에 관한 설명으로 옳지 않은 것은?

① 일반적으로 공사의 예정가격은 공사 총원가에 부가가치세를 합한 것이다.
② 소모재료비, 소모공구 · 기구 · 비품비는 간접재료비에 속한다.
③ 노무비는 직접노무비와 간접노무비로 구분한다.
④ 현장에서 사용하는 전력비, 운반비, 가설비는 일반관리비에 속한다.
⑤ 기술료, 품질관리비, 연구개발비는 경비에 속한다.

09 표준품셈에 의한 각 재료의 할증률로 옳지 않은 것은?

① 시멘트블록: 4%
② 이형철근: 3%
③ 시멘트벽돌: 5%
④ 단열재: 5%
⑤ 유리: 1%

정답 및 해설

04 ② 일반관리비는 임직원 급료, 본사 직원의 급료 등 기업유지를 위한 관리활동에 사용되는 비용을 말한다. 전력비, 운반비, 기계정비비, 가설비, 특허권사용료, 기술료, 시험검사비, 지급임차료, 보험료, 보관비, 외주가공비, 안전관리비, 기타 현장에 사용되는 비용은 경비이다.
▶ 재료별 할증률은 판재(10%), 각재(5%), 붉은 벽돌(3%), 유리(1%)이다.

05 ③ 재료비, 노무비, 외주비, 경비로 구성된 금액을 직접공사비라 한다.

06 ④ 공사원가는 순공사비와 현장경비의 합이다.

07 ③ 순공사원가(직접공사비)에 포함되지 않는 것은 일반관리비이며, 일반관리비는 총원가에 포함된다.

08 ④ 일반관리비는 임직원 급료 등 기업의 유지를 위하여 발생하는 제 비용으로 공사원가에 일정비율을 곱하여 구하는 비용이다.

09 ④ 단열재의 할증률은 10%이다.

10 **표준품셈에서 재료의 할증률로 옳은 것은?** 제21회

① 이형철근: 3%
② 시멘트벽돌: 3%
③ 목재(각재): 3%
④ 고장력볼트: 5%
⑤ 유리: 5%

11 **소요수량 산출시 할증률이 가장 작은 재료는?** 제23회

① 도료
② 이형철근
③ 유리
④ 일반용 합판
⑤ 석고보드

12 **건축 표준품셈의 설명으로 옳지 않은 것은?**

① 이형철근의 할증률은 3%이다.
② 비닐타일의 할증률은 5%이다.
③ 상시 일반적으로 사용하는 일반공구 및 시험용 계측기구류의 공구손료는 인력품의 3%까지 계상한다.
④ 20층 이하 건물 품의 할증률은 7%이다.
⑤ 소음, 진동 등의 사유로 작업능력 저하가 현저할 때 품의 할증시 50%까지 가산할 수 있다.

13 **표준품셈의 적용에 관한 설명으로 옳지 않은 것은?**

① 일일 작업시간은 8시간을 기준으로 한다.
② 건설공사의 예정가격 산정시 공사규모, 공사기간 및 현장조건 등을 감안하여 가장 합리적인 공법을 채택한다.
③ 볼트의 구멍은 구조물의 수량에서 공제한다.
④ 수량의 단위는 C.G.S.단위를 원칙으로 한다.
⑤ 철근콘크리트의 일반적인 추정 단위중량은 $2.4ton/m^3$이다.

14 건설공사 표준품셈의 적용기준에 관한 설명으로 옳은 것은?

① 시멘트벽돌의 할증은 3%로 한다.
② 철근콘크리트의 단위중량은 2,300kg/m^{3}이다.
③ 수량의 계산은 지정소수위 이하 1단위까지 구하고 끝수는 버린다.
④ 콘크리트 체적 계산시 콘크리트에 배근된 철근의 체적은 제외한다.
⑤ 재료 및 자재단가에 운반비가 포함되어 있지 않은 경우 구입 장소로부터 현장까지의 운반비를 계상할 수 있다.

15 재료의 일반적인 추정 단위중량(kg/m^3)으로 옳지 않은 것은? 제24회

① 철근콘크리트: 2,400
② 보통콘크리트: 2,200
③ 시멘트모르타르: 2,100
④ 시멘트(자연상태): 1,500
⑤ 물: 1,000

정답 및 해설

10 ① ② 시멘트벽돌: 5%
③ 목재(각재): 5%
④ 고장력볼트: 3%
⑤ 유리: 1%

11 ③ 유리(1%) < 도료(2%) < 이형철근 · 일반용 합판(3%) < 석고보드(5%)

12 ④ 20층 이하 건물 품의 할증률은 5%이다.

13 ③ 볼트의 구멍은 구조물의 수량에서 공제하지 않는다.

14 ⑤ ① 시멘트벽돌의 할증은 5%로 한다.
② 철근콘크리트의 단위중량은 2,400kg/m^{3}이다.
③ 수량의 계산은 지정소수위 이하 1단위까지 구하고 끝수는 4사5입한다.
④ 콘크리트 체적 계산시 콘크리트에 배근된 철근의 체적은 제외하지 않는다.

15 ② 보통콘크리트의 단위중량은 2300kg/m^{3}이다.

대표예제 43 공사별 수량 산출★★★

다음 조건에서 벽 면적 $150m^2$에 소요되는 콘크리트(시멘트)벽돌의 정미량(매)은? (단, 재료의 할증은 없으며, 소수점 첫째자리에서 반올림한다) 제19회

조건: 표준형 벽돌(190 × 90 × 57mm), 벽 두께 1.0B, 줄눈너비 10mm

① 11,250매
② 11,813매
③ 22,350매
④ 23,468매
⑤ 33,600매

해설 | 정미량 = $150m^2$ × 149매 = 22,350매

기본서 p.337~341

정답 ③

16 길이 6m, 높이 2m의 벽체를 두께 1.0B로 쌓을 때 필요한 표준형 시멘트벽돌의 정미량은? (단, 줄눈너비는 10mm를 기준으로 하고, 모르타르 배합비는 1 : 3이다) 제27회

① 1,720매
② 1,754매
③ 1,788매
④ 1,822매
⑤ 1,856매

고난도

17 벽돌 담장의 크기를 길이 8m, 높이 2.5m, 두께 2.0B[콘크리트(시멘트)벽돌 1.5B + 붉은 벽돌 0.5B]로 할 때 콘크리트(시멘트)벽돌과 붉은 벽돌의 정미량은? (단, 사용 벽돌은 모두 표준형 190 × 90 × 57mm로 하고, 줄눈은 10mm로 하며, 소수점 이하는 무조건 올림한다) 제25회

① 콘크리트(시멘트)벽돌: 1,500매, 붉은 벽돌: 4,704매
② 콘크리트(시멘트)벽돌: 1,545매, 붉은 벽돌: 4,480매
③ 콘크리트(시멘트)벽돌: 4,480매, 붉은 벽돌: 1,500매
④ 콘크리트(시멘트)벽돌: 4,480매, 붉은 벽돌: 1,545매
⑤ 콘크리트(시멘트)벽돌: 4,704매, 붉은 벽돌: 1,545매

18 길이 10m, 높이 4m, 두께 1.0B인 벽체를 표준형 콘크리트(시멘트)벽돌(190 × 90 × 57mm)로 쌓을 때의 소요량은? (단, 줄눈은 10mm로 한다) 제20회

① 3,000매
② 3,150매
③ 5,960매
④ 6,258매
⑤ 8,960매

19 길이 12.0m, 높이 3.0m인 벽체를 1.5B(내부 1.0B 시멘트벽돌, 외부 0.5B 붉은 벽돌)로 쌓을 때 외부에 쌓는 0.5B 붉은 벽돌(190mm × 90mm × 57mm)의 소요량은? (단, 줄눈은 10mm로 한다) 제21회

① 2,700매
② 2,781매
③ 2,800매
④ 2,888매
⑤ 2,991매

정답 및 해설

16 ③ 시멘트벽돌의 정미량 = 6m × 2m × 149매 = 1,788매

17 ③ • 시멘트벽돌의 정미량 = 8m × 2.5m × 224매 = 4,480매
• 붉은 벽돌의 정미량 = 8m× 2.5m × 75매 = 1,500매

18 ④ 소요량 = 정미량 × 할증률 = 10m × 4m × 149매 × 1.05 = 6,258매

19 ② 소요량 = 정미량 × 할증률 = 12m × 3m × 75매 × 1.03 = 2,781매

고난도

20 화단 벽체를 조적으로 시공하고자 한다. 길이 12m, 높이 1m, 두께 1.5B[내부 콘크리트(시멘트)벽돌 1.0B, 외부 붉은 벽돌 0.5B]로 쌓을 때 콘크리트(시멘트)벽돌과 붉은 벽돌의 소요량은? [단, 벽돌의 크기는 표준형(190 × 90 × 57mm)으로 하고, 줄눈은 10mm로 하며, 소수점 이하는 무조건 올림으로 한다] 제22회

① 콘크리트(시멘트)벽돌: 945매, 붉은 벽돌: 1,842매
② 콘크리트(시멘트)벽돌: 1,842매, 붉은 벽돌: 927매
③ 콘크리트(시멘트)벽돌: 1,842매, 붉은 벽돌: 945매
④ 콘크리트(시멘트)벽돌: 1,878매, 붉은 벽돌: 927매
⑤ 콘크리트(시멘트)벽돌: 1,878매, 붉은 벽돌: 945매

21 면적 $100m^2$ 벽체를 콘크리트(시멘트)벽돌(190 × 90 × 57mm)을 이용하여 0.5B 두께로 쌓을 때 콘크리트(시멘트)벽돌의 소요량은? (단, 줄눈은 10mm로 한다) 제23회

① 6,695매
② 6,825매
③ 7,500매
④ 7,725매
⑤ 7,875매

고난도

22 길이 15m, 높이 3m의 내벽을 바름두께 20mm 모르타르 미장을 할 때, 재료할증이 포함된 시멘트와 모래의 양은 약 얼마인가? (단, 모르타르 $1m^3$당 재료의 양은 아래 표를 참조하며, 재료의 할증이 포함되어 있다)

시멘트(kg)	모래(m^3)
510	1.1

① 시멘트 359kg, 모래 $0.79m^3$
② 시멘트 359kg, 모래 $0.89m^3$
③ 시멘트 359kg, 모래 $0.99m^3$
④ 시멘트 459kg, 모래 $0.89m^3$
⑤ 시멘트 459kg, 모래 $0.99m^3$

고난도

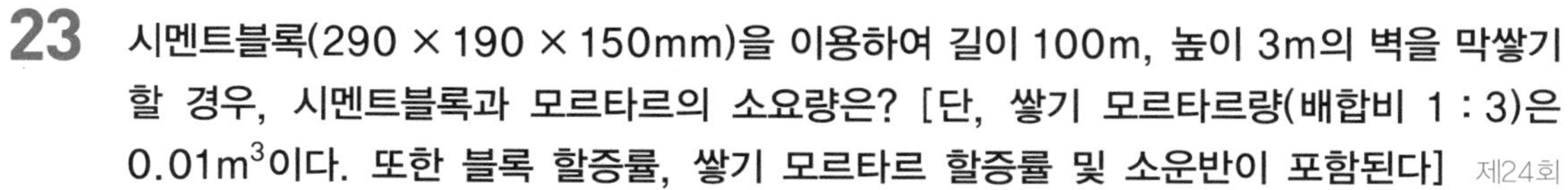

23

시멘트블록(290 × 190 × 150mm)을 이용하여 길이 100m, 높이 3m의 벽을 막쌓기 할 경우, 시멘트블록과 모르타르의 소요량은? [단, 쌓기 모르타르량(배합비 1 : 3)은 $0.01m^3$이다. 또한 블록 할증률, 쌓기 모르타르 할증률 및 소운반이 포함된다] 제24회

① 3,900매, $2.1m^3$
② 3,900매, $3.0m^3$
③ 4,500매, $3.0m^3$
④ 5,100매, $2.1m^3$
⑤ 5,100매, $3.0m^3$

24

타일 1장의 크기가 200mm × 200mm이고, 줄눈너비가 6mm일 때, 벽면적 $100m^2$에 소요되는 타일의 정미량(장)은? (단, 소수점 셋째자리에서 반올림한다)

① 2,156.49매
② 2,256.49매
③ 2,356.49매
④ 2,456.49매
⑤ 2,556.49매

정답 및 해설

20 ④
- 콘크리트(시멘트)벽돌의 소요량 = 길이 12m × 높이 1m × 149매 × 1.05 = 1,877.4 ≒ 1,878매
- 붉은 벽돌의 소요량 = 길이 12m × 높이 1m × 75매 × 1.03 = 927매

21 ⑤ 소요량 = $100m^2$ × 75매 × 1.05 = 7,875매

22 ⑤
- 시멘트량 = 15m × 3m × 0.02m × 510kg = 459kg
- 모래량 = 15m × 3m × 0.02m × $1.1m^3$ = $0.99m^3$

23 ⑤
- 시멘트블록의 소요량 = 100m × 3m × 17매 = 5,100매
- 모르타르의 소요량 = $300m^2 \times 0.01m^3/m^2 = 3m^3$

24 ③

$$정미량 = \frac{100m^2}{(0.2 + 0.006) \times (0.2 + 0.006)} = 2,356.49매$$

25 다음 조건으로 산출한 타일의 정미수량은? 제26회

• 바닥크기: 11.2m × 6.4m	• 개소: 2개소
• 타일크기: 150mm × 150mm	• 줄눈간격: 10mm

① 2,600매
② 2,800매
③ 5,200매
④ 5,600매
⑤ 6,800매

26 '가로 40cm × 세로 50cm × 높이 500cm'인 철근콘크리트 기둥이 20개일 때, 기둥의 전체 중량은?

① 32ton
② 40ton
③ 48ton
④ 56ton
⑤ 60ton

27 옥상 평 슬래브(가로 18m, 세로 10m)에 8층(3겹) 아스팔트방수시 방수면적은? [단, 4면의 수직 파라펫(parapet)의 방수높이는 30cm로 한다]

① $180.0m^2$
② $188.4m^2$
③ $196.8m^2$
④ $200.0m^2$
⑤ $209.2m^2$

정답 및 해설

25 ④ 타일의 정미수량 = $\frac{(11.2m \times 6.4m) \times 2\text{개소}}{(0.15 + 0.01) \times (0.15 + 0.01)}$ = 5,600매

26 ③ 기둥 전체 중량 = $(0.4m \times 0.5m \times 5m) \times 20\text{개} \times 2.4ton/m^3$ = 48ton

27 ③ 방수면적 = $(18m \times 10m) + 2(18m \times 0.3m) + 2(10m \times 0.3m) = 196.8m^2$

house.Hackers.com

10개년 출제비중분석

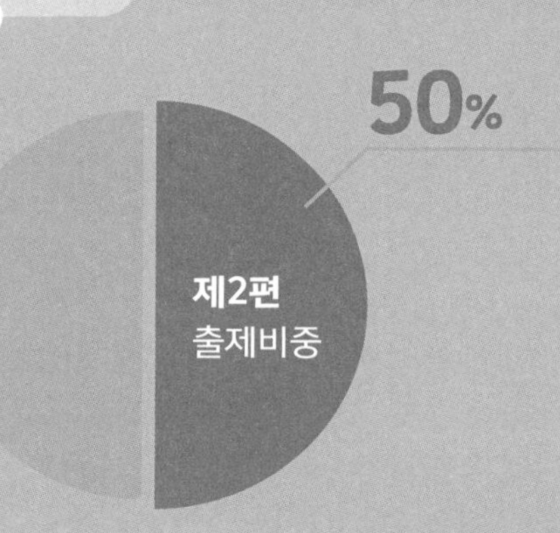

장별 출제비중

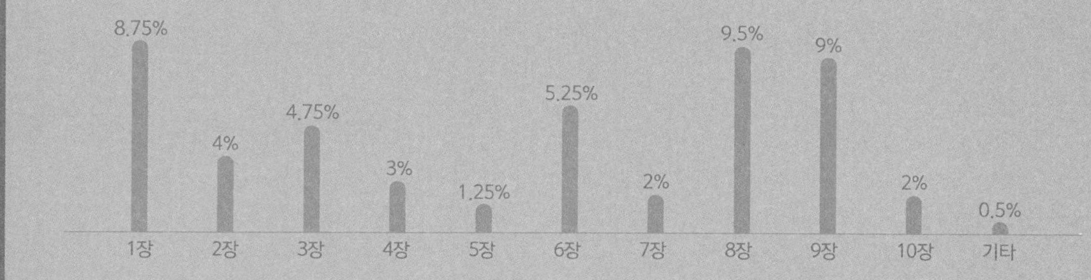

제2편

건축설비

제1장 급수설비

01 **건축설비의 기본사항으로 옳지 않은 것은?**

① 순수한 물은 1기압하에서 4℃일 때 가장 무겁고, 그 부피는 최소가 된다.
② 액체의 압력은 임의의 면에 대하여 수직으로 작용하며, 액체 내 임의의 점에서 압력세기는 어느 방향이나 동일하게 작용한다.
③ 일정량의 기체 체적과 압력의 곱은 기체의 절대온도에 비례한다.
④ 유체의 마찰력은 접촉되는 고체 표면의 크기, 거칠기, 속도의 제곱에 반비례한다.
⑤ 열은 고온 물체에서 저온 물체로 자연적으로 이동하지만, 저온 물체에서 고온 물체로는 그 자체만으로는 이동할 수 없다.

02 **건축설비의 기초사항에 관한 내용으로 옳은 것을 모두 고른 것은?** 제26회

㉠ 순수한 물은 1기압하에서 4℃일 때 밀도가 가장 작다.
㉡ 정지해 있는 물에서 임의의 점의 압력은 모든 방향으로 같고 수면으로부터 깊이에 비례한다.
㉢ 배관에 흐르는 물의 마찰손실수두는 관의 길이와 마찰계수에 비례하고 유속의 제곱에 비례한다.
㉣ 관경이 달라지는 수평관 속에서 물이 정상 흐름을 할 때, 관경이 클수록 유속이 느려진다.

① ㉠, ㉡
② ㉢, ㉣
③ ㉠, ㉡, ㉢
④ ㉡, ㉢, ㉣
⑤ ㉠, ㉡, ㉢, ㉣

03 배관에 흐르는 유체의 마찰손실수두에 관한 설명으로 옳지 않은 것은? 제27회

① 배관의 길이에 비례한다.
② 배관의 내경에 반비례한다.
③ 중력가속도에 반비례한다.
④ 배관의 마찰계수에 비례한다.
⑤ 유체의 속도에 비례한다.

04 건축설비에 관한 내용으로 옳은 것은? 제22회

① 배관 내를 흐르는 물과 배관 표면과의 마찰력은 물의 속도에 반비례한다.
② 물체의 열전도율은 그 물체 1kg을 1℃ 올리는 데 필요한 열량을 말한다.
③ 공기가 가지고 있는 열량 중 공기의 온도에 관한 것이 잠열, 습도에 관한 것이 현열이다.
④ 동일한 양의 물이 배관 내를 흐를 때 배관의 단면적이 2배가 되면 물의 속도는 4분의 1배가 된다.
⑤ 실외의 동일한 장소에서 기압을 측정하면 절대압력이 게이지압력보다 큰 값을 나타낸다.

정답 및 해설

01 ④ 유체의 마찰력은 접촉되는 고체 표면의 크기, 거칠기, 속도의 제곱에 비례한다.

02 ④ ㉠ 순수한 물은 1기압하에서 4℃일 때 밀도가 가장 크다.

▶ $밀도 = \frac{질량(kg)}{체적(m^3)}$

03 ⑤ 배관에 흐르는 유체의 마찰손실수두는 유체 속도의 제곱에 비례한다.

04 ⑤ ① 배관 내를 흐르는 물과 배관 표면과의 마찰력은 물의 속도에 비례한다.
② 물체 1kg을 1℃ 올리는 데 필요한 열량은 비열이다.
③ 공기가 가지고 있는 열량 중 공기의 온도에 관한 것이 현열, 습도에 관한 것이 잠열이다.
④ 동일한 양의 물이 배관 내를 흐를 때 배관의 단면적이 2배가 되면 물의 속도는 2분의 1배가 된다.
$Q = A \times V$ 식에서 $Q = 2A \times \frac{1}{2}V$이다.

대표예제 44 연속의 법칙 ★★

관경 50mm로 시간당 3,000kg의 물을 공급하고자 할 때, 배관 내 유속(m/s)은 약 얼마인가? (단, 배관 속의 물은 비압축성, 정상류로 가정하며, 원주율은 3.14로 한다) 제20회

① 0.15 ② 0.42 ③ 1.32
④ 4.14 ⑤ 13.0

해설 | $유속(V) = \frac{유량(Q)}{단면적(A)} = \frac{Q}{\pi d^2/4} = \frac{4Q}{\pi d^2} = \frac{4 \times 3}{3.14 \times (0.05)^2 \times 3,600} = 0.42(m/s)$

기본서 p.357

정답 ②

05 물이 흐르고 있는 원형 배관에서 관 지름이 2분의 1로 감소된다면, 이때 배관의 물의 속도는 몇 배로 증가하는가? (단, 배관 속의 물은 비압축성, 정상류로 가정한다)

① 2배 ② 4배 ③ 8배
④ 16배 ⑤ 32배

대표예제 45 마찰손실수두 ★★★

배관에 흐르는 유체의 마찰손실수두에 관한 설명으로 옳은 것은? 제21회

① 관의 길이에 반비례한다.
② 중력가속도에 비례한다.
③ 유속의 제곱에 비례한다.
④ 관의 내경이 클수록 커진다.
⑤ 관의 마찰(손실)계수가 클수록 작아진다.

오답체크 |
① 관의 길이에 비례한다.
② 중력가속도에 반비례한다.
④ 관의 내경이 클수록 작아진다.
⑤ 관의 마찰(손실)계수가 클수록 커진다.

기본서 p.356

정답 ③

06 **배관의 마찰손실수두 계산시 고려해야 할 사항으로 옳은 것을 모두 고른 것은?** 제25회

㉠ 배관의 관경	㉡ 배관의 길이
㉢ 배관 내 유속	㉣ 배관의 마찰계수

① ㉠, ㉢
② ㉡, ㉣
③ ㉠, ㉡, ㉣
④ ㉡, ㉢, ㉣
⑤ ㉠, ㉡, ㉢, ㉣

07 **급수배관 내부의 압력손실에 관한 설명으로 옳지 않은 것은?**

① 유체의 점성이 커질수록 증가한다.
② 직관보다 곡관의 경우가 증가한다.
③ 배관의 관 지름이 작아질수록 증가한다.
④ 배관 길이가 길어질수록 증가한다.
⑤ 배관 내 유속이 느릴수록 증가한다.

정답 및 해설

05 ② Q = A × V(단, Q: 유량, A: 단면적, V: 유속)

위 식에서 유속은 관의 단면적에 반비례하고($V = \frac{Q}{A}$), 관의 단면적은 유속에 반비례한다($A = \frac{Q}{V}$).

관의 단면적은 $\frac{\pi d^2}{4}$이므로 유속은 관 지름의 제곱에 반비례한다. 그러므로 관 지름이 $\frac{1}{2}$로 감소되면 유속은 4배로 증가하게 된다.

06 ⑤ 배관의 마찰손실수두(h) $= f \cdot \frac{\ell}{d} \cdot \frac{v^2}{2g}$

▶ f: 배관의 마찰계수, ℓ: 배관의 길이, d: 배관의 관경, v: 배관 내 유속, g: 중력가속도

07 ⑤ 배관 내 유속이 빠를수록 증가한다.

08 다음의 용어에 관한 설명으로 옳은 것은? 제19회

① 열용량은 어떤 물질 1kg을 1℃ 올리기 위하여 필요한 열량을 의미하며, 단위는 kJ/kg · K이다.

② ppm은 농도를 나타내는 단위로 1ppm은 1g/L와 같다.

③ 엔탈피는 어떤 물질이 가지고 있는 열량을 나타내는 것으로 현열량과 잠열량의 합이다.

④ 노점온도는 어떤 공기의 상대습도가 100%가 되는 온도로 공기의 절대습도가 낮을수록 노점온도는 높아진다.

⑤ 크로스커넥션(cross connection)은 급수 · 급탕배관을 함께 묶어 필요에 따라 급수와 급탕을 동시에 공급할 목적으로 하는 배관이다.

09 먹는 물 수질기준 및 검사 등에 관한 규칙상 음료수 중 수돗물의 수질기준으로 옳지 않은 것은? 제19회

① 경도(硬度)는 1,000mg/L를 넘지 아니할 것

② 납은 0.01mg/L를 넘지 아니할 것

③ 수은은 0.001mg/L를 넘지 아니할 것

④ 동은 1mg/L를 넘지 아니할 것

⑤ 아연은 3mg/L를 넘지 아니할 것

10 수도법령상 절수설비와 절수기기에 관한 내용으로 옳은 것을 모두 고른 것은? 제23회

㉠ 별도의 부속이나 기기를 추가로 장착하지 아니하고도 일반 제품에 비하여 물을 적게 사용하도록 생산된 수도꼭지 및 변기를 절수설비라고 한다.
㉡ 절수형 수도꼭지는 공급수압 98kPa에서 최대토수유량이 1분당 6.0L 이하인 것. 다만 공중용 화장실에 설치하는 수도꼭지는 1분당 5L 이하인 것이어야 한다.
㉢ 절수형 대변기는 공급수압 98kPa에서 사용수량이 8L 이하인 것이어야 한다.
㉣ 절수형 소변기는 물을 사용하지 않는 것이거나, 공급수압 98kPa에서 사용수량이 3L 이하인 것이어야 한다.

① ㉢
② ㉣
③ ㉠, ㉡
④ ㉠, ㉢
⑤ ㉡, ㉢, ㉣

11 **수도법령상 절수설비와 절수기기의 종류 및 기준에 관한 내용으로 옳은 것은? (단, 공급수압은 98kPa이다)** 제27회

① 소변기는 물을 사용하지 않는 것이거나, 사용수량이 2L 이하인 것
② 공중용 화장실에 설치하는 수도꼭지는 최대토수유량이 1분당 6L 이하인 것
③ 대변기는 사용수량이 9L 이하인 것
④ 샤워용 수도꼭지는 해당 수도꼭지에 샤워호스(hose)를 부착한 상태로 측정한 최대토수유량이 1분당 9L 이하인 것
⑤ 대 · 소변 구분형 대변기는 평균사용수량이 9L 이하인 것

정답 및 해설

08 ③ ① 비열은 어떤 물질 1kg을 1℃ 올리기 위하여 필요한 열량을 의미하며, 단위는 kJ/kg · K이다.
② ppm은 농도를 나타내는 단위로 1ppm = 1mg/L = 1g/m^3와 같다.
④ 노점온도는 어떤 공기의 상대습도가 100%가 되는 온도로 공기의 절대습도가 낮을수록 노점온도는 낮아진다.
⑤ 크로스커넥션(cross connection)은 급수계통과 급수계통이 아닌 부분을 잘못 연결하여 급수계통이 오염되는 것을 말한다.

09 ① 음료수 중 수돗물은 총경도가 300mg/L를 초과해서는 안 된다(1ppm = 1mg/L = 1g/m^3).

10 ③ ㉢ 절수형 대변기는 공급수압 98kPa에서 사용수량이 6L 이하인 것이어야 한다.
㉣ 절수형 소변기는 물을 사용하지 않는 것이거나, 공급수압 98kPa에서 사용수량이 2L 이하인 것이어야 한다.

11 ① ② 공중용 화장실에 설치하는 수도꼭지는 최대토수유량이 1분당 5L 이하인 것
③ 대변기는 사용수량이 6L 이하인 것
④ 샤워용 수도꼭지는 해당 수도꼭지에 샤워호스(hose)를 부착한 상태로 측정한 최대토수유량이 1분당 7.5L 이하인 것
⑤ 대 · 소변 구분형 대변기는 평균사용수량이 6L 이하인 것

12 수도법령상 절수설비와 절수기기의 종류 및 기준에 관한 일부 내용이다. (   ) 안에 들어갈 내용으로 옳은 것은?

제26회

가. 수도꼭지
  1) 공급수압 98kPa에서 최대토수유량이 1분당 (㉠)L 이하인 것. 다만, 공중용 화장실에 설치하는 수도꼭지는 1분당 (㉡)L 이하인 것이어야 한다.
  2) 샤워용은 공급수압 98kPa에서 해당 수도꼭지에 샤워호스(hose)를 부착한 상태로 측정한 최대토수유량이 1분당 (㉢)L 이하인 것이어야 한다.

① ㉠: 5, ㉡: 5, ㉢: 8.5
② ㉠: 6, ㉡: 5, ㉢: 7.5
③ ㉠: 6, ㉡: 6, ㉢: 7.5
④ ㉠: 6, ㉡: 6, ㉢: 8.5
⑤ ㉠: 7, ㉡: 7, ㉢: 9.5

13 수질 및 그 용도에 관한 설명으로 옳지 않은 것은?

① 일반적으로 경수를 끓이면 연수가 된다.
② 연수는 경수에 비해 세탁용으로 적합하다.
③ 먹는 물의 색도는 5도를 넘지 않아야 한다.
④ 보일러 용수로는 연수에 비해 경수가 적합하다.
⑤ 먹는 물의 수소이온농도는 pH 5.8 이상 pH 8.5 이하이어야 한다.

14 급수설비에 관한 설명으로 옳은 것은?

제24회

① 급수펌프의 회전수를 2배로 하면 양정은 8배가 된다.
② 펌프의 흡입양정이 작을수록 서징현상 방지에 유리하다.
③ 펌프직송방식은 정전이 될 경우 비상발전기가 없어도 일정량의 급수가 가능하다.
④ 고층건물의 급수 조닝방법으로 안전밸브를 설치하는 것이 있다.
⑤ 먹는 물 수질기준 및 검사 등에 관한 규칙상 먹는 물의 수질기준 중 수돗물의 경도는 300mg/L를 넘지 않아야 한다.

15 샤워헤드의 최저필요급수압력으로 적합한 것은? (단, 1MPa은 10kgf/cm^2로 함)

① 0.01MPa
② 0.03MPa
③ 0.05MPa
④ 0.07MPa
⑤ 0.15MPa

16 고가탱크방식에서 수도꼭지로 가는 급수관의 관 지름을 결정하기 위해 이용하는 마찰저항선도법과 관계가 없는 것은?

① 국부저항
② 권장유속
③ 동시사용유량
④ 시수본관의 최저압력
⑤ 기구급수부하단위

정답 및 해설

12 ② 1) 공급수압 98kPa에서 최대토수유량이 1분당 6L 이하인 것. 다만, 공중용 화장실에 설치하는 수도꼭지는 1분당 5L 이하인 것이어야 한다.
2) 샤워용은 공급수압 98kPa에서 해당 수도꼭지에 샤워호스(hose)를 부착한 상태로 측정한 최대토수유량이 1분당 7.5L 이하인 것이어야 한다.

13 ④ 보일러 용수로는 경수를 사용하면 스케일이 많이 발생하므로 좋지 않다.

14 ⑤ ① 양정은 회전수의 제곱에 비례하므로 급수펌프의 회전수를 2배로 하면 양정은 4배가 된다.
② 펌프의 흡입양정이 작을수록 공동현상 방지에 유리하다.
③ 펌프직송방식은 정전이 될 경우 급수가 불가능하다.
④ 고층건물의 급수 조닝방법으로 감압밸브를 설치하는 것이 있다.

15 ④ 샤워헤드의 최저필요압력은 0.07MPa 이상일 것을 요한다.

16 ④ 시수본관의 최저압력은 수도직결방식에서 고려한다.

대표예제 46 급수설비 ★★

급수설비에 관한 설명으로 옳지 않은 것은? 제13회

① 중수(中水) 급수장치는 살수, 세차 및 대소변기의 세정 등에 이용된다.
② 수도직결방식은 고가수조방식보다 시설비 및 위생적인 면에서 유리하다.
③ 워터해머(water hammer)를 방지하기 위해 배관 내 유속은 2m/s 이내로 하는 것이 바람직하다.
④ 수질오염을 방지하기 위해 크로스커넥션(cross connection)이 되도록 배관구성을 한다.
⑤ 관 균등표에 의한 방법과 마찰저항선도(유량선도)에 의한 방법은 급수배관의 관경 결정에 사용된다.

해설 | 크로스커넥션은 오수가 역류해서 상수를 오염시키는 현상이므로, 수질오염을 방지하기 위해서는 크로스커넥션 현상이 발생하지 않도록 해야 한다.

기본서 p.358~361 정답 ④

17 급수설비 및 수질에 관한 설명으로 옳지 않은 것은?

① 극연수는 연관이나 황동관을 침식시킨다.
② 경도가 높은 물을 보일러 용수로 사용하면 스케일이 생성되어 전열효율을 감소시킨다.
③ 수주분리란 관로에 관성력과 중력이 작용하여 물흐름이 끊기는 현상을 말한다.
④ 공동현상(cavitation)은 유속이 큰 흐름을 급정지시킬 때 발생하는 현상이다.
⑤ 고가수조방식은 수도직결방식과 비교하여 수질오염의 가능성이 크다.

18 급수설비에 관한 내용으로 옳은 것은?

제19회

① 주택용 급수배관 내 유속은 4m/s 이상으로 하는 것이 바람직하다.
② 지하층 저수조에서 옥상층 고가수조로 양수할 때 펌프의 실양정(m)은 0이 된다.
③ 배관계 구성이 동일할 경우, 배관 내 물의 온도가 높을수록 캐비테이션의 발생 가능성이 커진다.
④ 고가수조방식은 압력수조방식에 비해 수압변동이 심하다.
⑤ 수도직결방식은 해당 주택이 정전되었을 때 물 공급이 불가능하다.

19 급수방식에 관한 내용으로 옳지 않은 것은?

제26회

① 고가수조방식은 건물 내 모든 층의 위생기구에서 압력이 동일하다.
② 펌프직송방식은 단수시에도 저수조에 남은 양만큼 급수가 가능하다.
③ 펌프직송방식은 급수설비로 인한 옥상층의 하중을 고려할 필요가 없다.
④ 고가수조방식은 타 급수방식에 비해 수질오염 가능성이 높다.
⑤ 수도직결방식은 수도본관의 압력에 따라 급수압이 변한다.

정답 및 해설

17 ④ 공동현상(cavitation)은 유체의 속도변화에 의한 압력변화로 인하여 유체 내에 기포가 생기는 현상이다.

18 ③ ① 주택용 급수배관 내 유속은 1.0m/s 이상, 1.5m/s 이하로 하는 것이 바람직하다.
② 지하층 저수조에서 옥상층 고가수조로 양수할 때 펌프의 실양정(m)은 0보다 크다.
④ 고가수조방식은 압력수조방식에 비해 수압변동이 일정하다.
⑤ 수도직결방식은 해당 주택이 정전되었을 때 물 공급이 가능하다.

19 ① 고가수조방식은 중력에 의해 급수하므로 다른 방식보다 물의 압력이 일정하지만 건물 내 모든 층의 위생기구에서 압력은 동일하지 않다.

20 급수설비에 관한 설명으로 옳지 않은 것은?

제20회

① 경도가 높은 물은 기기 내 스케일 생성 및 부식 등의 원인이 된다.
② 수주분리가 일어나기 쉬운 배관 부분에 수격작용이 발생할 수 있다.
③ 급수설비는 기구의 사용목적에 적절한 수압을 확보해야 한다.
④ 고가수조방식에 비해 수도직결방식이 수질오염의 가능성이 낮고 설비비가 저렴하다.
⑤ 펌프를 병렬로 연결하여 운전대수를 변화시켜 양수량 및 토출압력을 조절하는 것을 변속운전방식이라 한다.

21 연면적이 10,000m^2인 사무소 건물에서 다음과 같은 조건이 있을 때 사무소에 필요한 1일의 급수량(사용수량)으로 적당한 것은? (단, 유효면적비 56%, 거주인원 0.2인/m^2, 1인 1일당 사용수량은 100L/d로 한다)

① 56m^3/d
② 112m^3/d
③ 224m^3/d
④ 312m^3/d
⑤ 428m^3/d

대표예제 47 급수방식 ★★★

건물 내의 급수방식에 관한 설명으로 옳지 않은 것은?

제17회

① 펌프직송방식에는 정속방식과 변속방식이 있다.
② 수도직결방식은 기계실 및 옥상탱크가 불필요하고, 단수시 급수가 불가능하다.
③ 압력탱크방식은 단수시 저수탱크의 물을 이용할 수 있으며, 옥상탱크가 불필요하다.
④ 펌프직송방식은 펌프의 가동 및 정지시 급수압력의 변동이 있으며, 비상전원 사용시를 제외하고 정전시 급수가 불가능하다.
⑤ 고가탱크방식은 옥상탱크가 필요하며, 수도직결방식에 비해 수질오염의 가능성이 낮고 급수압력의 변동이 작다.

해설 | 고가탱크방식은 수질오염의 가능성이 가장 높은 방식이다.

기본서 p.364~376

정답 ⑤

22 급수설비에 관한 설명으로 옳은 것은?

제20회

① 수도직결방식은 상수도관의 공급압력에 의해 급수하는 방식으로 주로 대규모 및 고층 건물에 사용된다.
② 펌프직송방식은 기계실 내 저수조 설치가 필요 없다.
③ 고가수조방식은 건물의 옥상이나 높은 곳에 양수하여 하향식으로 급수한다.
④ 수도직결방식은 건물 내 정전시 급수가 불가능하다.
⑤ 수도직결 계통의 수압시험은 배관의 최저부에서 최소 7.5kg/cm^2 압력으로 실시한다.

23 급수방식 중 고가탱크방식에 관한 설명으로 옳지 않은 것은?

① 단수시에도 일정량의 급수가 가능하다.
② 수도본관 압력에 따라 수도꼭지의 토출압력이 변동한다.
③ 펌프직송방식에 비하여 수질오염의 가능성이 크다.
④ 고가탱크 수위면과 사용기구의 낙차가 클수록 토출압력이 증가한다.
⑤ 고가탱크의 설치높이는 최상층 사용기구의 최소필요압력과 배관 마찰손실 등을 고려하여 결정한다.

정답 및 해설

20 ⑤ 펌프를 병렬로 연결하여 운전대수를 변화시켜 양수량 및 토출압력을 조절하는 것은 대수제어방식이다.

21 ② $Q_d = A \cdot K \cdot N \cdot q = 10{,}000m^2 \times 0.56 \times 0.2인/m^2 \times 100L/d = 112{,}000(L/d) = 112m^3/d$

22 ③ ① 수도직결방식은 상수도관의 공급압력에 의해 급수하는 방식으로 주로 소규모 건물에 사용된다.
② 펌프직송방식은 기계실 내 저수조 설치가 필요하다.
④ 수도직결방식은 건물 내 정전시 급수가 가능하다.
⑤ 수도직결 계통의 수압시험은 1.75MPa 이상의 압력으로 실시한다.

23 ② 수도본관 압력에 따라 수도꼭지의 토출압력이 변동하는 방식은 수도직결방식이다.

24 급수설비 중 펌프직송방식(부스터방식)에 관한 설명으로 옳은 것은?

① 주택과 같은 소규모 건물(2~3층 이하)에 주로 이용된다.
② 밀폐용기 내에 펌프로 물을 보내 공기를 압축시켜 압력을 올린 후 그 압력으로 필요장소에 급수하는 방식이다.
③ 도로에 있는 수도본관에서 수도인입관을 연결하여 건물 내의 필요개소에 직접 급수하는 방식이다.
④ 저수조에 저장된 물을 펌프로 고가수조에 양수하고, 여기서 급수관을 통해 건물의 필요개소에 급수하는 방식이다.
⑤ 급수관 내의 압력 또는 유량을 탐지하여 펌프의 대수를 제어하는 정속방식과 회전수를 제어하는 변속방식이 있으며, 이를 병용하기도 한다.

25 급수설비에 관한 설명으로 옳지 않은 것은?

제20회

① 관경을 결정하기 위하여 기구급수부하단위를 이용하여 동시사용 유량을 산정한다.
② 초고층건물에서는 급수압이 최고사용압력을 넘지 않도록 급수조닝을 한다.
③ 급수배관이 벽이나 바닥을 통과하는 부위에는 콘크리트 타설 전 슬리브를 설치한다.
④ 기구로부터 고가수조까지의 높이가 25m일 때, 기구에 발생하는 수압은 2.5MPa이다.
⑤ 토수구 공간이 확보되지 않을 경우에는 버큠브레이커(vacuum breaker)를 설치한다.

26 건물의 급수를 수도직결식으로 할 때 2층에 플러시밸브를 설치하고 기구의 높이가 4m, 기구의 필요압력이 0.07MPa, 본관에서 수전에 이르는 사이의 저항이 0.03MPa라면 본관의 최저소요압력은?

① 0.04MPa
② 0.06MPa
③ 0.08MPa
④ 0.14MPa
⑤ 0.16MPa

대표예제 48 오염★★

급수설비의 수질오염방지 대책으로 옳지 않은 것은? 제11회

① 수조의 급수 유입구와 유출구의 거리는 가능한 한 짧게 하여 정체에 의한 오염이 발생하지 않도록 한다.

② 크로스커넥션(cross connection)이 발생하지 않도록 급수배관을 한다.

③ 용존산소에 의한 부식방지를 위하여 배관류는 부식에 강한 재료를 사용하도록 한다.

④ 음용수용 수조 내면에 칠하는 도료는 수질에 영향을 주지 않는 것으로 하고, 수조 및 부속품은 내식성 자재로 한다.

⑤ 단수 발생시 일시적인 부압으로 인한 배수의 역류가 발생하지 않도록 토수구에 공간을 두거나 버큠브레이커(vacuum breaker)를 설치하도록 한다.

해설 | 수조의 급수 유입구와 유출구의 거리는 가능한 한 길게 하여 정체에 의한 오염이 발생하지 않도록 한다.

기본서 p.377~379 정답 ①

정답 및 해설

24 ⑤ ① 주택과 같은 소규모 건물(2~3층 이하)에 주로 이용되는 것은 수도직결방식이다.
② 밀폐용기 내에 펌프로 물을 보내 공기를 압축시켜 압력을 올린 후 그 압력으로 필요 장소에 급수하는 방식은 압력탱크방식이다.
③ 도로에 있는 수도본관에서 수도인입관을 연결하여 건물 내의 필요개소에 직접 급수하는 방식은 수도직결방식이다.
④ 저수조에 저장된 물을 펌프로 고가수조에 양수하고, 여기서 급수관을 통해 건물의 필요개소에 급수하는 방식은 고가수조방식이다.

25 ④ 기구로부터 고가수조까지의 높이가 25m일 때, 기구에 발생하는 수압은 0.25MPa이다.

26 ④ 수도본관의 최저필요압력(P_0)

$$P_0 \geq P_1 + P_2 + \frac{h}{100}$$
$$\geq 0.07 + 0.03 + 0.04$$
$$\geq 0.14\text{MPa}$$

27 급수설비의 수질오염방지 대책으로 옳지 않은 것은?

제26회

① 수조의 급수 유입구와 유출구 사이의 거리는 가능한 한 짧게 하여 정체에 의한 오염이 발생하지 않도록 한다.
② 크로스커넥션이 발생하지 않도록 급수배관을 한다.
③ 수조 및 배관류와 같은 자재는 내식성 재료를 사용한다.
④ 건축물의 땅 밑에 저수조를 설치하는 경우에는 분뇨 · 쓰레기 등의 유해물질로부터 5m 이상 띄워서 설치한다.
⑤ 일시적인 부압으로 역류가 발생하지 않도록 세면기에는 토수구 공간을 둔다.

28 급수설비에서 오염에 관한 설명으로 옳지 않은 것은?

① 유해물질의 침입을 방지하기 위하여 상수용 저수조는 전용으로 설치한다.
② 배관의 부식을 방지하기 위하여 이온화 차가 큰 이종금속을 사용한다.
③ 철의 부식은 물속의 용존산소와 염(鹽)류에 의하여 많이 발생한다.
④ 급수배관이나 기구구조의 불비(不備) · 불량의 결과 급수관 내에 오수가 역류하여 음료수를 오염시키는 상태를 크로스커넥션(cross connection)이라고 한다.
⑤ 전원으로부터 누설된 전류에 의하여 배관에 전기적 부식이 발생한다.

29 급수설비의 오염원인과 가장 거리가 먼 것은?

① 배관의 부식
② 급수설비로의 배수 역류
③ 저수탱크로의 유해물질 침입
④ 크로스커넥션(cross connection)
⑤ 수격작용(water hammering)의 발생

30 급수설비의 수질오염방지 대책에 관한 설명으로 옳지 않은 것은?

① 수조는 부식이 적은 스테인리스 재질을 사용하여 수질에 영향을 주지 않도록 한다.
② 음료수 배관과 음료수 이외의 배관을 접속시켜 설비배관의 효율성을 높이도록 한다.
③ 단수 등이 발생시 일시적인 부압에 의한 배수의 역류가 발생하지 않도록 토수구 공간을 두거나 역류방지기 등을 설치한다.
④ 배관 내에 장시간 물이 흐르면 용존산소의 영향으로 부식이 진행되므로 배관류는 부식에 강한 재료를 사용하도록 한다.
⑤ 저수탱크는 필요 이상의 물이 저장되지 않도록 하고, 주기적으로 청소하고 관리하도록 한다.

31 급수설비의 수질오염에 관한 설명으로 옳지 않은 것은?

제22회

① 저수조에 설치된 넘침관 말단에는 철망을 씌워 벌레 등의 침입을 막는다.
② 물탱크에 물이 오래 있으면 잔류염소가 증가하면서 오염 가능성이 커진다.
③ 크로스커넥션이 이루어지면 오염 가능성이 있다.
④ 세면기에는 토수구 공간을 확보하여 배수의 역류를 방지한다.
⑤ 대변기에는 버큠브레이커(vacuum breaker)를 설치하여 배수의 역류를 방지한다.

정답 및 해설

27 ① 수조의 급수 유입구와 유출구 사이의 거리는 가능한 한 길게 하여 정체에 의한 오염이 발생하지 않도록 한다.

28 ② 배관의 부식을 방지하기 위하여 이온화 차가 작은 금속을 사용하여야 한다.

29 ⑤ 수격작용은 소음이나 진동이 발생하는 현상으로 오염원인과는 관계가 없다.

30 ② 오염을 방지하기 위해 음료수 배관과 음료수 이외의 배관은 별도로 구분하여 설치한다.

31 ② 물탱크에 물이 오래 있으면 잔류염소가 감소하면서 오염 가능성이 커진다.

대표예제 49 급수관경 결정★

급수배관의 관경 결정법으로 옳은 것을 모두 고른 것은? 제21회

㉠ 기간부하계산에 의한 방법	㉡ 관 균등표에 의한 방법
㉢ 마찰저항선도에 의한 방법	㉣ 기구배수부하단위에 의한 방법

① ㉠, ㉡
② ㉠, ㉢
③ ㉡, ㉢
④ ㉡, ㉣
⑤ ㉢, ㉣

해설 | 급수배관의 관경 결정법에는 관 균등표에 의한 방법과 마찰저항선도에 의한 방법이 있다.

기본서 p.374~376

정답 ③

32 급수관경 결정을 위해 급수부하단위 기준으로 사용되는 것으로 옳은 것은?

① 세면기
② 소변기
③ 샤워기
④ 욕조
⑤ 대변기

33 급수관경 결정에 관한 사항으로 옳지 않은 것은?

① 급수관경 결정은 균등표에 의한 약산법으로 구할 수 있다.
② 균등표에 의한 약산법은 간단한 옥내급수관 관경계산에 사용하는 방법으로 관경균등표만으로 계산하는 방법이다.
③ 균등표에 의한 약산법은 각 접속관경을 균등표에서 15A 상당관수로 환산한다.
④ 마찰저항선도에 의한 방법은 대규모 건물의 급수배관 관경을 구할 때 이용된다.
⑤ 급수관경 결정은 마찰저항선도에 의한 방법으로 구할 수 있다.

대표예제 50 펌프 ★★

펌프의 공동현상(cavitation)을 방지하기 위한 대책으로 옳지 않은 것은? 제14회

① 펌프의 흡입양정을 작게 한다.
② 펌프의 설치위치를 가능한 한 낮춘다.
③ 배관 내 공기가 체류하지 않도록 한다.
④ 흡입배관의 지름을 크게 하고 부속류를 적게 하여 손실수두를 줄인다.
⑤ 동일한 양수량일 경우 회전수를 높여서 운전한다.

해설 | 동일한 양수량일 경우 회전수를 낮추어서 운전한다.

기본서 p.384~396

정답 ⑤

34 **급수설비에 관한 내용으로 옳지 않은 것은?** 제24회

① 기구급수부하단위는 같은 종류의 기구일 경우 공중용이 개인용보다 크다.
② 벽을 관통하는 배관의 위치에는 슬리브를 설치하는 것이 바람직하다.
③ 고층건물에서는 급수계통을 조닝하는 것이 바람직하다.
④ 펌프의 공동현상(cavitation)을 방지하기 위하여 펌프의 설치 위치를 수조의 수위보다 높게 하는 것이 바람직하다.
⑤ 보급수의 경도가 높을수록 보일러 내면에 스케일 발생 가능성이 커진다.

정답 및 해설

32 ① 급수부하단위란 세면기의 유량(30L/min)을 1단위로 하여 각 위생기구의 단위를 산출하고 급수량을 정하는 방법으로 급수관의 규격을 정하는 기준이 된다.

33 ② 균등표에 의한 약산법은 간단한 옥내급수관 관경계산에 사용하는 방법으로 관경균등표와 동시사용률을 적용하여 계산하는 방법이다.

34 ④ 펌프의 공동현상(cavitation)을 방지하기 위하여 펌프의 설치 위치를 수조의 수위보다 낮게 하는 것이 바람직하다.

35 **급수설비에 관한 설명으로 옳은 것은?** 제27회

① 고가수조방식은 타 급수방식에 비해 수질오염 가능성이 낮다.

② 수도직결방식은 건물 내 정전시 급수가 불가능하다.

③ 초고층건물의 급수조닝방식으로 감압밸브방식이 있다.

④ 배관의 크로스커넥션을 통해 수질오염을 방지한다.

⑤ 동시사용률은 위생기기의 개수가 증가할수록 커진다.

36 **급수설비에서 펌프에 관한 설명으로 옳은 것은?** 제21회

① 공동현상을 방지하기 위하여 흡입양정을 낮춘다.

② 펌프의 전양정은 회전수에 반비례한다.

③ 펌프의 양수량은 회전수의 제곱에 비례한다.

④ 동일 특성을 갖는 펌프를 직렬로 연결하면 유량은 2배로 증가한다.

⑤ 동일 특성을 갖는 펌프를 병렬로 연결하면 양정은 2배로 증가한다.

37 **급수펌프의 회전수를 증가시켜 양수량을 10% 증가시켰을 때, 펌프의 양정과 축동력의 변화로 옳은 것은?** 제27회

① 양정은 10% 증가하고, 축동력은 21% 증가한다.

② 양정은 21% 증가하고, 축동력은 10% 증가한다.

③ 양정은 21% 증가하고, 축동력은 약 33% 증가한다.

④ 양정은 약 33% 증가하고, 축동력은 10% 증가한다.

⑤ 양정은 약 33% 증가하고, 축동력은 21% 증가한다.

38 급수설비의 양수펌프에 관한 설명으로 옳은 것은?

제23회

① 용적형 펌프에는 벌(볼)류트펌프와 터빈펌프가 있다.
② 동일 특성을 갖는 펌프를 직렬로 연결하면 유량은 2배로 증가한다.
③ 펌프의 회전수를 변화시켜 양수량을 조절하는 것을 변속운전방식이라 한다.
④ 펌프의 양수량은 펌프의 회전수에 반비례한다.
⑤ 공동현상을 방지하기 위해 흡입양정을 높인다.

39 급수펌프를 1대에서 2대로 병렬 연결하여 운전시 나타나는 현상으로 옳은 것은? (단, 펌프의 성능과 배관조건은 동일하다)

제24회

① 유량이 2배로 증가하며 양정은 0.5배로 감소한다.
② 양정이 2배로 증가하며 유량은 변화가 없다.
③ 유량이 1.5배로 증가하며 양정은 0.8배로 감소한다.
④ 유량과 양정이 모두 증가하나 증가 폭은 배관계 저항조건에 따라 달라진다.
⑤ 배관계 저항조건에 따라 유량 또는 양정이 감소되는 경우도 있다.

정답 및 해설

35 ③ ① 고가수조방식은 타 급수방식에 비해 수질오염 가능성이 가장 크다.
② 수도직결방식은 건물 내 정전시 급수가 가능하다.
④ 배관의 크로스커넥션을 차단해 수질오염을 방지한다.
⑤ 동시사용률은 위생기기의 개수가 증가할수록 작아진다.

36 ① ② 펌프의 전양정은 회전수의 제곱에 비례한다.
③ 펌프의 양수량은 회전수에 비례한다.
④ 동일 특성을 갖는 펌프를 직렬로 연결하면 양정이 2배로 증가한다.
⑤ 동일 특성을 갖는 펌프를 병렬로 연결하면 유량이 2배로 증가한다.

37 ③ 급수펌프의 회전수를 증가시켜 양수량을 10% 증가시켰을 때 양정은 회전수의 제곱에 비례하고 축동력은 세제곱에 비례하므로 양정은 21% 증가하고, 축동력은 약 33% 증가한다.

38 ③ ① 축류형 펌프에는 벌(볼)류트펌프와 터빈펌프가 있다.
② 동일 특성을 갖는 펌프를 직렬로 연결하면 양정이 2배로 증가한다.
④ 펌프의 양수량은 펌프의 회전수에 비례한다.
⑤ 공동현상을 방지하기 위해서는 흡입양정을 낮추어야 한다.

39 ④ 급수펌프를 1대에서 2대로 병렬 연결하여 운전시 유량과 양정이 모두 증가하나 증가 폭은 배관계 저항조건에 따라 달라진다.

40 서징(surging)현상에 관한 설명으로 옳은 것은?

① 증기가 배관 내에서 응축되어 배관의 곡관부 등에 부딪히면서 소음과 진동을 유발시키는 현상이다.
② 만수 상태로 흐르는 관의 통로를 갑자기 막을 때, 수압의 상승으로 압력파가 관 내를 왕복하는 현상이다.
③ 산형(山形) 특성의 양정곡선을 갖는 펌프의 산형 왼쪽 부분에서 유량과 양정이 주기적으로 변동하는 현상이다.
④ 물의 압력이 그 물의 온도에 해당하는 포화증기압보다 낮아질 경우에 물이 증발하여 기포가 발생하는 현상이다.
⑤ 배수수직관 상부로부터 많은 물이 낙하할 경우 순간적으로 진공이 발생하여 트랩 내 물을 흡입하는 현상이다.

41 건축설비의 용어에 관한 내용으로 옳지 않은 것은? 제24회

① 국부저항은 배관이나 덕트에서 직관부 이외의 구부러지는 부분, 분기부 등에서 발생하는 저항이다.
② 소켓은 같은 관경의 배관을 직선으로 접속할 때 사용한다.
③ 서징현상은 배관 내를 흐르는 유체의 압력이 그 온도에서의 유체의 포화증기압보다 낮아질 경우 그 일부가 증발하여 기포가 발생하는 것이다.
④ 비열은 어떤 물질의 질량 1kg을 온도 1℃ 올리는 데 필요한 열량이다.
⑤ 고위발열량은 연료가 연소할 때 발생되는 수증기의 잠열을 포함한 총발열량이다.

42 급수설비의 펌프에 관한 내용으로 옳은 것은? 제26회

① 흡입양정을 크게 할수록 공동현상(cavitation) 방지에 유리하다.
② 펌프의 실양정은 흡입양정, 토출양정, 배관손실수두의 합이다.
③ 서징현상(surging)을 방지하기 위해 관로에 있는 불필요한 잔류 공기를 제거한다.
④ 펌프의 전양정은 펌프의 회전수에 반비례한다.
⑤ 펌프의 회전수를 2배로 하면 펌프의 축동력은 4배가 된다.

43 **플러시밸브식 대변기를 사용하는 경우 역사이펀작용으로 인하여 오수가 급수관 내로 역류되는 것을 방지하기 위하여 사용하는 기구는?**

① 드렌처(drencher)
② 스트레이너(strainer)
③ 가이드베인(guide vane)
④ 스팀사일렌서(steam silencer)
⑤ 진공브레이커(vacuum breaker)

44 **고층건물에서 급수조닝을 하는 이유와 관련 있는 것은?** 제22회

① 엔탈피
② 쇼트서킷
③ 캐비테이션
④ 수격작용
⑤ 유인작용

정답 및 해설

40 ③ ① 증기가 배관 내에서 응축되어 배관의 곡관부 등에 부딪히면서 소음과 진동을 유발시키는 현상은 스팀해머(steam hammer)이다.
② 만수 상태로 흐르는 관의 통로를 갑자기 막을 때, 수압의 상승으로 압력파가 관 내를 왕복하는 현상은 수격작용(water hammering)이다.
④ 물의 압력이 그 물의 온도에 해당하는 포화증기압보다 낮아질 경우에 물이 증발하여 기포가 발생하는 현상은 공동현상(cavitation)이다.
⑤ 배수수직관 상부로부터 많은 물이 낙하할 경우 순간적으로 진공이 발생하여 트랩 내 물을 흡입하는 현상은 흡인작용이다.

41 ③ 서징현상은 펌프를 적은 유량범위의 상태에서 가동하게 되면 송출유량과 송출압력의 주기적인 변동이 반복되면서 소음과 진동이 심해지는 현상이다.

42 ③ ① 흡입양정을 작게 할수록 공동현상(cavitation) 방지에 유리하다.
② 펌프의 실양정은 흡입양정과 토출양정의 합이다.
④ 펌프의 전양정은 펌프 회전수의 제곱에 비례한다.
⑤ 펌프의 회전수를 2배로 하면 펌프의 축동력은 세제곱에 비례하므로 8배가 된다.

43 ⑤ 진공브레이커(vacuum breaker)란 플러시밸브식 대변기를 사용하는 경우에 역사이펀작용으로 인하여 오수가 급수관 내로 역류되는 것을 방지하기 위하여 사용하는 기구를 말한다.

44 ④ 고층건물에서 급수조닝을 하는 이유와 관련 있는 것은 수격작용이다.

45 실양정이 50m이고 양수관의 마찰저항은 실양정의 30%로 할 때 토출구의 압력을 0.02MPa로 되게 하려면 양수펌프의 전양정은?

① 15m
② 35m
③ 50m
④ 55m
⑤ 67m

46 고가수조방식에서 양수펌프의 전양정이 50m이고, 시간당 $30m^3$를 양수할 경우의 펌프 축동력은 약 몇 kW인가? (단, 펌프의 효율은 60%로 한다) 제22회

① 5.2
② 6.8
③ 8.6
④ 10.5
⑤ 12.3

47 펌프의 실양정 산정시 필요한 요소에 해당하는 것을 모두 고른 것은? 제23회

> ㉠ 마찰손실수두
> ㉡ 압력수두
> ㉢ 흡입양정
> ㉣ 속도수두
> ㉤ 토출양정

① ㉠, ㉢
② ㉢, ㉤
③ ㉠, ㉡, ㉣
④ ㉡, ㉢, ㉣, ㉤
⑤ ㉠, ㉡, ㉢, ㉣, ㉤

48 급수설비에서 펌프에 관한 설명으로 옳지 않은 것은?

제25회

① 펌프의 양수량은 펌프의 회전수에 비례한다.
② 볼류트펌프와 터빈펌프는 원심식 펌프이다.
③ 서징(surging)이 발생하면 배관 내의 유량과 압력에 변동이 생긴다.
④ 펌프의 성능곡선은 양수량, 관경, 유속, 비체적 등의 관계를 나타낸 것이다.
⑤ 공동현상(cavitation)을 방지하기 위해 흡입양정을 낮춘다.

정답 및 해설

45 ⑤ 펌프의 전양정 = 실양정 + 마찰손실수두(+ 토출구 압력수두)
= 50 + (50 × 0.3) + 2 = 67(m)

46 ② $축동력(kW) = \frac{W \cdot Q \cdot H}{6,120E} = \frac{1,000 \times 30 \times 50}{6,120 \times 0.6 \times 60} = 6.8(kW)$

47 ② 펌프의 실양정 = 흡입양정 + 토출양정

48 ④ 펌프의 성능곡선은 펌프효율, 동력, 전양정, 토출량, 회전수 등의 관계를 나타낸 것이다.

제2장 급탕설비

대표예제 51 **급탕설비 ★★★**

급탕설비에 대한 설명으로 옳지 않은 것은? 제11회

① 개별식 급탕방식은 소규모 건물에 유리하고, 중앙식 급탕방식에서 간접가열방식은 대규모 건물에 유리하다.
② 개별식 급탕방식은 긴 배관이 필요 없으므로 총열손실이 작다.
③ 중앙식 급탕방식은 설비비가 많이 소요되나, 기구의 동시 이용률을 고려하여 가열장치의 총용량을 작게 할 수 있다.
④ 급탕배관방식은 단관식과 순환식으로 구분되며, 단관식은 설비비가 적게 소요되므로 중·소규모 급탕에 사용된다.
⑤ 온수보일러나 저탕조에서 15m 이상 떨어져서 급탕전을 설치하는 경우에는 단관식을 채용하는 것이 좋다.

해설 | 온수보일러나 저탕조에서 15m 이상 떨어져서 급탕전을 설치하는 경우에는 복관식을 채용하는 것이 좋다.

기본서 p.415~424 정답 ⑤

01 **급탕설비에 관한 내용으로 옳지 않은 것은?** 제23회

① 간접가열식이 직접가열식보다 열효율이 좋다.
② 팽창관의 도중에는 밸브를 설치해서는 안 된다.
③ 일반적으로 급탕관의 관경을 환탕관(반탕관)의 관경보다 크게 한다.
④ 자동온도조절기(Thermostat)는 저탕탱크에서 온수온도를 적절히 유지하기 위해 사용하는 것이다.
⑤ 급탕배관을 복관식(2관식)으로 하는 이유는 수전을 열었을 때, 바로 온수가 나오게 하기 위해서이다.

02 급탕설비에 관한 설명으로 옳지 않은 것은?

제27회

① 중앙식에서 온수를 빨리 얻기 위해 단관식을 적용한다.
② 중앙식은 국소식(개별식)에 비해 배관에서의 열손실이 크다.
③ 대형 건물에는 간접가열식이 직접가열식보다 적합하다.
④ 배관의 신축을 고려하여 배관이 벽이나 바닥을 관통하는 경우 슬리브를 사용한다.
⑤ 간접가열식은 직접가열식에 비해 저압의 보일러를 적용할 수 있다.

03 급탕설비의 안전장치에 관한 설명으로 옳지 않은 것은?

제27회

① 팽창관 도중에는 배관의 손상을 방지하기 위해 감압밸브를 설치한다.
② 급탕온도를 일정하게 유지하기 위해 자동온도조절장치를 설치한다.
③ 안전밸브는 저탕조 등의 내부압력이 증가하면 온수를 배출하여 압력을 낮추는 장치이다.
④ 배관의 신축을 흡수 처리하기 위해 스위블조인트, 벨로즈형 이음 등을 설치한다.
⑤ 팽창탱크의 용량은 급탕계통 내 전체 수량에 대한 팽창량을 기준으로 산정한다.

정답 및 해설

01 ① 직접가열식이 간접가열식보다 열효율이 좋다.
02 ① 중앙식 급탕설비에서 온수를 빨리 얻기 위해 복관식(순환식)을 적용한다.
03 ① 팽창관 도중에는 절대로 밸브를 설치해서는 안 되며, 팽창관은 급탕 수직주관을 연장하여 팽창탱크에 자유 개방한다.

04 급탕설비에 관한 내용으로 옳지 않은 것은?

제25회

① 저탕탱크의 온수온도를 설정온도로 유지하기 위하여 서모스탯을 설치한다.
② 기수혼합식 탕비기는 소음이 발생하지 않는 장점이 있으나 열효율이 좋지 않다.
③ 중앙식 급탕방식은 가열방법에 따라 직접가열식과 간접가열식으로 구분한다.
④ 개별식 급탕방식은 급탕을 필요로 하는 개소마다 가열기를 설치하여 급탕하는 방식이다.
⑤ 수온변화에 의한 배관의 신축을 흡수하기 위하여 신축이음을 설치한다.

05 중앙식 급탕설비에 관한 내용으로 옳은 것만 모두 고른 것은?

제24회

㉠ 직접가열식은 간접가열식에 비해 고층건물에서는 고압에 견디는 보일러가 필요하다.
㉡ 직접가열식은 간접가열식보다 일반적으로 열효율이 높다.
㉢ 직접가열식은 간접가열식보다 대규모 설비에 적합하다.
㉣ 직접가열식은 간접가열식보다 수처리를 적게 한다.

① ㉠, ㉡
② ㉡, ㉣
③ ㉢, ㉣
④ ㉠, ㉡, ㉢
⑤ ㉠, ㉢, ㉣

06 급탕설비에 관한 설명으로 옳은 것은?

① 급탕배관시 상향공급방식에서는 급탕수평주관은 앞올림구배로 하고 복귀관은 앞내림구배로 한다.
② 스팀사일렌서(steam silencer)는 가스 순간온수기의 소음을 줄이기 위해 사용한다.
③ 팽창관과 팽창수조 사이에는 밸브를 설치하여야 한다.
④ 중앙식 급탕공급방식에서 간접가열식은 직접가열식과 비교하여 열효율은 좋지만, 보일러에 공급되는 냉수로 인해 보일러 본체에 불균등한 신축이 생길 수 있다.
⑤ 팽창관의 관경은 동결을 고려하여 20A 이상으로 하는 것이 바람직하다.

고난도

07 급탕설비에 관한 설명으로 옳은 것은?

① 급탕순환펌프는 급탕사용기구에 필요한 토출압력의 공급을 주목적으로 한다.
② 급탕배관과 팽창탱크 사이의 팽창관에는 차단밸브와 체크밸브를 설치하여야 한다.
③ 직접가열방식은 증기 또는 온수를 열원으로 하여 열교환기를 통해 물을 가열하는 방식이다.
④ 역환수배관방식으로 배관을 구성할 경우 유량이 균등하게 분배되지 않으므로 각 계통마다 차압밸브를 설치한다.
⑤ 헤더공법을 적용할 경우 세대 내에서 사용 중인 급탕기구의 토출압력은 다른 기구의 사용에 따른 영향을 적게 받는다.

08 급탕설비에 관한 내용으로 옳지 않은 것은? 제22회

① 간접가열식은 직접가열식보다 수처리를 더 자주 해야 한다.
② 유량이 균등하게 분배되도록 역환수방식을 적용한다.
③ 동일한 배관재를 사용할 경우 급탕관은 급수관보다 부식이 발생하기 쉽다.
④ 개별식은 중앙식에 비하여 배관에서의 열손실이 작다.
⑤ 일반적으로 개별식은 단관식, 중앙식은 복관식 배관을 사용한다.

정답 및 해설

04 ② 기수혼합식 탕비기는 고압의 증기 사용으로 소음이 크지만, 증기를 물탱크 속에 직접 불어넣어 온수를 얻는 방법이므로 열효율이 좋다.

05 ① ㉢ 직접가열식은 간접가열식보다 소규모 설비에 적합하다.
㉣ 직접가열식은 간접가열식보다 수처리를 많이 한다.

06 ① ② 스팀사일렌서(steam silencer)는 기수혼합식에서 소음을 줄이기 위해 사용한다.
③ 팽창관과 팽창수조 사이에는 밸브를 설치하지 않는다.
④ 중앙식 급탕공급방식에서 간접가열식은 직접가열식과 비교하여 열효율이 나쁘고, 보일러에 공급되는 냉수로 인해 보일러 본체에 불균등한 신축이 생길 수 있는 것은 직접가열식의 특징이다.
⑤ 팽창관의 관경은 동결을 고려하여 25A 이상으로 하는 것이 바람직하다.

07 ⑤ ① 급탕순환펌프는 복관식에서 강제적으로 순환시킬 때 사용하는 펌프이다.
② 급탕배관과 팽창탱크 사이의 팽창관에는 밸브를 설치하지 않는다.
③ 간접가열방식이 증기 또는 온수를 열원으로 하여 열교환기를 통해 물을 가열하는 방식이다.
④ 역환수배관방식으로 배관을 구성할 경우 유량을 균등하게 분배한다.

08 ① 직접가열식은 스케일이 많이 발생하므로 간접가열식보다 수처리를 더 자주 해야 한다.

09 급탕설비인 저탕탱크에서 온수온도를 적절히 유지하기 위하여 사용하는 것은? 제19회

① 버킷트랩(bucket trap)
② 서모스탯(thermostat)
③ 볼조인트(ball joint)
④ 스위블조인트(swivel joint)
⑤ 플로트트랩(float trap)

10 급탕배관 계통의 손실열량이 3.5kW이고 급탕 및 반탕 온도가 각각 70℃, 65℃일 때 순환수량(kg/h)은? (단, 물의 비열은 4.2kJ/kg · K이다)

① 65(kg/h)
② 75(kg/h)
③ 600(kg/h)
④ 650(kg/h)
⑤ 750(kg/h)

대표예제 52 **급탕배관** ★★★

급탕배관에 관한 설명으로 옳지 않은 것은? 제21회

① 2개 이상의 엘보를 사용하여 신축을 흡수하는 이음은 스위블조인트이다.
② 배관의 신축을 고려하여 배관이 벽이나 바닥을 관통하는 경우 슬리브를 사용한다.
③ ㄷ자형의 배관시에는 배관 도중에 공기의 정체를 방지하기 위하여 에어챔버를 설치한다.
④ 동일 재질의 관을 사용하였을 경우 급탕배관은 급수배관보다 관의 부식이 발생하기 쉽다.
⑤ 배관방법에서 복관식은 단관식 배관법보다 뜨거운 물이 빨리 나온다.

해설 | 굴곡(ㄷ자형) 배관시에는 배관 도중에 공기의 정체를 방지하기 위하여 공기빼기밸브를 설치한다.

기본서 p.424~429

정답 ③

11 다음에서 설명하고 있는 것은 무엇인가?

제22회

> 급탕배관이 벽이나 바닥을 통과할 경우 온수 온도변화에 따른 배관의 신축이 쉽게 이루어지도록 벽(바닥)과 배관 사이에 설치하여 벽(바닥)과 배관을 분리시킨다.

① 슬리브
② 공기빼기밸브
③ 신축이음
④ 서모스탯
⑤ 열감지기

12 건물의 급탕설비에 관한 설명으로 옳지 않은 것은?

① 개별식 급탕방식은 긴 배관이 필요 없으므로 배관에서의 열손실이 작다.
② 중앙식 급탕방식은 초기에 설비비가 많이 소요되나, 기구의 동시 이용률을 고려하여 가열장치의 총용량을 적게 할 수 있다.
③ 기수혼합식은 증기를 열원으로 하는 급탕방식으로 열효율이 낮다.
④ 중 · 소 주택 등 소규모 급탕설비에서는 설비비를 적게 하기 위하여 단관식을 채택한다.
⑤ 신축이음쇠에는 슬리브형, 벨로즈형 등이 있다.

정답 및 해설

09 ② 급탕설비인 저탕탱크에서 온수온도를 적절히 유지하기 위하여 사용하는 것은 서모스탯(thermostat)이다.

10 ③ 급탕부하(Q) = $\frac{G \cdot C \cdot \Delta t}{3,600}$(kW)

$$G = \frac{3,600Q}{C \times \Delta t} = \frac{3,600 \times 3.5}{4.2(70 - 65)} = 600(kg/h)$$

11 ① 급탕배관이 벽이나 바닥을 통과할 경우 온수 온도변화에 따른 배관의 신축이 쉽게 이루어지도록 벽(바닥)과 배관 사이에 설치하여 벽(바닥)과 배관을 분리시키는 것은 슬리브이다.

12 ③ 기수혼합식은 증기를 열원으로 하는 급탕방식으로 열효율이 높다.

13 급탕설비에 관한 설명으로 옳지 않은 것은? 제20회

① 유량을 균등하게 분배하기 위하여 역환수방식을 사용한다.
② 배관 내 공기가 머물 우려가 있는 곳에 공기빼기밸브를 설치한다.
③ 팽창관의 도중에는 밸브를 설치하여서는 안 된다.
④ 일반적으로 급탕관의 관경은 환탕관의 관경보다 크게 한다.
⑤ 수온변화에 의한 배관의 신축을 흡수하기 위하여 팽창탱크를 설치한다.

14 배관에 사용되는 신축이음이 아닌 것은?

① 리프트(lift)형 신축이음
② 루프(loop)형 신축이음
③ 슬리브(sleeve)형 신축이음
④ 벨로스(bellows)형 신축이음
⑤ 스위블(swivel)형 신축이음

15 배관의 신축에 대응하기 위해 설치하는 이음쇠가 아닌 것은? 제26회

① 스위블조인트
② 컨트롤조인트
③ 신축곡관
④ 슬리브형 조인트
⑤ 벨로즈형 조인트

고난도

16 급탕시스템에 관한 설명으로 옳지 않은 것은?

① 배관 지지기구는 배관시공에 있어서 그 구배를 쉽게 조정할 수 있는 구조로 한다.
② 주택과 아파트에서 공급온도를 60℃로 할 경우, 1일 1인당 급탕량은 75~150L를 기준으로 한다.
③ 배관의 신축을 흡수처리하기 위한 신축이음방법에는 하트포드접속법과 리프트이음접속법이 있다.
④ 배관의 구배는 상향공급방식인 경우 급탕수평주관은 선상향구배로 하고, 복귀관은 선하향구배로 한다.
⑤ 배관 도중에 밸브를 설치하는 경우, 글로브밸브(globe valve)는 마찰저항이 크므로 슬루스밸브(sluice valve)를 사용하는 것이 좋다.

17 급탕설비에서 팽창관에 대한 설명 중 옳지 않은 것은?

① 온수의 용적팽창을 흡수하고 보일러에 보급수를 공급한다.
② 배관 중에 이상압력을 흡수하는 도피구이다.
③ 보일러 내 공기나 증기를 배출한다.
④ 팽창관의 도중에는 밸브를 설치해서는 안 된다.
⑤ 팽창관은 급탕수직주관을 연장하여 팽창탱크에 자유개방시킨다.

고난도

18 급탕배관 계통에서 급탕 공급온도가 60℃, 환수온도가 50℃이고, 순환수량이 50L/min일 때, 급탕가열기 용량(kW)은 얼마가 필요한가?

① 약 25.8kW
② 약 30.0kW
③ 약 34.9kW
④ 약 43.0kW
⑤ 약 58.1kW

정답 및 해설

13 ⑤ 수온변화에 의한 배관의 신축을 흡수하기 위하여 신축이음을 설치하여야 한다.

14 ① 리프트형 신축이음은 증기난방배관에서 환수주관보다 높은 위치에서 응축수를 끌어올릴 때 사용하는 것이다.

15 ② 컨트롤조인트(Control joint, 조절줄눈)는 지반 또는 옥상 콘크리트 바닥판이 신축에 의한 표면에 균열이 발생하는 것을 방지할 목적으로 설치하는 줄눈이다.

16 ③ 하트포드접속법과 리프트이음접속법은 증기난방의 배관방법이다.

17 ① 보일러에 보급수를 공급하는 관은 보급수관으로 팽창관과는 별도로 팽창탱크에 연결된다.

18 ③ 가열기 용량(kW) $= \frac{G \cdot C \cdot \Delta t}{3,600} = \frac{50 \times 60 \times 4.19 \times (60 - 50)}{3,600} = 34.9$(kW)

19 한 시간당 1,000kg의 온수를 65℃로 유지하여 공급하고자 할 때 필요한 가열기 최소 용량(kW)은? (단, 물의 비열은 4.2kJ/kg · K, 급수온도는 5℃, 가열기 효율은 100%로 한다) 제19회

① 40
② 50
③ 60
④ 70
⑤ 80

20 500인이 거주하는 아파트에서 급수온도는 5℃, 급탕온도는 65℃일 때, 급탕가열장치의 용량(kW)은 약 얼마인가? (단, 1인 1일당 급탕량은 100L/d · 인, 물의 비열은 4.2kJ/kg · K, 1일 사용량에 대한 가열능력비율은 7분의 1, 급탕가열장치 효율은 100%, 이외의 조건은 고려하지 않는다) 제23회

① 50
② 250
③ 500
④ 1,000
⑤ 3,000

정답 및 해설

19 ④ 가열기 용량(kW) $= \frac{G \cdot C \cdot \Delta t}{3,600} = \frac{1,000 \times 4.2 \times (65 - 5)}{3,600} = 70(kW)$

20 ③ $H = \frac{Q_d \cdot \gamma \cdot c(t_h - t_c)}{3,600}(kW) = \frac{500 \times 100 \times (1/7) \times 4.2 \times (65 - 5)}{3,600} = 500(kW)$

▶ Q_d: 1일 급탕량(L/h), γ: 가열능력비율, c: 물의 비열(4.2kJ/kg · K), t_h: 급탕온도(℃), t_c: 급수온도(℃)

제3장 배수 및 통기설비

01 **건물에서 발생하는 오수와 하수도로 유입되는 빗물 및 지하수를 각각 구분되어 흐르게 하기 위한 시설은?**

① 중수도시설
② 합류식 하수관거
③ 분류식 하수관거
④ 개인하수처리시설
⑤ 공공하수처리시설

02 **하수도법령상 용어의 내용으로 옳지 않은 것은?** 제23회

① '하수'라 함은 사람의 생활이나 경제활동으로 인하여 액체성 또는 고체성의 물질이 섞이어 오염된 물(이하 '오수'라 한다)을 말하며, 건물 · 도로 그 밖의 시설물의 부지로부터 하수도로 유입되는 빗물 · 지하수는 제외한다.
② '하수도'라 함은 하수와 분뇨를 유출 또는 처리하기 위하여 설치되는 하수관로 · 공공하수처리시설 등 공작물 · 시설의 총체를 말한다.
③ '분류식 하수관로'라 함은 오수와 하수도로 유입되는 빗물 · 지하수가 각각 구분되어 흐르도록 하기 위한 하수관로를 말한다.
④ '공공하수도'라 함은 지방자치단체가 설치 또는 관리하는 하수도를 말한다. 다만, 개인하수도는 제외한다.
⑤ '배수설비'라 함은 건물 · 시설 등에서 발생하는 하수를 공공하수도에 유입시키기 위하여 설치하는 배수관과 그 밖의 배수시설을 말한다.

정답 및 해설

01 ③ 건물에서 발생하는 오수와 하수도로 유입되는 빗물 및 지하수를 각각 구분되어 흐르게 하기 위한 시설은 분류식 하수관거이다.

02 ① 하수는 사람의 생활이나 경제활동으로 인하여 액체성 또는 고체성의 물질이 섞이어 오염된 물(오수)과 건물 · 도로 그 밖의 시설물의 부지로부터 하수도로 유입되는 빗물 · 지하수를 말한다. 다만, 농작물의 경작으로 인한 것은 제외한다.

03 다음은 하수도법령상의 내용이다. (　　) 안에 들어갈 용어로 옳은 것은? 제24회

- (㉠)란 건물 · 시설 등의 설치자 또는 소유자가 해당 건물 · 시설 등에서 발생하는 하수를 유출 또는 처리하기 위하여 설치하는 배수설비 · 개인하수처리시설과 그 부대시설을 말한다.
- (㉡)란 오수와 하수도로 유입되는 빗물 · 지하수가 함께 흐르도록 하기 위한 하수관로를 말한다.
- (㉢)란 오수와 하수도로 유입되는 빗물 · 지하수가 각각 구분되어 흐르도록 하기 위한 하수관로를 말한다.

① ㉠: 하수관로, ㉡: 공공하수도, ㉢: 개인하수도
② ㉠: 개인하수도, ㉡: 공공하수도, ㉢: 합류식 하수관로
③ ㉠: 공공하수도, ㉡: 개인하수도, ㉢: 합류식 하수관로
④ ㉠: 공공하수도, ㉡: 분류식 하수관로, ㉢: 개인하수도
⑤ ㉠: 개인하수도, ㉡: 합류식 하수관로, ㉢: 분류식 하수관로

대표예제 53 배수설비 ★★★

배수설비에 관한 설명으로 옳은 것은? 제20회

① 배수는 기구배수, 배수수평주관, 배수수직주관의 순서로 이루어지며, 이 순서대로 관경은 작아져야 한다.
② 청소구는 배수수평지관의 최하단부에 설치해야만 한다.
③ 배수관 트랩 봉수의 유효깊이는 주로 50~100cm 정도로 하여야 한다.
④ 기구를 배수관에 직접 연결하지 않고, 도중에 끊어서 대기에 개방시키는 배수방식을 간접배수라 한다.
⑤ 각개통기관은 기구의 넘침선 아래에서 배수수평주관에 접속한다.

오답 체크 | ① 배수는 기구배수, 배수수평주관, 배수수직주관의 순서로 이루어지며, 이 순서대로 관경은 커져야 한다.
② 청소구는 배수수평지관의 최상단부에 설치해야만 한다.
③ 배수관 트랩 봉수의 유효깊이는 주로 5~10cm 정도로 하여야 한다.
⑤ 각개통기관은 기구의 넘침선 위에서 배수수평주관에 접속한다.

기본서 p.439~447 정답 ④

04 배수배관에서 청소구의 설치장소로 옳지 않은 것은?

제27회

① 배수수직관의 최하단부
② 배수수평지관의 최하단부
③ 건물 배수관과 부지 하수관이 접속하는 곳
④ 배관이 45° 이상의 각도로 구부러지는 곳
⑤ 수평관 관경이 100mm 초과시 직선길이 30m 이내마다

제2편 건축설비

제3장

05 옥내배수관의 관경을 결정하는 방법으로 옳지 않은 것은?

제24회

① 옥내배수관의 관경은 기구배수부하단위법 등에 의하여 결정할 수 있다.
② 기구배수부하단위는 각 기구의 최대배수유량을 소변기 최대배수유량으로 나눈 값에 동시사용률 등을 고려하여 결정한다.
③ 배수수평지관의 관경은 그것에 접속하는 트랩구경과 기구배수관의 관경과 같거나 커야 한다.
④ 배수수평지관은 배수가 흐르는 방향으로 관경을 축소하지 않는다.
⑤ 배수수직관의 관경은 가장 큰 배수부하를 담당하는 최하층 관경을 최상층까지 동일하게 적용한다.

06 기구배수부하단위가 낮은 기구에서 높은 기구의 순서로 옳은 것은?

제24회

㉠ 개인용 세면기	㉡ 공중용 대변기	㉢ 주택용 욕조

① ㉠ － ㉡ － ㉢
② ㉠ － ㉢ － ㉡
③ ㉡ － ㉠ － ㉢
④ ㉢ － ㉠ － ㉡
⑤ ㉢ － ㉡ － ㉠

정답 및 해설

03 ⑤ ㉠은 개인하수도, ㉡은 합류식 하수관로, ㉢은 분류식 하수관로에 대한 설명이다.

04 ② 배수배관에서 배수수평지관의 청소구는 최상단부에 설치한다.

05 ② 기구배수부하단위는 각 기구의 최대배수유량을 세면기 최대배수유량으로 나눈 값에 동시사용률 등을 고려하여 결정한다.

06 ② 기구배수부하단위: 개인용 세면기 < 주택용 욕조 < 공중용 대변기

07 배수트랩에 관한 설명으로 옳은 것은?

① 트랩 봉수의 깊이는 일반적으로 5~10cm로 한다.
② 트랩의 목적은 배수의 흐름을 원활히 하기 위한 것이다.
③ 트랩의 오버플로우 부근에 머리카락이나 헝겊이 걸린 경우에는 흡인작용에 의해 봉수가 파괴될 수 있다.
④ 벨트랩은 주방용 싱크나 소제용 싱크에 주로 사용된다.
⑤ U트랩은 배수수직주관에 사용된다.

08 배수트랩의 구비조건에 관한 내용으로 옳지 않은 것은? 제24회

① 자기사이펀작용이 원활하게 일어나야 한다.
② 하수 가스, 냄새의 역류를 방지하여야 한다.
③ 포집 기류를 제외하고는 오수에 포함된 오물 등이 부착 및 침전하기 어려워야 한다.
④ 봉수깊이가 항상 유지되는 구조이어야 한다.
⑤ 간단한 구조이어야 한다.

09 배수설비 트랩의 일반적인 용도로 옳지 않은 것은? 제22회

① 기구트랩 – 바닥 배수
② S트랩 – 소변기 배수
③ U트랩 – 가옥 배수
④ P트랩 – 세면기 배수
⑤ 드럼트랩 – 주방싱크 배수

10 배수트랩에 해당하는 것을 모두 고른 것은?

제23회

㉠ 벨트랩	㉡ 버킷트랩
㉢ 그리스트랩	㉣ P트랩
㉤ 플로트트랩	㉥ 드럼트랩

① ㉠, ㉡
② ㉠, ㉢, ㉥
③ ㉢, ㉣, ㉥
④ ㉠, ㉢, ㉣, ㉥
⑤ ㉡, ㉢, ㉣, ㉤

11 배수트랩에 관한 설명으로 옳지 않은 것은?

① 구조상 수봉식이 아니거나 가동 부분이 있는 것은 바람직하지 않다.
② 이중트랩은 악취를 효과적으로 차단하고, 배수를 원활하게 하는 효과가 있다.
③ 트랩의 가장자리와 싱크대 또는 바닥마감 부분의 사이에는 내수성 충전재로 마무리한다.
④ P트랩에서 봉수 수면이 디프(dip)보다 낮은 위치에 있으면 하수가스의 침입을 방지할 수 없다.
⑤ 정해진 봉수깊이 및 봉수면을 갖도록 설치하고, 필요한 경우 봉수의 동결방지 조치를 한다.

정답 및 해설

07 ① ② 트랩의 목적은 하수관으로부터 역류하는 악취나 폐가스 및 벌레의 유입을 방지하는 방취(防臭) 방법이다.
③ 트랩의 오버플로우 부근에 머리카락이나 헝겊이 걸린 경우에는 모세관현상에 의해 봉수가 파괴될 수 있다.
④ 벨트랩은 욕실바닥에 주로 사용된다.
⑤ U트랩은 옥내 배수수평주관 끝에 설치하여 공공하수관에서의 하수가스의 역류방지용으로 사용하는 트랩이다.

08 ① 자기사이펀작용이 원활하게 일어나면 봉수가 잘 빠지는 원인이 되므로 배수트랩의 구비조건에 포함되지 않는다.

09 ① 벨트랩(원형트랩) – 바닥 배수

10 ④ 버킷트랩과 플로트트랩은 증기난방에서 방열기트랩의 종류이다.

11 ② 이중트랩은 배수의 흐름을 방해하고 유속이 감소되므로 설치하지 않는 것이 좋다.

12 배수의 수평지관 또는 수직배수관에서 일시에 다량의 배수가 흘러내려가는 경우, 이 배수의 압력에 의해 하류 또는 하층기구에 설치된 트랩의 봉수가 파괴되는 것을 무엇이라 하는가?

① 분출작용
② 자기사이펀작용
③ 운동량에 의한 관성작용
④ 증발현상
⑤ 모세관현상

13 트랩의 봉수파괴 원인 중 건물 상층부의 배수수직관으로부터 일시에 많은 양의 물이 흐를 때, 이 물이 피스톤작용을 일으켜 하류 또는 하층기구의 트랩 봉수를 공기의 압축에 의해 실내측으로 역류시키는 작용은?

① 증발작용
② 분출작용
③ 수격작용
④ 유인사이펀작용
⑤ 자기사이펀작용

14 배수수직관을 흘러 내려가는 다량의 배수에 의해 배수수직관 근처에 설치된 기구의 봉수가 파괴되었을 때, 이에 대한 원인과 관계가 깊은 것을 모두 고른 것은?

㉠ 자기사이펀작용
㉡ 분출작용
㉢ 모세관현상
㉣ 흡출(흡인)작용
㉤ 증발작용

① ㉠, ㉡
② ㉡, ㉢
③ ㉡, ㉣
④ ㉠, ㉢, ㉤
⑤ ㉠, ㉣, ㉤

15 배수관에서 트랩의 봉수파괴 원인을 모두 고른 것은?

㉠ 자기사이펀작용
㉡ 흡출작용
㉢ 운동량에 의한 관성작용
㉣ 모세관현상
㉤ 분출작용

① ㉠, ㉣
② ㉠, ㉣, ㉤
③ ㉡, ㉢, ㉤
④ ㉠, ㉡, ㉣, ㉤
⑤ ㉠, ㉡, ㉢, ㉣, ㉤

16 트랩의 봉수파괴 원인이 아닌 것은?

제25회

① 수격작용
② 모세관현상
③ 증발작용
④ 분출작용
⑤ 자기사이펀작용

정답 및 해설

12 ① 배수의 수평지관 또는 수직배수관에서 일시에 다량의 배수가 흘러내려가는 경우, 이 배수의 압력에 의해 하류 또는 하층기구에 설치된 트랩의 봉수가 파괴되는 것은 분출작용이다.

13 ② 상층부의 배수수직관으로부터 일시에 많은 양의 물이 흐를 때, 이 물이 피스톤작용을 일으켜 하류 또는 하층기구의 트랩 봉수를 공기의 압축에 의해 실내측으로 역류시키는 작용은 분출작용이다.

14 ③ 배수수직관을 흘러 내려가는 다량의 배수에 의해 배수수직관 근처에 설치된 기구의 봉수가 파괴되었을 때, 이에 대한 원인과 관계가 깊은 것은 분출작용과 흡출(흡인)작용이다.

15 ⑤ 봉수파괴 원인으로는 자기사이펀작용, 유인사이펀작용, 분출작용, 모세관현상, 증발작용, 관성작용이 있다.

16 ① 트랩의 봉수파괴 원인에는 자기사이펀작용, 유인사이펀작용, 분출작용, 모세관현상, 증발작용, 관성작용이 있다.

17 배수설비에서 청소구의 설치에 관한 사항으로 옳지 않은 것은?

① 배수수평지관의 기점에 설치한다.
② 배수수평주관의 기점에 설치한다.
③ 배수수직관의 최하부에 설치한다.
④ 배수관이 45°를 넘는 각도로 방향을 변경한 개소에 설치한다.
⑤ 배수수평관이 긴 경우, 배수관의 관 지름이 100mm 이하인 경우에는 30m마다 1개씩 설치한다.

18 배수 및 통기설비에 관한 설명으로 옳지 않은 것은? 제23회

① 결합통기관은 배수수직관 내의 압력변화를 완화하기 위하여 배수수직관과 통기수직관을 연결하는 통기관이다.
② 통기수평지관은 기구의 물넘침선보다 150mm 이상 높은 위치에서 수직통기관에 연결한다.
③ 신정통기관은 배수수직관의 상부를 그대로 연장하여 대기에 개방하는 것으로, 배수수직관의 관경보다 작게 해서는 안 된다.
④ 배수수평관이 긴 경우, 배수관의 관 지름이 100mm 이하인 경우에는 20m 이내, 100mm를 넘는 경우에는 매 35m마다 청소구를 설치한다.
⑤ 특수통기방식의 일종인 소벤트방식, 섹스티아방식은 신정통기방식을 변형시킨 것이다.

대표예제 54 통기설비 ★★★

통기설비에 관한 설명으로 옳은 것은? 제14회

① 결합통기관의 지름은 접속되는 통기수직관 지름의 2분의 1로 한다.
② 도피통기관은 배수수직관 상부를 연장하여 대기 중에 개방한 통기관이다.
③ 위생기구가 여러 개일 경우 각개통기관보다 환상통기관을 설치하는 것이 통기효과가 더 좋다.
④ 섹스티아시스템(sextia system)에는 섹스티아이음쇠와 섹스티아벤트관이 사용된다.
⑤ 각개통기관이 배수관에 접속되는 지점은 기구의 최고수면과 배수수평지관이 배수수직관에 접속되는 점을 연결한 동수구배선보다 아래에 있도록 한다.

오답체크
① 결합통기관의 지름은 최소 50mm 이상으로 한다.
② 배수수직관 상부를 연장하여 대기 중에 개방한 통기관은 신정통기관이다.
③ 통기효과가 가장 우수한 통기관은 각개통기관이다.
⑤ 각개통기관이 배수관에 접속되는 지점은 기구의 최고수면과 배수수평지관이 배수수직관에 접속되는 점을 연결한 동수구배선보다 위에 있도록 한다.

기본서 p.448~456

정답 ④

19 통기방식에 관한 설명으로 옳지 않은 것은? 제26회

① 외부에 개방되는 통기관의 말단은 인접건물의 문, 개폐창문과 인접하지 않아야 한다.
② 결합통기관은 배수수직관과 통기수직관을 연결하는 통기관이다.
③ 각개통기관의 수직올림위치는 동수구배선보다 아래에 위치시켜 흐름이 원활하도록 하여야 한다.
④ 통기수직관은 빗물수직관과 연결해서는 안 된다.
⑤ 각개통기방식은 기구의 넘침면보다 15cm 정도 위에서 통기수평지관과 접속시킨다.

정답 및 해설

17 ⑤ 배수수평관이 긴 경우, 배수관의 관 지름이 100mm 이하인 경우에는 15m마다 1개씩 설치한다.

18 ④ 배수수평관이 긴 경우, 배수관의 관 지름이 100mm 이하인 경우에는 15m 이내, 100mm를 넘는 경우에는 매 30m마다 청소구를 설치한다.

19 ③ 각개통기관의 수직올림위치는 동수구배선보다 위에 위치시켜 흐름이 원활하도록 하여야 한다.

20 **배수수직관 내의 압력변동을 방지하기 위해 배수수직관과 통기수직관을 연결하는 통기관은?** 제27회

① 결합통기관
② 공용통기관
③ 각개통기관
④ 루프통기관
⑤ 신정통기관

21 **2개 이상인 트랩을 보호하기 위하여 설치하는 통기관으로 최상류 기구배수관이 배수수평지관에 접속하는 위치의 직하(直下)에서 입상하여 통기수직관에 접속하는 통기관은?**

① 루프통기관
② 신정통기관
③ 결합통기관
④ 습윤통기관
⑤ 각개통기관

22 **통기관에 관한 설명으로 옳지 않은 것은?**

① 루프통기관은 기구배수관을 통하여 배수수평지관에 연결된 2~8개 기구의 통기를 한 개의 통기관으로 담당한다.
② 도피통기관은 배수수평지관의 최상류에 있는 기구배수관 바로 하류측에 세운 통기관이다.
③ 결합통기관은 배수수직주관과 통기수직주관을 연결하는 통기관이다.
④ 신정통기관은 배수수직관 상부에서 관경을 축소하지 않고 연장하여 대기 중에 개방하는 통기관이다.
⑤ 습윤통기관은 배수와 통기의 역할을 겸한다.

23 **배수 및 통기설비에 관한 내용으로 옳은 것은?** 제22회

① 배수관 내에 유입된 배수가 상층부에서 하층부로 낙하하면서 증가하던 속도가 더 이상 증가하지 않을 때의 속도를 종국유속이라 한다.
② 도피통기관은 배수수직관의 상부를 그대로 연장하여 대기에 개방한 통기관이다.
③ 루프통기관은 고층건물에서 배수수직관과 통기수직관을 연결하여 설치한 것이다.
④ 신정통기관은 모든 위생기구마다 설치하는 통기관이다.
⑤ 급수탱크의 배수방식은 간접식보다 직접식으로 해야 한다.

24 배수수직관 내 압력변동을 완화하기 위한 목적으로 배수수직관과 통기수직관을 연결하는 통기관은?

① 각개통기관
② 루프통기관
③ 신정통기관
④ 결합통기관
⑤ 습윤통기관

25 통기관의 설치목적으로 옳은 것을 모두 고른 것은?

㉠ 배수트랩의 봉수를 보호한다.
㉡ 배수관에 부착된 고형물을 청소하는 데 이용한다.
㉢ 신선한 외기를 통하게 하여 배수관 청결을 유지한다.
㉣ 배수관을 통해 냄새나 벌레가 실내로 침입하는 것을 방지한다.
㉤ 배수관 내의 압력변동을 흡수하여 배수의 흐름을 원활하게 한다.

① ㉠, ㉡, ㉣
② ㉠, ㉢, ㉤
③ ㉡, ㉢, ㉤
④ ㉠, ㉡, ㉢, ㉣
⑤ ㉠, ㉢, ㉣, ㉤

정답 및 해설

20 ① 배수수직관 내의 압력변동을 방지하기 위해 배수수직관과 통기수직관을 연결하는 통기관은 결합통기관이다.

21 ① 2개 이상인 트랩을 보호하기 위하여 설치하는 통기관으로 최상류 기구배수관이 배수수평지관에 접속하는 위치의 직하(直下)에서 입상하여 통기수직관에 접속하는 통기관은 루프통기관이다.

22 ② 도피통기관은 회로통기배관에서 통기능률을 촉진시키기 위한 통기관으로 최하류 기구배수관과 배수수직관 사이에 설치한다.

23 ① ② 배수수직관의 상부를 그대로 연장하여 대기에 개방한 통기관은 신정통기관이다.
③ 고층건물에서 배수수직관과 통기수직관을 연결하여 설치한 것은 결합통기관이다.
④ 모든 위생기구마다 설치하는 통기관은 각개통기관이다.
⑤ 급수탱크의 배수방식은 직접배수보다 간접배수로 해야 한다.

24 ④ 배수수직관 내 압력변동을 완화하기 위한 목적으로 배수수직관과 통기수직관을 연결하는 통기관은 결합통기관이다.

25 ② ㉡ 배수관에 부착된 고형물을 청소하는 데 이용하는 것은 청소구의 설치목적이다.
㉣ 배수관을 통해 냄새나 벌레가 실내로 침입하는 것을 방지하는 것은 트랩의 설치목적이다.

26 통기관의 배관에 대한 설명으로 옳지 않은 것은?

① 통기수직관은 빗물수직관과 연결해서는 안 된다.
② 섹스티아방식에서는 공기혼합이음과 공기분리이음을 사용한다.
③ 배수수직관 내의 배수 흐름을 원활히 하기 위하여 결합통기관을 설치한다.
④ 오수정화조의 배기관은 단독으로 대기 중에 개방해야 하며, 일반통기관과 연결해서는 안 된다.
⑤ 당해 층의 가장 높은 위치에 있는 위생기구의 오버플로우면으로부터 최소 150mm 이상 높은 위치에서 통기배관을 한다.

27 통기관경 결정의 기본원칙에 따라 산정된 통기관경으로 옳지 않은 것은? 제19회

① 100mm 관경의 배수수직관에 접속하는 신정통기관의 관경을 100mm로 한다.
② 50mm 관경의 배수수평지관과 100mm 관경의 통기수직관에 접속하는 루프통기관의 관경을 50mm로 한다.
③ 75mm 관경의 배수수평지관에 접속하는 도피통기관의 관경을 50mm로 한다.
④ 50mm 관경의 기구배수관에 접속하는 각개통기관의 관경을 32mm로 한다.
⑤ 100mm 통기수직관과 150mm 배수수직관에 접속하는 결합통기관의 관경을 75mm로 한다.

28 배수수평지관의 최상류에 있는 기구의 바로 아래로부터 뽑아내어 통기와 배수를 겸하는 것은?

① 회로통기관
② 도피통기관
③ 신정통기관
④ 결합통기관
⑤ 습식통기관

정답 및 해설

26 ② 섹스티아방식에서는 섹스티아이음쇠와 섹스티아벤트관을 사용한다.

27 ⑤ 통기수직관과 배수수직관에 접속하는 결합통기관의 관경은 둘 중 작은 쪽의 관경 이상으로 하므로 100mm 이상으로 하여야 한다.

28 ⑤ 배수수평지관의 최상류에 있는 기구의 바로 아래로부터 뽑아내어 통기와 배수를 겸하는 통기관은 습식통기관이다.

제4장 위생기구 및 배관용 재료

대표예제 55 **위생기구 ★★★**

위생기구설비에 관한 설명으로 옳은 것은? 제21회

① 위생기구로서 도기는 다른 재질들에 비해 흡수성이 크다는 장점을 갖고 있어 가장 많이 사용되고 있다.
② 세정밸브식과 세정탱크식의 대변기에서 급수관의 최소관경은 15mm로 동일하다.
③ 세정탱크식 대변기에서 세정시 소음은 로우(low)탱크식이 하이(high)탱크식보다 크다.
④ 세정밸브식 대변기의 최저필요압력은 세변기 수전의 최저필요압력보다 크다.
⑤ 세정탱크식 대변기에는 역류방지를 위해 진공방지기를 설치하여야 한다.

오답체크
① 위생기구로서 도기는 다른 재질들에 비해 흡수성이 작아 가장 많이 사용되고 있다.
② 세정밸브식 대변기 급수관의 최소관경은 25mm이고, 세정탱크식 대변기 급수관의 최소관경은 15mm이다.
③ 세정탱크식 대변기에서 세정시 소음은 하이(high)탱크식이 로우(low)탱크식보다 크다.
⑤ 세정밸브식 대변기에 역류방지를 위해 진공방지기를 설치하여야 한다.

기본서 p.469~475

정답 ④

01 위생도기에 관한 특징으로 옳지 않은 것은?

① 팽창계수가 작다.
② 오수나 악취 등이 흡수되지 않는다.
③ 탄력성이 없고 충격에 약하여 파손되기 쉽다.
④ 산이나 알칼리에 쉽게 침식된다.
⑤ 복잡한 형태의 기구로도 제작이 가능하다.

정답 및 해설

01 ④ 산이나 알칼리에 침식(부식)되지 않는다.

02 대변기에 대한 설명으로 옳지 않은 것은?

① 블로아웃식은 소음이 작아 공동주택 등에 적합하다.
② 절수형 변기를 사용하면 1회에 2~3L의 절수가 가능하다.
③ 세락식은 오물을 트랩 내의 유수 중에 직접 낙하시켜 세정하는 방식이다.
④ 사이펀볼텍스식은 사이펀작용과 물의 회전운동에 의한 와류작용을 이용한 방식이다.
⑤ 세정밸브식의 급수관경은 25mm 이상이어야 한다.

03 위생기구에 관한 설명으로 옳지 않은 것은?

① 우수한 대변기의 조건으로는 건조면적이 크고 유수면이 좁아야 한다.
② 위생기구의 재질은 흡수성이 작아야 하며, 내식성 · 내마모성 등이 우수하여야 한다.
③ 사이펀제트식(syphon jet type) 대변기는 세출식(wash out type) 대변기에 비하여 유수면을 넓게, 봉수 깊이를 깊게 할 수 있다.
④ 세출식(wash out type) 대변기는 오물을 대변기의 얕은 수면에 받아 대변기 가장자리의 여러 곳에서 분출되는 세정수로 오물을 씻어내리는 방식이다.
⑤ 블로아웃식(blow-out type) 대변기는 오물을 트랩유수 중에 낙하시켜 주로 분출하는 물의 힘에 의하여 오물을 배수로 방향으로 배출하는 방식이다.

04 위생기구설비에 관한 내용으로 옳지 않은 것은?

제22회

① 위생기구는 청소가 용이하도록 흡수성, 흡습성이 없어야 한다.
② 위생도기는 외부로부터 충격이 가해질 경우 파손 가능성이 있다.
③ 유닛화는 현장 공정이 줄어들면서 공기단축이 가능하다.
④ 블로아웃식 대변기는 사이펀볼텍스식 대변기에 비해 세정음이 작아 주택이나 호텔 등에 적합하다.
⑤ 대변기에서 세정밸브방식은 연속사용이 가능하기 때문에 사무소, 학교 등에 적합하다.

05 위생기구에 관한 내용으로 옳은 것을 모두 고른 것은?

제25회

㉠ 세출식 대변기는 오물을 직접 유수부에 낙하시켜 물의 낙차에 의하여 오물을 배출하는 방식이다.
㉡ 위생기구설비의 유닛(unit)화는 공기단축, 시공정밀도 향상 등의 장점이 있다.
㉢ 사이펀식 대변기는 분수구로부터 높은 압력으로 물을 뿜어내어 그 작용으로 유수를 배수관으로 유인하는 방식이다.
㉣ 위생기구는 흡수성이 작고, 내식성 및 내마모성이 우수하여야 한다.

① ㉠, ㉢
② ㉡, ㉣
③ ㉠, ㉡, ㉣
④ ㉡, ㉢, ㉣
⑤ ㉠, ㉡, ㉢, ㉣

06 세정밸브식 대변기에 관한 설명으로 옳지 않은 것은?

① 소음이 작아서 일반주택에서 많이 사용한다.
② 급수관의 관 지름은 25mm 이상으로 한다.
③ 연속사용이 가능한 화장실에 많이 사용된다.
④ 급수관이 부압이 되면 오수가 급수관 내로 역류할 위험이 있어 진공방지기를 설치한다.
⑤ 학교, 사무실 등에 적합하다.

정답 및 해설

02 ① 블로아웃식은 소음이 커서 공동주택이나 호텔 등에 적합하지 않다.

03 ① 대변기의 유수면이 넓어야 변기의 오염이 적어진다.

04 ④ 블로아웃식 대변기는 사이펀볼텍스식 대변기에 비해 세정음이 커서 주택이나 호텔 등에 부적합하다.

05 ② ㉠ 오물을 직접 유수부에 낙하시켜 물의 낙차에 의하여 오물을 배출하는 방식은 세락식 대변기이다.
㉢ 분수구로부터 높은 압력으로 물을 뿜어내어 그 작용으로 유수를 배수관으로 유인하는 방식은 블로우아웃식 대변기이다.

06 ① 세정밸브식 대변기는 소음이 커서 일반주택에서 사용하지 않는다.

07 위생기구의 세정(플러시)밸브에 관한 설명으로 옳지 않은 것은? 제23회

① 플러시밸브의 2차측(하류측)에는 버큠브레이커(vacuum breaker)를 설치한다.
② 버큠브레이커(vacuum breaker)의 역할은 이미 사용한 물의 자기사이펀작용에 의해 상수계통(급수관)으로 역류하는 것을 방지하기 위한 기구이다.
③ 플러시밸브에는 핸들식, 전자식, 절수형 등이 있다.
④ 소음이 크고, 단시간에 다량의 물을 필요로 하는 문제점 등으로 인해 일반 가정용으로는 거의 사용하지 않는다.
⑤ 급수관의 관경은 25mm 이상 필요하다.

08 위생기구설비에 관한 설명으로 옳지 않은 것은? 제20회

① 위생기구의 재질은 흡습성이 작아야 한다.
② 로우탱크식 대변기는 탱크에 물이 저장되는 시간이 불필요하므로 연속사용이 많은 화장실에 주로 사용한다.
③ 세출식 대변기는 유수면의 수심이 얕아서 냄새가 발산되기 쉽다.
④ 위생기구설비의 유닛(unit)화는 공사기간 단축, 시공정밀도 향상 등의 장점이 있다.
⑤ 사이펀식 대변기는 세락식 대변기에 비해 세정능력이 우수하다.

대표예제 56 배관 ★★★

배관재료에 관한 설명으로 옳지 않은 것은? 제12회

① 스테인리스강관은 철에 크롬 등을 함유하여 만들어지기 때문에 강관에 비해 기계적 강도가 우수하다.
② 염화비닐관은 선팽창계수가 크므로 온도변화에 따른 신축에 유의해야 한다.
③ 동관은 동일관경에서 K타입의 두께가 가장 얇다.
④ 강관은 주철관에 비하여 부식되기 쉽다.
⑤ 연관은 연성이 풍부하여 가공성이 우수하다.

해설 | 동관은 동일관경에서 K타입의 두께가 가장 두껍다.

기본서 p.475~481

정답 ③

09 배관재료 및 용도에 관한 설명으로 옳지 않은 것은?

① 플라스틱관은 내식성이 있으며, 경량으로 시공성이 우수하다.
② 폴리부틸렌관은 무독성 재료로서 상수도용으로 사용이 가능하다.
③ 가교화 폴리에틸렌관은 온수 · 온돌용으로 사용이 가능하다.
④ 배수용 주철관은 건축물의 오배수 배관으로 사용이 가능하다.
⑤ 탄소강관은 내식성 및 가공성이 우수하며, 관 두께에 따라 K · L · M형으로 구분된다.

10 동관의 이음방법에 해당되지 않는 것은?

① 연납땜
② 경납땜
③ 플래어이음
④ 플랜지이음
⑤ 프레스이음

11 스테인리스강관 접합방법으로 옳지 않은 것은?

① 프레스식 접합
② 압축식 접합
③ 클립식 접합
④ 신축가동식 접합
⑤ T.S.식 접합

정답 및 해설

07 ② 버큠브레이커는 단수시 급수관 내에 일시적인 부압이 형성되어 역사이펀작용이 일어나 상수계통(급수관)으로 배수가 역류하는 것을 방지하기 위한 기구이다.

08 ② 로우탱크식 대변기는 탱크에 물이 저장되는 시간이 필요하므로 연속사용하는 화장실에는 부적합하다.

09 ⑤ 동관은 내식성 및 가공성이 우수하며, 관 두께에 따라 K · L · M형으로 구분된다.

10 ⑤ 동관의 이음방법으로는 연납땜, 경납땜, 플래어이음, 플랜지이음이 있다.

11 ⑤ T.S.(Taper Solvent)식 접합은 경질염화비닐의 냉간식 이음방법으로 접착제에 의한 용해와 경질염화비닐관의 탄성을 이용하여 접합하는 방법이다.

12 배관설비에 대한 설명으로 옳지 않은 것은?

① 급탕용 배관재로 동관과 스테인리스강관이 주로 사용된다.
② 배수수직관의 상부는 연장하여 신정통기관으로 사용하며, 대기 중에 개방한다.
③ 배관 지지철물은 수격작용에 의한 관의 진동이나 충격에 견딜 수 있도록 견고하게 고정한다.
④ 플랜지이음은 밸브, 펌프 및 각종 기기와 배관을 연결하거나, 교환 · 해체가 자주 발생하는 곳에 사용한다.
⑤ 배관의 보온재는 보온 및 방로효과를 높이기 위하여 사용온도에 견디고 열관류율이 되도록 큰 재료를 사용한다.

13 다음에서 설명하고 있는 배관의 이음방식은? 제25회

배관과 밸브 등을 접속할 때 사용하며, 교체 및 해체가 자주 발생하는 곳에 볼트와 너트 등을 이용하여 접합시키는 방식

① 플랜지이음
② 용접이음
③ 소벤트이음
④ 플러그이음
⑤ 크로스이음

14 배관설비 계통에 설치하는 부속이 아닌 것은? 제19회

① 흡입 베인(suction vane)
② 스트레이너(strainer)
③ 리듀서(reducer)
④ 벨로즈(bellows)이음
⑤ 캡(cap)

15 배관설비에 관한 설명으로 옳은 것은?

① 볼조인트(ball joint)는 방열기에 주로 사용되는 신축이음이다.
② 플라스틱관은 흔히 PVC관이라고 불리는 것으로, 배관 두께별로 K · L · M형이 있다.
③ 리듀서(reducer)는 하나의 배관이 두 개로 분기되거나 두 개의 배관이 하나로 합쳐질 때 사용되는 이음이다.
④ 글로브밸브(globe valve)는 배관 내 유체 흐름의 역류를 방지하여 흐름 방향을 일정하게 유지하는 목적으로 사용되는 밸브이다.
⑤ 스트레이너(strainer)는 배관계통 내의 이물질을 거르는 역할을 하는 것이다.

16 배관부속의 용도에 관한 설명으로 옳지 않은 것은?

① 니플: 배관의 방향을 바꿀 때
② 플러그, 캡: 배관 끝을 막을 때
③ 티, 크로스: 배관을 도중에서 분기할 때
④ 이경소켓, 리듀서: 서로 다른 지름의 관을 연결할 때
⑤ 유니언, 플랜지: 같은 지름의 관을 직선으로 연결할 때

정답 및 해설

12 ⑤ 배관의 보온재는 보온 및 방로효과를 높이기 위하여 사용온도에 견디고 열관류율이 되도록 작은 재료를 사용한다.

13 ① 배관과 밸브 등을 접속할 때 사용하며, 교체 및 해체가 자주 발생하는 곳에 볼트와 너트 등을 이용하여 접합시키는 방식은 플랜지이음이다.

14 ① 흡입 베인(suction vane)은 덕트설비 계통에 설치하는 부속이다.

15 ⑤ ① 볼조인트는 배관의 접합부가 공모양을 이루어 각 변위를 할 수 있는 접합이다.
② 동관이 배관 두께별로 K · L · M형이 있다.
③ 리듀서는 지름이 서로 다른 관을 접합하는 데 사용되는 이음이다.
④ 글로브밸브는 유체에 대한 마찰저항이 가장 큰 밸브이다.

16 ① 니플은 배관의 직관이음에 사용된다.

대표예제 57 밸브★

밸브에 관한 설명으로 옳지 않은 것은? 제16회

① 체크밸브는 유체 흐름의 역류방지를 목적으로 설치한다.
② 글로브밸브는 유체저항이 비교적 작으며, 슬루스밸브라고도 불린다.
③ 버터플라이밸브는 밸브 몸통 내 중심축에 원판 형태의 디스크를 설치한 것이다.
④ 볼밸브는 핸들 조작에 따라 볼에 있는 구멍의 방향이 바뀌면서 개폐가 이루어진다.
⑤ 게이트밸브는 디스크가 배관의 횡단면과 평행하게 상하로 이동하면서 개폐가 이루어진다.

해설 | 글로브밸브(스톱밸브)는 유체에 대한 마찰저항이 가장 크다.

기본서 p.459~463

정답 ②

17 **배관 내 유체의 역류를 방지하기 위하여 설치하는 배관부속은?** 제26회

① 체크밸브
② 게이트밸브
③ 스트레이너
④ 글로브밸브
⑤ 감압밸브

18 **배관의 부속품에 관한 설명으로 옳지 않은 것은?** 제25회

① 볼밸브는 핸들을 90° 돌림으로써 밸브가 완전히 열리는 구조로 되어 있다.
② 스트레이너는 배관 중에 먼지 또는 토사, 쇠부스러기 등을 걸러내기 위해 사용한다.
③ 버터플라이밸브는 밸브 내부에 있는 원판을 회전시킴으로써 유체의 흐름을 조절한다.
④ 체크밸브에는 수평 · 수직배관에 모두 사용할 수 있는 스윙형과 수평배관에만 사용하는 리프트형이 있다.
⑤ 게이트밸브는 주로 유량조절에 사용하며 글로브밸브에 비해 유체에 대한 저항이 큰 단점을 가지고 있다.

19 원추형의 유량조절장치를 0°~90° 사이의 임의 각도만큼 회전시킴으로써 유량을 제어하는 것은?

① 드렌처(drencher)
② 체크밸브(check valve)
③ 볼탭(ball tap)
④ 스트레이너(strainer)
⑤ 콕(cock)

정답 및 해설

17 ① 배관 내 유체의 역류를 방지하기 위하여 설치하는 배관부속은 체크밸브이다.
▶ 체크밸브의 종류에는 리프트형과 스윙형이 있으며, 리프트형은 수평 배관에만 사용하고 스윙형은 수평과 수직 배관에 모두 사용한다.

18 ⑤ 게이트밸브는 주로 유량조절에 사용하며 글로브밸브에 비해 유체에 대한 저항이 작은 장점을 가지고 있다.

19 ⑤ 원추형의 유량조절장치를 0°~90° 사이의 임의 각도만큼 회전시킴으로써 유량을 제어하는 것은 콕(cock)이다.

제5장 오물정화설비

대표예제 58 용어★★

수질오염의 지표로서 물속에 용존하고 있는 산소를 의미하는 것은? 제16회

① DO
② SS
③ BOD
④ COD
⑤ SOD

해설 | ② SS: 부유물질
③ BOD: 생물화학적 산소요구량
④ COD: 화학적 산소요구량
⑤ SOD: 초과산화물 불균등화효소

기본서 p.497~498

정답 ①

01 오수처리설비에 관한 설명으로 옳지 않은 것은? 제25회

① DO는 용존산소량으로 DO값이 작을수록 오수의 정화능력이 우수하다.
② COD는 화학적 산소요구량, SS는 부유물질을 말한다.
③ BOD제거율이 높을수록 정화조의 성능이 우수하다.
④ 오수처리에 활용되는 미생물에는 호기성 미생물과 혐기성 미생물 등이 있다.
⑤ 분뇨란 수거식 화장실에서 수거되는 액체성 또는 고체성 오염물질을 말한다.

02 오수의 수질을 나타내는 지표를 모두 고른 것은?

제19회

㉠ VOCs(Volatile Organic Compounds)
㉡ BOD(Biochemical Oxygen Demand)
㉢ SS(Suspended Solid)
㉣ PM(Particulate Matter)
㉤ DO(Dissolved Oxygen)

① ㉠, ㉡
② ㉡, ㉢
③ ㉠, ㉢, ㉣
④ ㉡, ㉢, ㉣
⑤ ㉡, ㉢, ㉤

고난도

03 오수의 BOD제거율이 90%인 정화조에서 정화조로 유입되는 오수의 BOD 농도가 250ppm일 경우, 정화 후의 방류수 BOD농도는?

① 25ppm
② 75ppm
③ 125ppm
④ 175ppm
⑤ 225ppm

정답 및 해설

01 ① DO는 용존산소량으로 DO값이 클수록 오수의 정화능력이 우수하다.

02 ⑤ 오수의 수질을 나타내는 지표는 BOD(생물화학적 산소요구량), SS(부유물질), DO(용존산소량)이다.

03 ①

$$\text{BOD제거율(\%)} = \frac{\text{유입수 BOD} - \text{유출수 BOD}}{\text{유입수 BOD}} \times 100$$

방류수 BOD농도 = 250 × (1 − 0.9) = 25ppm

04 150명이 거주하는 공동주택에서 유출수의 BOD농도는 60ppm, BOD제거율은 60%이다. 이때 오물정화조의 유입수 BOD농도는? 제21회

① 96ppm
② 120ppm
③ 150ppm
④ 180ppm
⑤ 192ppm

05 하수도법령상 개인하수처리시설의 관리기준에 관한 내용의 일부분이다. (　　) 안에 들어갈 내용으로 옳은 것은? 제23회

> 제33조【개인하수처리시설의 관리기준】① … 생략 …
> 가. 1일 처리용량이 200m^3 이상인 오수처리시설과 1일 처리대상인원이 2천명 이상인 정화조: (㉠)회 이상
> 나. 1일 처리용량이 50m^3 이상 200m^3 미만인 오수처리시설과 1일 처리대상인원이 1천명 이상 2천명 미만인 정화조: (㉡)회 이상

① ㉠: 6개월마다 1, ㉡: 2년마다 1
② ㉠: 6개월마다 1, ㉡: 연 1
③ ㉠: 연 1, ㉡: 연 1
④ ㉠: 연 1, ㉡: 2년마다 1
⑤ ㉠: 연 1, ㉡: 3년마다 1

대표예제 59 오수정화처리방식 ★★

오수처리방법 중 물리적 처리방법이 아닌 것은? 제18회

① 스크린
② 침사
③ 침전
④ 여과
⑤ 중화

해설 | 물리적 처리방법으로는 스크린, 침전(침사), 교반, 여과가 있다.

기본서 p.499~500

정답 ⑤

06 장시간 폭기방식에 의한 오수정화조의 오수정화순서로 옳은 것은?

① 스크린 ⇨ 폭기조 ⇨ 침전조 ⇨ 소독조
② 폭기조 ⇨ 스크린 ⇨ 침전조 ⇨ 소독조
③ 폭기조 ⇨ 스크린 ⇨ 소독조 ⇨ 침전조
④ 스크린 ⇨ 소독조 ⇨ 폭기조 ⇨ 침전조
⑤ 침전조 ⇨ 폭기조 ⇨ 스크린 ⇨ 소독조

07 오수처리정화설비에 관한 설명으로 옳지 않은 것은?

① 오수정화조의 성능은 BOD제거율이 높을수록, 유출수의 BOD는 낮을수록 우수하다.
② SS는 부유물질, COD는 화학적 산소요구량을 말한다.
③ 부패탱크방식의 처리과정은 부패조, 여과조, 산화조, 소독조의 순이다.
④ 살수여상형, 평면산화형, 지하모래여과형 방식은 호기성 처리방식이다.
⑤ 장시간 폭기방식의 처리과정은 스크린, 침전조, 폭기조, 소독조의 순이다.

정답 및 해설

04 ③

$$BOD제거율(\%) = \frac{유입수\ BOD - 유출수\ BOD}{유입수\ BOD} \times 100$$

$$0.6 = \frac{x - 60}{x}$$

$x = 150ppm$

05 ② 가. 1일 처리용량이 200m^3 이상인 오수처리시설과 1일 처리대상인원이 2천명 이상인 정화조: 6개월마다 1회 이상
나. 1일 처리용량이 50m^3 이상 200m^3 미만인 오수처리시설과 1일 처리대상인원이 1천명 이상 2천명 미만인 정화조: 연 1회 이상

06 ① 장시간 폭기방식에 의한 오수정화순서는 '스크린 ⇨ 폭기조 ⇨ 침전조 ⇨ 소독조'의 순이다.

07 ⑤ 장시간 폭기방식의 처리과정은 '스크린 ⇨ 폭기조 ⇨ 침전조 ⇨ 소독조'의 순이다.

08 다실형 부패탱크식 오수정화조의 오수정화순서를 올바르게 표시한 것은?

① 부패조 ⇨ 여과조 ⇨ 산화조 ⇨ 소독조 ⇨ 방류
② 여과조 ⇨ 부패조 ⇨ 산화조 ⇨ 소독조 ⇨ 방류
③ 여과조 ⇨ 산화조 ⇨ 부패조 ⇨ 소독조 ⇨ 방류
④ 부패조 ⇨ 산화조 ⇨ 여과조 ⇨ 소독조 ⇨ 방류
⑤ 산화조 ⇨ 여과조 ⇨ 부패조 ⇨ 소독조 ⇨ 방류

09 부패탱크방식의 정화조에서 오수의 처리순서로 옳은 것은?

제27회

㉠ 산화조　　㉡ 소독조　　㉢ 부패조

① ㉠ ⇨ ㉡ ⇨ ㉢
② ㉠ ⇨ ㉢ ⇨ ㉡
③ ㉡ ⇨ ㉢ ⇨ ㉠
④ ㉢ ⇨ ㉠ ⇨ ㉡
⑤ ㉢ ⇨ ㉡ ⇨ ㉠

10 오수정화조의 소독조에서 약액으로 사용하는 것은?

① 차아염소산소다
② 탄산칼슘
③ 스컴
④ 불소
⑤ 암모니아질소

정답 및 해설

08 ① 다실형 부패탱크식 오수정화조의 오수정화순서는 '부패조 ⇨ 여과조 ⇨ 산화조 ⇨ 소독조 ⇨ 방류' 순이다.
09 ④ 부패탱크방식의 정화조에서 오수의 처리순서는 '부패조 ⇨ 산화조 ⇨ 소독조' 순이다.
10 ① 오수정화조의 소독조에서 약액으로 사용하는 것에는 차아염소산소다, 차아염소산나트륨, 표백분 등이 있다.

제6장 소화설비

대표예제 60 **소화활동설비 ★★**

소화활동설비에 해당되지 않는 것은? 제12회

① 제연설비
② 무선통신보조설비
③ 연결송수관설비
④ 비상콘센트설비
⑤ 옥내소화전설비

해설 | 옥내소화전설비는 소화설비이다.

기본서 p.521~523

정답 ⑤

01 **소방시설의 분류와 설비의 연결이 옳지 않은 것은?** 제19회

① 소화활동설비 - 제연설비
② 소화설비 - 스프링클러설비
③ 피난설비 - 무선통신보조설비
④ 경보설비 - 자동화재탐지설비
⑤ 소화용수설비 - 소화수조

정답 및 해설

01 ③ 무선통신보조설비는 소화활동설비이다.

02 **소방시설 설치 및 관리에 관한 법령상 화재를 진압하거나 인명구조활동을 위하여 사용하는 소화활동설비에 해당하는 것은?** 제26회

① 이산화탄소소화설비
② 비상방송설비
③ 상수도 소화용수설비
④ 자동식 사이렌설비
⑤ 무선통신보조설비

03 **소방시설 중 피난구조설비에 해당하지 않는 것은?** 제25회

① 완강기
② 제연설비
③ 피난사다리
④ 구조대
⑤ 피난구유도등

04 **화재예방, 소방시설 설치 · 유지 및 안전관리에 관한 법령에서 정하고 있는 소방시설에 관한 내용으로 옳지 않은 것은?** 제22회

① 비상콘센트설비, 연소방지설비는 소화활동설비이다.
② 연결송수관설비, 상수도 소화용수설비는 소화설비이다.
③ 옥내소화전설비, 옥외소화전설비는 소화설비이다.
④ 시각경보기, 자동화재속보설비는 경보설비이다.
⑤ 인명구조기구, 비상조명등은 피난구조설비이다.

05 **화재안전기준상 연결송수관설비에 관한 내용으로 옳지 않은 것은?** 제19회

① 송수구는 지면으로부터 높이가 0.5m 이상 1m 이하의 위치에 설치하여야 한다.
② 송수구는 화재층으로부터 지면으로 떨어지는 유리창 등이 송수 및 그 밖의 소화작업에 지장을 주지 아니하는 장소에 설치하여야 한다.
③ 송수구는 구경 65mm의 쌍구형으로 하여야 한다.
④ 주배관의 구경은 80mm로 하여야 한다.
⑤ 방수구는 개폐기능을 가진 것으로 설치하여야 하며, 평상시 닫힌 상태를 유지하여야 한다.

06 옥내소화전설비의 화재안전성능기준상 배관에 관한 내용이다. (　　) 안에 들어갈 내용으로 옳은 것은? 제27회

> 옥내소화전설비의 배관을 연결송수관설비와 겸용하는 경우 주배관은 구경 (㉠) mm 이상, 방수구로 연결되는 배관의 구경은 (㉡)mm 이상의 것으로 해야 한다.

① ㉠: 60, ㉡: 40
② ㉠: 65, ㉡: 40
③ ㉠: 65, ㉡: 45
④ ㉠: 100, ㉡: 45
⑤ ㉠: 100, ㉡: 65

대표예제 61 소화설비 ★★★

소화설비에 대한 설명으로 옳지 않은 것은? 제11회

① 기동용 수압개폐장치(압력챔버)의 용적은 100L 이상의 것으로 한다.
② 옥내소화전 펌프의 성능은 체절운전시 정격토출압력의 150%를 초과하지 않아야 한다.
③ 호스릴 옥내소화전설비의 방수량은 60L/min 이상이다.
④ 옥외소화전에서 소방대상물의 각 부분으로부터 하나의 호스 접결구까지의 수평거리는 40m 이하로 한다.
⑤ 인접건물의 연소를 방지하는 드렌처설비의 헤드 설치간격은 2.5m 이내로 한다.

해설 | 옥내소화전 펌프의 성능은 체절운전시 정격토출압력의 140%를 초과하지 않아야 한다.

기본서 p.513~521

정답 ②

정답 및 해설

02 ⑤ ① 이산화탄소소화설비 - 소화설비
② 비상방송설비 - 경보설비
③ 상수도 소화용수설비 - 소화용수설비
④ 자동식 사이렌설비 - 경보설비

03 ② 제연설비는 소화활동설비이다.

04 ② 연결송수관설비는 소화활동설비이다.

05 ④ 연결송수관설비에서 주배관의 구경은 100mm 이상으로 하여야 한다.

06 ⑤ 옥내소화전설비의 배관을 연결송수관설비와 겸용하는 경우 주배관은 구경 100mm 이상, 방수구로 연결되는 배관의 구경은 65mm 이상의 것으로 해야 한다.

07 옥내소화전설비의 위치를 표시하는 적색표시등의 설치기준으로 옳은 것은?

① 불빛은 부착면으로부터 15° 이상의 범위 안에서 부착지점으로부터 10m 이내의 어느 곳에서도 쉽게 식별할 수 있어야 한다.

② 불빛은 부착면으로부터 20° 이상의 범위 안에서 부착지점으로부터 15m 이내의 어느 곳에서도 쉽게 식별할 수 있어야 한다.

③ 불빛은 부착면으로부터 25° 이상의 범위 안에서 부착지점으로부터 20m 이내의 어느 곳에서도 쉽게 식별할 수 있어야 한다.

④ 불빛은 부착면으로부터 30° 이상의 범위 안에서 부착지점으로부터 25m 이내의 어느 곳에서도 쉽게 식별할 수 있어야 한다.

⑤ 불빛은 부착면으로부터 45° 이상의 범위 안에서 부착지점으로부터 30m 이내의 어느 곳에서도 쉽게 식별할 수 있어야 한다.

08 화재안전기준상 자동화재탐지설비의 발신기 위치를 표시하는 표시등 설치기준으로 옳은 것은?

제20회

① 불빛은 부착면으로부터 15° 이상의 범위 안에서 부착지점으로부터 10m 이내의 어느 곳에서도 쉽게 식별할 수 있는 적색등으로 하여야 한다.

② 불빛은 부착면으로부터 15° 이상의 범위 안에서 부착지점으로부터 10m 이내의 어느 곳에서도 쉽게 식별할 수 있는 황색등으로 하여야 한다.

③ 불빛은 부착면으로부터 20° 이상의 범위 안에서 부착지점으로부터 5m 이내의 어느 곳에서도 쉽게 식별할 수 있는 황색등으로 하여야 한다.

④ 불빛은 부착면으로부터 20° 이상의 범위 안에서 부착지점으로부터 20m 이내의 어느 곳에서도 쉽게 식별할 수 있는 황색등으로 하여야 한다.

⑤ 불빛은 부착면으로부터 20° 이상의 범위 안에서 부착지점으로부터 20m 이내의 어느 곳에서도 쉽게 식별할 수 있는 녹색등으로 하여야 한다.

고난도

09 옥내소화전설비에 관한 설명으로 옳지 않은 것은?

① 옥내소화전 함의 문짝 면적은 $0.5m^2$ 이상으로 한다.
② 옥내소화전 노즐선단에서의 방수압력은 0.1MPa 이상으로 한다.
③ 옥내소화전 방수구 높이는 바닥으로부터 1.5m 이하가 되도록 한다.
④ 소방대상물 각 부분으로부터 하나의 방수구까지의 수평거리는 25m 이하로 한다.
⑤ 소화전 내에 설치하는 호스의 구경은 40mm(호스릴 옥내소화전설비의 경우에는 25mm) 이상으로 한다.

10 다음은 옥내소화전설비의 화재안전기준에 관한 내용이다. ( ) 안에 들어갈 내용으로 옳은 것은?

제25회

- 특정 소방대상물의 어느 층에서도 해당 층의 옥내소화전(두 개 이상 설치된 경우에는 두 개의 옥내소화전)을 동시에 사용할 경우 각 소화전의 노즐 선단에서 (㉠)MPa 이상의 방수압력으로 분당 130L 이상의 소화수를 방수할 수 있는 성능인 것으로 할 것
- 옥내소화전 방수구의 호스는 구경 (㉡)mm(호스릴 옥내소화전설비의 경우에는 25mm) 이상인 것으로서 특정 소방대상물의 각 부분에 물이 유효하게 뿌려질 수 있는 길이로 설치할 것

① ㉠: 0.12, ㉡: 35
② ㉠: 0.12, ㉡: 40
③ ㉠: 0.17, ㉡: 35
④ ㉠: 0.17, ㉡: 40
⑤ ㉠: 0.25, ㉡: 35

정답 및 해설

07 ① 옥내소화전설비의 위치를 표시하는 적색표시등의 불빛은 부착면으로부터 15° 이상의 범위 안에서 부착지점으로부터 10m 이내의 어느 곳에서도 쉽게 식별할 수 있어야 한다.

08 ① 화재안전기준상 자동화재탐지설비의 발신기 위치를 표시하는 표시등은 불빛을 부착면으로부터 15° 이상의 범위 안에서 부착지점으로부터 10m 이내의 어느 곳에서도 쉽게 식별할 수 있는 적색등으로 하여야 한다.

09 ② 옥내소화전 노즐선단에서의 방수압력은 0.17MPa 이상으로 한다.

10 ④ ㉠에는 0.17, ㉡에는 40이 들어가야 한다.

11 **화재안전기준상 옥내소화전설비에 관한 용어의 정의로 옳지 않은 것은?** 제19회

① 고가수조란 구조물 또는 지형지물 등에 설치하여 자연낙차의 압력으로 급수하는 수조를 말한다.

② 충압펌프란 배관 내 압력손실에 따른 주펌프의 빈번한 기동(機動)을 방지하기 위하여 충압역할을 하는 펌프를 말한다.

③ 기동용 수압개폐장치란 소화설비의 배관 내 압력변동을 감지하여 자동적으로 펌프를 기동 및 정지시키는 것으로서 압력챔버 또는 기동용 압력스위치 등을 말한다.

④ 체절운전이란 펌프의 성능시험을 목적으로 펌프 토출측의 개폐밸브를 닫은 상태에서 펌프를 운전하는 것을 말한다.

⑤ 진공계란 대기압 이상의 압력과 대기압 이하의 압력을 측정할 수 있는 계측기를 말한다.

12 **스프링클러설비에 관한 내용으로 옳지 않은 것은?** 제26회

① 충압펌프란 배관 내 압력손실에 따른 주펌프의 빈번한 기동을 방지하기 위하여 충압역할을 하는 펌프를 말한다.

② 건식 스프링클러 헤드란 물과 오리피스가 분리되어 동파를 방지할 수 있는 스프링클러헤드를 말한다.

③ 유수검지장치란 유수현상을 자동적으로 검지하여 신호 또는 경보를 발하는 장치를 말한다.

④ 가지배관이란 헤드가 설치되어 있는 배관을 말한다.

⑤ 체절운전이란 펌프의 성능시험을 목적으로 펌프 토출측의 개폐밸브를 개방한 상태에서 펌프를 운전하는 것을 말한다.

고난도

13 옥내소화전설비의 화재안전기준상 옥내소화전설비에 관한 내용으로 옳은 것을 모두 고른 것은?

제24회

㉠ 옥내소화전설비의 수원은 그 저수량이 옥내소화전의 설치개수가 가장 많은 층의 설치개수(2개 이상 설치된 경우에는 2개)에 $2.6m^3$(호스릴 옥내소화전설비를 포함한다)를 곱한 양 이상이 되도록 하여야 한다.
㉡ 옥내소화전 송수구의 설치높이는 바닥으로부터의 높이 1.5m에 설치하여야 한다.
㉢ 고가수조란 소화용수와 공기를 채우고 일정 압력 이상으로 가압하여 그 압력으로 급수하는 수조를 말한다.
㉣ 옥내소화전함의 상부 또는 그 직근에 설치하는 가압송수장치의 기동을 표시하는 표시등은 적색등으로 한다.

① ㉡
② ㉠, ㉢
③ ㉠, ㉣
④ ㉡, ㉢, ㉣
⑤ ㉠, ㉡, ㉢, ㉣

정답 및 해설

11 ⑤ 진공계란 대기압 이하의 압력을 측정할 수 있는 계측기를 말한다.

12 ⑤ 체절운전이란 펌프의 성능시험을 목적으로 펌프 토출측의 개폐밸브를 밀폐한 상태에서 펌프를 운전하는 것을 말한다.

13 ③ ㉡ 옥내소화전 송수구의 설치높이는 지면으로부터 0.5m 이상, 1m 이하에 설치하여야 한다.
㉢ 고가수조란 옥상 등 최상층부의 소화전함보다 높은 위치에 수조를 설치하고 고가수조의 바닥면에서부터 최상층 부분의 방수구까지의 높이를 낙차로 환산하여 필요한 법정 방수압력을 확보하는 낙차 이용 송수방식이다.

14 화재안전기준상 소화기구에 관한 설명으로 옳지 않은 것은?

① 소형소화기란 능력단위가 1단위 이상이고 대형소화기의 능력단위 미만인 소화기를 말한다.
② 대형소화기란 A급 10단위 이상, B급 20단위 이상인 소화기를 말한다.
③ 가스식 자동소화장치란 열, 연기 또는 불꽃 등을 감지해 분말의 소화약제를 방사하여 소화하는 소화장치를 말한다.
④ 자동소화장치를 제외한 소화기구는 거주자 등이 손쉽게 사용할 수 있는 장소에 바닥으로부터 높이 1.5m 이하의 곳에 비치한다.
⑤ 아파트의 각 세대별 주방의 가스차단장치는 주방배관의 개폐밸브로부터 2m 이하의 위치에 설치한다.

15 소화기구 및 자동소화장치의 화재안전기준상 용어의 정의로 옳지 않은 것은? 제23회

① '대형소화기'란 화재시 사람이 운반할 수 있도록 운반대와 바퀴가 설치되어 있고 능력단위가 A급 10단위 이상, B급 20단위 이상인 소화기를 말한다.
② '소형소화기'란 능력단위가 1단위 이상이고 대형소화기의 능력단위 미만인 소화기를 말한다.
③ '주거용 주방자동소화장치'란 주거용 주방에 설치된 열발생 조리기구의 사용으로 인한 화재 발생시 열원(전기 또는 가스)을 자동으로 차단하며 소화약제를 방출하는 소화장치를 말한다.
④ '유류화재(B급 화재)'란 인화성 액체, 가연성 액체, 석유 그리스, 타르, 오일, 유성도료, 솔벤트, 래커, 알코올 및 인화성 가스와 같은 유류가 타고 나서 재가 남지 않는 화재를 말한다.
⑤ '주방화재(C급 화재)'란 주방에서 동식물유를 취급하는 조리기구에서 일어나는 화재를 말한다. 주방화재에 대한 소화기의 적응 화재별 표시는 'C'로 표시한다.

16 옥외소화전이 4개 설치되어 있는 경우 수원의 저수량으로 옳은 것은?

① $6m^3$
② $8m^3$
③ $10m^3$
④ $12m^3$
⑤ $14m^3$

17 스프링클러설비에 대한 설명으로 옳지 않은 것은?

① 주차장에 설치되는 스프링클러는 습식 이외의 방식으로 하여야 한다.
② 스프링클러 헤드 가용합금편의 표준용융온도는 67~75℃ 정도이다.
③ 스프링클러 헤드의 방수압력은 0.1~1.2MPa이고, 방수량은 80L/min 이상이어야 한다.
④ 준비작동식은 1차 및 2차측 배관에서 헤드까지 가압수가 충만되어 있다.
⑤ 아파트 천장, 반자 등의 각 부분으로부터 하나의 스프링클러 헤드까지의 거리는 2.6m 이하여야 한다.

18 공동주택의 화재안전성능기준에 관한 내용으로 옳지 않은 것은? 제27회

① 소화기는 바닥면적 $100m^2$마다 1단위 이상의 능력단위를 기준으로 설치해야 한다.
② 주거용 주방자동소화장치는 아파트 등의 주방에 열원(가스 또는 전기)의 종류에 적합한 것으로 설치하고, 열원을 차단할 수 있는 차단장치를 설치해야 한다.
③ 아파트 등의 경우 실내에 설치하는 비상방송설비의 확성기 음성입력은 2W(와트) 이상이어야 한다.
④ 세대 내 거실(취침용도로 사용될 수 있는 통상적인 방 및 거실을 말한다)에는 연기감지기를 설치해야 한다.
⑤ 아파트 등의 세대 내 스프링클러 헤드를 설치하는 경우 천장 · 반자 · 천장과 반자 사이 · 덕트 · 선반 등의 각 부분으로부터 하나의 스프링클러 헤드까지의 수평거리는 3.2m 이하로 해야 한다.

정답 및 해설

14 ③ 가스식 자동소화장치는 열, 연기 또는 불꽃 등을 감지해 가스계의 소화약제를 방사하여 소화하는 소화장치이다.

15 ⑤ 주방화재(K급 화재)란 주방에서 동식물유를 취급하는 조리기구에서 일어나는 화재를 말한다. 주방화재에 대한 소화기의 적응 화재별 표시는 'K'로 표시한다.

16 ⑤ 수원의 저수량 = $7m^3$ × N(개), N은 최대 2개
= $7m^3$ × 2개 = $14m^3$

17 ④ 준비작동식은 1차측에 가압수를 채워놓고, 2차측에는 대기압을 채운다.

18 ⑤ 아파트 등의 세대 내 스프링클러 헤드를 설치하는 경우 천장 · 반자 · 천장과 반자 사이 · 덕트 · 선반 등의 각 부분으로부터 하나의 스프링클러 헤드까지의 수평거리는 2.6m 이하로 해야 한다.

19 스프링클러설비에 관한 설명으로 옳지 않은 것은?

① 천장이 높은 무대부를 비롯하여 공장, 창고, 준위험물 저장소에는 개방형 스프링클러 배관방식이 효과적이다.

② 비상전원 중 자가발전설비는 스프링클러설비를 유효하게 20분 이상 작동할 수 있어야 한다.

③ 가압송수장치의 정격토출압력은 하나의 헤드선단에 0.1MPa 이상, 2.0MPa 이하의 방수압력이 될 수 있게 하여야 한다.

④ 가압수조는 최대 상용압력 1.5배의 압력을 가하는 경우 물이 새지 않고 변형이 없도록 한다.

⑤ 가압송수장치의 송수량은 0.1MPa의 방수압력기준으로 80L/min 이상의 방수성능을 가진 기준개수의 모든 헤드로부터의 방수량을 충족시킬 수 있는 양 이상으로 한다.

20 소화설비 중 알람밸브(alarm valve)를 사용하는 스프링클러설비는?

① 건식 스프링클러설비
② 습식 스프링클러설비
③ 개방형 스프링클러설비
④ 일제살수식 스프링클러설비
⑤ 준비작동식 스프링클러설비

21 스프링클러설비에 관한 설명으로 옳은 것은?

① 교차배관은 스프링클러 헤드가 설치되어 있는 배관이며, 가지배관은 주배관으로부터 교차배관에 급수하는 배관이다.

② 폐쇄형 스프링클러설비의 헤드는 개별적으로 화재를 감지하여 개방되는 구조로 되어 있다.

③ 폐쇄형 습식 스프링클러설비는 별도로 설치되어 있는 화재감지기에 의해 유수감지장치가 작동되어 물이 송수되는 구조로 되어 있다.

④ 폐쇄형 건식 스프링클러설비는 헤드가 화재의 열을 감지하면 헤드를 막고 있던 감열체가 녹으면서 헤드까지 차 있던 물이 곧바로 뿌려지는 구조로 되어 있다.

⑤ 폐쇄형 준비작동식 스프링클러설비는 헤드가 화재의 열을 감지하여 헤드를 막고 있던 감열체가 녹으면 압축공기 등이 빠져나가면서 배관계 도중에 있는 유수감지장치가 개방되어 물이 분출되는 구조로 되어 있다.

22 소방대가 건물 외벽 또는 외부에 있는 송수구를 통해 지하층 등의 천장에 설치되어 있는 헤드까지 송수하여 화재를 진압하는 소방시설은?

① 연결살수설비
② 소화용수설비
③ 옥내소화전설비
④ 옥외소화전설비
⑤ 물분무소화설비

대표예제 62 경보설비 ★★

소방시설 중 경보설비에 해당되지 않는 것은? 제18회

① 자동화재탐지설비
② 자동화재속보설비
③ 누전경보기
④ 비상콘센트설비
⑤ 비상방송설비

해설 | 비상콘센트설비는 소화활동설비이다.

기본서 p.524~526

정답 ④

정답 및 해설

19 ③ 가압송수장치의 정격토출압력은 하나의 헤드선단에 0.1MPa 이상, 1.2MPa 이하의 방수압력이 될 수 있게 하여야 한다.

20 ② 알람밸브(alarm valve)를 사용하는 설비는 습식 스프링클러설비이다.

21 ② ① 가지배관은 스프링클러 헤드가 설치되어 있는 배관이며, 교차배관은 주배관으로부터 교차배관에 급수하는 배관이다.
③ 폐쇄형 습식 스프링클러설비는 별도로 화재감지기를 설치하지 않는다.
④ 폐쇄형 습식 스프링클러설비는 헤드가 화재의 열을 감지하면 헤드를 막고 있던 감열체가 녹으면서 헤드까지 차 있던 물이 곧바로 뿌려지는 구조로 되어 있다.
⑤ 폐쇄형 건식 스프링클러설비는 헤드가 화재의 열을 감지하여 헤드를 막고 있던 감열체가 녹으면 압축공기 등이 빠져나가면서 배관계 도중에 있는 유수감지장치가 개방되어 물이 분출되는 구조로 되어 있다.

22 ① 소방대가 건물 외벽 또는 외부에 있는 송수구를 통해 지하층 등의 천장에 설치되어 있는 헤드까지 송수하여 화재를 진압하는 소방시설은 연결살수설비이다.

23 일정한 온도 상승률에 따라 동작하며, 공장 · 창고 · 강당 등 넓은 지역에 설치하는 화재감지기는?

① 차동식 분포형 감지기
② 정온식 스폿형 감지기
③ 이온화식 감지기
④ 보상식 스폿형 감지기
⑤ 광전식 감지기

고난도

24 화재안전기준상 누전경보기 설치에 관한 설명으로 옳지 않은 것은? 제21회

① 경계전로가 분기되지 아니한 정격전류가 60A를 초과하는 전로에 있어서는 2급 누전경보기를 설치할 것
② 누전경보기 전원은 분전반(分電盤)으로부터 전용회로로 하고, 각 극에 개폐기 및 15A 이하의 과전류차단기를 설치할 것
③ 전원을 분기할 때에는 다른 차단기에 따라 전원이 차단되지 않도록 할 것
④ 전원의 개폐기에는 누전경보기용임을 표기한 표지를 할 것
⑤ 수신부의 음향장치는 수위실 등 상시 사람이 근무하는 장소에 설치하여야 하며, 그 음량 및 음색은 다른 기기의 소음 등과 명확히 구별할 수 있는 것으로 할 것

대표예제 63 피난설비 ★★

화재안전기준상 유도등 및 유도표지에 관한 내용으로 옳지 않은 것은? 제20회

① 피난구유도등은 피난구의 바닥으로부터 높이 1.5m 이상으로서 출입구에 인접하도록 설치하여야 한다.
② 복도통로유도등은 바닥으로부터 높이 1.2m의 위치에 설치하여야 한다.
③ 피난구유도표지란 피난구 또는 피난경로로 사용되는 출입구를 표시하여 피난을 유도하는 표지를 말한다.
④ 계단통로유도등은 바닥으로부터 높이 1m 이하의 위치에 설치하여야 한다.
⑤ 거실통로유도등은 구부러진 모퉁이 및 보행거리 20m마다 설치하여야 한다.

해설 | 복도통로유도등은 바닥으로부터 높이 1m 이하의 위치에 설치하여야 한다.

기본서 p.526~530

정답 ②

25 유도등 및 유도표지의 화재안전기준상 유도등의 전원에 관한 기준이다. (　　) 안에 들어갈 내용이 순서대로 옳은 것은?

제22회

> 비상전원은 다음 각 호의 기준에 적합하게 설치하여야 한다.
> 1. 축전지로 할 것
> 2. 유도등을 (㉠)분 이상 유효하게 작동시킬 수 있는 용량으로 할 것
>   다만, 다음 각 목의 특정소방대상물의 경우에는 그 부분에서 피난층에 이르는 부분의 유도등을 (㉡)분 이상 유효하게 작동시킬 수 있는 용량으로 하여야 한다.
>   가. 지하층을 제외한 층수가 11층 이상의 층
>   나. 지하층 또는 무창층으로서 용도가 도매시장 · 소매시장 · 여객자동차터미널 · 지하역사 또는 지하상가

① ㉠: 10, ㉡: 20
② ㉠: 15, ㉡: 30
③ ㉠: 15, ㉡: 60
④ ㉠: 20, ㉡: 30
⑤ ㉠: 20, ㉡: 60

제2편 건축설비

제6장

정답 및 해설

23 ① 일정한 온도 상승률에 따라 동작하며, 공장 · 창고 · 강당 등 넓은 지역에 설치하는 화재감지기는 차동식 분포형 감지기이다.

24 ① 경계전로가 분기되지 아니한 정격전류가 60A를 초과하는 전로에 있어서는 1급 누전경보기를 설치하여야 한다.

25 ⑤ 유도등을 20분 이상 유효하게 작동시킬 수 있는 용량으로 할 것
다만, 다음 각 목의 특정소방대상물의 경우에는 그 부분에서 피난층에 이르는 부분의 유도등을 60분 이상 유효하게 작동시킬 수 있는 용량으로 하여야 한다.

26 유도등 및 유도표지의 화재안전기준상 통로유도등 설치기준의 일부분이다. (　　) 안에 들어갈 내용으로 옳은 것은? 제23회

> 제6조【통로유도등 설치기준】① 통로유도등은 특정소방대상물의 각 거실과 그로부터 지상에 이르는 복도 또는 계단의 통로에 다음 각 호의 기준에 따라 설치하여야 한다.
> 1. 복도통로유도등은 다음 각 목의 기준에 따라 설치할 것
>   가. 복도에 설치할 것
>   나. 구부러진 모퉁이 및 (㉠)마다 설치할 것
>   다. 바닥으로부터 높이 (㉡)의 위치에 설치할 것. 다만, 지하층 또는 무창층의 용도가 도매시장 · 소매시장 · 여객자동차터미널 · 지하역사 또는 지하상가인 경우에는 복도 · 통로 중앙부분의 바닥에 설치하여야 한다.

① ㉠: 직선거리 10m, ㉡: 1.5m 이상
② ㉠: 보행거리 20m, ㉡: 1m 이하
③ ㉠: 보행거리 25m, ㉡: 1.5m 이상
④ ㉠: 직선거리 30m, ㉡: 1m 이상
⑤ ㉠: 보행거리 30m, ㉡: 2m 이하

고난도

27 화재안전기준상 피난기구에 관한 용어의 정의로 옳지 않은 것은? 제20회

① 다수인피난장비란 화재시 2인 이상의 피난자가 동시에 해당 층에서 지상 또는 피난층으로 하강하는 피난기구를 말한다.
② 구조대란 포지 등을 사용하여 자루형태로 만든 것으로 화재시 사용자가 그 내부에 들어가서 내려옴으로써 대피할 수 있는 것을 말한다.
③ 피난사다리란 화재시 긴급대피를 위해 사용하는 사다리를 말한다.
④ 간이완강기란 사용자의 몸무게에 따라 자동적으로 내려올 수 있는 기구 중 사용자가 교대하여 연속적으로 사용할 수 있는 것을 말한다.
⑤ 승강식 피난기란 사용자의 몸무게에 의하여 자동으로 하강하고 내려서면 스스로 상승하여 연속적으로 사용할 수 있는 무동력 승강식 피난기를 말한다.

28 아파트의 지하층에 설치하여야 하는 피난기구로 옳은 것은?

제21회

① 피난교
② 구조대
③ 완강기
④ 피난용 트랩
⑤ 승강식 피난기

29 다음은 피난기구의 화재안전기준상 피난기구에 관한 내용이다. (　　) 안에 들어갈 내용으로 옳은 것은?

제24회

- (㉠)란 사용자의 몸무게에 따라 자동적으로 내려올 수 있는 기구 중 사용자가 교대하여 연속적으로 사용할 수 있는 것을 말한다.
- (㉡)란 포지 등을 사용하여 자루형태로 만든 것으로서, 화재시 사용자가 그 내부에 들어가서 내려옴으로써 대피할 수 있는 것을 말한다.
- (㉢)란 화재시 2인 이상의 피난자가 동시에 해당층에서 지상 또는 피난층으로 하강하는 피난기구를 말한다.

① ㉠: 간이완강기, ㉡: 구조대, ㉢: 하향식 피난구용 내림식 사다리
② ㉠: 간이완강기, ㉡: 공기안전매트, ㉢: 다수인피난장비
③ ㉠: 완강기, ㉡: 구조대, ㉢: 다수인피난장비
④ ㉠: 완강기, ㉡: 간이완강기, ㉢: 하향식 피난구용 내림식 사다리
⑤ ㉠: 승강식 피난기, ㉡: 간이완강기, ㉢: 다수인피난장비

정답 및 해설

26 ② 나. 구부러진 모퉁이 및 보행거리 20m마다 설치할 것
다. 바닥으로부터 높이 1m 이하의 위치에 설치할 것. 다만, 지하층 또는 무창층의 용도가 도매시장 · 소매시장 · 여객자동차터미널 · 지하역사 또는 지하상가인 경우에는 복도 · 통로 중앙부분의 바닥에 설치하여야 한다.

27 ④ 간이완강기란 사용자의 몸무게에 따라 자동적으로 내려올 수 있는 기구 중 사용자가 교대하여 연속적으로 사용할 수 없는 것을 말한다.

28 ④ 아파트의 지하층에 설치하여야 하는 피난기구에는 피난용 트랩과 피난용 사다리가 있다.

29 ③ ㉠은 완강기, ㉡은 구조대, ㉢은 다수인피난장비에 대한 설명이다.

고난도

30 다음은 화재예방, 소방시설 설치 · 유지 및 안전관리에 관한 법령상 소방시설들의 자체점검시 점검인력 배치기준에 관한 내용의 일부이다. (   ) 안에 들어갈 내용으로 옳은 것은? 제25회

> 제2호로부터 제4호까지의 규정에도 불구하고 아파트(공용시설, 부대시설 또는 복리시설은 포함하고, 아파트가 포함된 복합건축물의 아파트 외의 부분은 제외한다. 이하 이 표에서 같다)를 점검할 때에는 다음 각 목의 기준에 따른다.
> 가. 점검인력 1단위가 하루 동안 점검할 수 있는 아파트의 세대수(이하 '점검한도 세대수'라 한다)는 다음과 같다.
> 1) 종합정밀점검: (㉠)세대
> 2) 작동기능점검: (㉡)세대[소규모점검의 경우에는 (㉢)세대]

① ㉠: 250, ㉡: 300, ㉢: 100
② ㉠: 250, ㉡: 350, ㉢: 90
③ ㉠: 250, ㉡: 350, ㉢: 100
④ ㉠: 300, ㉡: 250, ㉢: 90
⑤ ㉠: 300, ㉡: 350, ㉢: 90

정답 및 해설

30 ⑤ 점검인력 1단위가 하루 동안 점검할 수 있는 아파트의 점검한도 세대수는 종합정밀점검일 경우 300세대이고, 작동기능점검일 경우 350세대(소규모점검의 경우에는 90세대)이다.

제7장 가스설비

대표예제 64 **가스설비 ★★**

가스설비에 관한 설명으로 옳지 않은 것은? 제14회

① 액화천연가스(LNG)는 공기보다 가볍다.
② 공동주택의 가스배관은 기본적으로 단열재를 설치하여야 한다.
③ 가스배관의 부식과 손상에 의한 가스누설은 안전사고로 이어질 수 있다.
④ 정압기(governor)는 가스의 압력을 조정하는 것으로 가스공급설비에 포함된다.
⑤ 이론공기량은 가스 $1m^3$를 완전연소시키는 데 필요한 이론상의 최소 공기량이다.

해설 | 공동주택의 가스배관은 노출배관으로 한다.

기본서 p.549~556 정답 ②

01 **가스설비에 관한 설명으로 옳지 않은 것은?**

① 중압은 0.1kPa 이상 1kPa 미만의 압력을 말한다.
② 호칭지름이 13mm 미만의 배관은 1m마다, 13mm 이상 33mm 미만의 배관은 2m마다 고정장치를 설치한다.
③ 가스계량기와 전기점멸기와의 이격거리는 30cm 이상을 유지한다.
④ 입상관의 밸브는 보호상자에 설치하지 않는 경우 바닥으로부터 1.6m 이상 2m 이내에 설치한다.
⑤ 배관은 도시가스를 안전하게 사용할 수 있도록 하기 위하여 내압성능과 기밀성능을 가지도록 한다.

정답 및 해설

01 ① 중압은 0.1MPa 이상 1MPa 미만의 압력을 말한다.

02 도시가스설비에 관한 내용으로 옳지 않은 것은? 제22회

① 가스의 공급압력은 고압, 중압, 저압으로 구분되어 있다.
② 건물에 공급하는 가스의 압력을 조정하고자 할 때에는 정압기를 이용한다.
③ 가스계량기와 화기(그 시설 안에서 사용하는 자체화기는 제외)는 2m 이상 거리를 유지하여야 한다.
④ 압력조정기의 안전점검은 1년에 1회 이상 실시한다.
⑤ 가스계량기와 전기개폐기와의 거리는 30cm 이상으로 유지하여야 한다.

03 LPG의 특성에 관한 설명으로 옳지 않은 것은?

① 주성분은 프로판(C_3H_8), 부탄(C_4H_{10}), 부틸렌(C_4H_8), 프로필렌(C_3H_6) 등이다.
② 공기보다 가볍기 때문에 누설되어도 공기 중에 흡수되어 안전성이 높다.
③ 액화 및 기화가 용이하다.
④ 발열량이 크고, 연소할 때 많은 공기량을 필요로 한다.
⑤ 생성가스에 의한 중독위험이 있으므로 완전연소시켜 사용하여야 한다.

04 LNG의 특성에 관한 설명으로 옳지 않은 것은?

① 주성분은 프로판과 부탄이다.
② 공기보다 가벼워 LPG보다 상대적으로 안전하다.
③ 무공해 · 무독성이다.
④ 대규모의 저장시설을 필요로 하며, 공급은 배관을 통하여 이루어진다.
⑤ 천연가스를 -162℃까지 냉각하여 액화시킨 것이다.

05 LPG와 LNG에 관한 설명으로 옳지 않은 것은? 제23회

① 일반적으로 LNG의 발열량은 LPG의 발열량보다 크다.
② LNG의 주성분은 메탄이다.
③ LNG는 무공해, 무독성 가스이다.
④ LNG는 천연가스를 -162℃까지 냉각하여 액화시킨 것이다.
⑤ LNG는 냉난방, 급탕, 취사 등 가정용으로도 사용된다.

06 가스설비에 관한 설명 중 옳지 않은 것은?

① 가스계량기는 동파의 위험이 있으므로 옥내에 설치하는 것을 원칙으로 한다.
② 가스계량기는 전기개폐기에서 60cm 이상 떨어진 위치에 설치한다.
③ 가스배관은 건물의 주요 구조부를 관통하지 않도록 한다.
④ 가스배관 도중에 신축흡수를 위한 이음을 한다.
⑤ 가스는 무색 · 무취이므로 누설시 감지가 어렵다.

대표예제 65 배관 설계 ★★★

도시가스설비 배관에 관한 설명으로 옳지 않은 것은? 제20회

① 배관은 부식되거나 손상될 우려가 있는 곳은 피하여야 한다.
② 배관의 신축을 흡수하기 위해 필요시 배관 도중에 이음을 설치한다.
③ 건물의 규모가 크고 배관 연장이 긴 경우에는 계통을 나누어 배관한다.
④ 배관은 주요 구조부를 관통하지 않도록 배관하여야 한다.
⑤ 초고층건물의 상층부로 공기보다 가벼운 가스를 공급할 경우, 압력이 떨어지는 것을 고려하여야 한다.

해설 | 초고층건물의 상층부로 공기보다 가벼운 가스를 공급할 경우, 압력이 떨어지는 것을 고려하지 않는다.

기본서 p.551~553

정답 ⑤

정답 및 해설

02 ⑤ 가스계량기와 전기개폐기와의 거리는 60cm 이상으로 유지하여야 한다.
03 ② 공기보다 무거워서 가스경보기는 바닥 위 30cm에 설치한다.
04 ① LNG의 주성분은 메탄이다.
05 ① LNG(38,000kJ/m^3)의 발열량은 LPG(92,000kJ/m^3)의 발열량보다 작다.
06 ① 가스계량기 및 배관은 가스 누출시의 환기를 위하여 노출배관 및 옥외설치를 원칙으로 한다.

07 가스설비에 관한 설명으로 옳지 않은 것은?

① 고(위)발열량 또는 총발열량은 연소시 발생되는 수증기의 잠열을 제외한 것이다.
② 도시가스의 공급압력 분류에서 고압은 게이지압력으로 1MPa 이상인 경우를 말한다.
③ 가스계량기와 전기계량기 및 전기개폐기와의 거리는 60cm 이상을 유지하여야 한다.
④ 정압기는 가스사용기기에 적합한 압력으로 공급할 수 있도록 가스압력을 조정하는 기기이다.
⑤ 발열량은 통상 $1Nm^3$당의 열량으로 나타내는데, 여기에서 N은 표준상태를 나타내는 것으로 가스에서의 표준상태란 0℃, 1atm을 말한다.

08 가스설비에 대한 설명으로 옳지 않은 것은?

① 가스배관은 저압전선과 15cm 이상 이격하여야 한다.
② 가스미터기는 전기미터기와 60cm 이상 이격하여야 한다.
③ 가스배관은 전기콘센트로부터 30cm 이상 이격하여야 한다.
④ 세대에 공급되는 도시가스는 500~550mmAq의 압력으로 공급된다.
⑤ LNG의 경우 가스경보장치는 천장으로부터 30cm 이내 높이에 설치하여야 한다.

09 다음은 도시가스설비에서 가스계량기 설치에 관한 내용이다. (   ) 안에 들어갈 숫자로 옳은 것은?

제24회

> 가스계량기와 전기계량기 및 전기개폐기와의 거리는 (㉠)cm 이상, 절연조치를 하지 아니한 전선과의 거리는 (㉡)cm 이상의 거리를 유지할 것

① ㉠: 15, ㉡: 30
② ㉠: 30, ㉡: 15
③ ㉠: 30, ㉡: 60
④ ㉠: 60, ㉡: 15
⑤ ㉠: 60, ㉡: 30

10 도시가스설비에 관한 내용으로 옳은 것은?

제25회

① 가스계량기는 절연조치를 하지 않은 전선과는 10cm 이상 거리를 유지한다.

② 가스사용시설에 설치된 압력조정기는 매 2년에 1회 이상 압력조정기의 유지 · 관리에 적합한 방법으로 안전점검을 실시한다.

③ 가스배관은 움직이지 않도록 고정 부착하는 조치를 하되, 그 호칭지름이 13mm 미만의 것에는 2m마다 고정장치를 설치한다.

④ 가스계량기와 화기(그 시설 안에서 사용하는 자체화기는 제외) 사이에 유지하여야 하는 거리는 2m 이상이다.

⑤ 가스계량기와 전기계량기 및 전기개폐기와의 거리는 30cm 이상 유지한다.

제2편 건축설비

제7장

정답 및 해설

07 ① 고(위)발열량 또는 총발열량은 연소시 발생되는 수증기의 잠열을 포함한 것이다.

08 ④ 세대에 공급되는 도시가스는 50~250mmAq의 압력으로 공급된다.

09 ④ 가스계량기와 전기계량기 및 전기개폐기와의 거리는 60cm 이상, 절연조치를 하지 아니한 전선과의 거리는 15cm 이상의 거리를 유지해야 한다.

10 ④ ① 가스계량기는 절연조치를 하지 않은 전선과는 15cm 이상 거리를 유지한다.
② 가스사용시설에 설치된 압력조정기는 매 1년에 1회 이상 압력조정기의 유지 · 관리에 적합한 방법으로 안전점검을 실시한다.
③ 가스배관은 움직이지 않도록 고정 부착하는 조치를 하되, 그 호칭지름이 13mm 미만의 것에는 1m마다 고정장치를 설치한다.
⑤ 가스계량기와 전기계량기 및 전기개폐기와의 거리는 60cm 이상 유지한다.

고난도

11 도시가스설비공사에 관한 설명으로 옳은 것은? 제21회

① 가스계량기와 화기 사이에 유지하여야 하는 거리는 1.5m 이상이어야 한다.
② 가스계량기와 전기계량기 및 전기개폐기와의 거리는 30cm 이상을 유지하여야 한다.
③ 입상관의 밸브는 바닥으로부터 1m 이상 2m 이내에 설치하여야 한다.
④ 지상배관은 부식방지 도장 후 표면 색상을 황색으로 도색하고, 최고사용압력이 저압인 지하매설배관은 황색으로 하여야 한다.
⑤ 가스계량기의 설치 높이는 바닥으로부터 1m 이상 2m 이내에 수직 · 수평으로 설치하여야 한다.

12 도시가스사업법령상 도시가스설비에 관한 내용으로 옳은 것은? 제27회

① 가스계량기와 전기개폐기 및 전기점멸기와의 거리는 30cm 이상의 거리를 유지하여야 한다.
② 지하매설배관은 최고사용압력이 저압인 배관은 황색으로, 중압 이상인 배관은 붉은색으로 도색하여야 한다.
③ 가스계량기와 화기(그 시설 안에서 사용하는 자체화기는 제외한다) 사이에 유지하여야 하는 거리는 1.5m 이상으로 하여야 한다.
④ 가스계량기와 절연조치를 하지 아니한 전선과의 거리는 10cm 이상의 거리를 유지하여야 한다.
⑤ 가스배관은 움직이지 않도록 고정부착하는 조치를 하되, 그 호칭지름이 13mm 미만의 것에는 2m마다 고정장치를 설치하여야 한다.

13 가스설비에 관한 설명으로 옳지 않은 것은?

① LPG 누출감지기는 바닥면으로부터 높이 0.3m 이내에 설치한다.
② 배관을 지하에 매설하는 경우에는 지면으로부터 0.5m 이내의 거리를 유지한다.
③ 가스계량기는 전기개폐기로부터 0.6m 이상 이격하여 설치한다.
④ LPG는 원래 무색·무취하므로 냄새가 나는 물질을 넣어 사용한다.
⑤ 건축물 내의 가스배관은 노출하여 시공하는 것을 원칙으로 한다.

정답 및 해설

11 ④ ① 가스계량기와 화기 사이에 유지하여야 하는 거리는 2.0m 이상이어야 한다.
② 가스계량기와 전기계량기 및 전기개폐기와의 거리는 60cm 이상을 유지하여야 한다.
③ 입상관의 밸브는 바닥으로부터 1.6m 이상 2m 이내에 설치하여야 한다.
⑤ 가스계량기의 설치 높이는 바닥으로부터 1.6m 이상 2m 이내에 수직·수평으로 설치하고, 밴드·보호가대 등 고정장치로 고정하여야 한다.

12 ② ① 가스계량기와 전기개폐기와의 거리는 60cm 이상, 전기점멸기와의 거리는 30cm 이상의 거리를 유지하여야 한다.
③ 가스계량기와 화기(그 시설 안에서 사용하는 자체화기는 제외한다) 사이에 유지하여야 하는 거리는 2.0m 이상으로 하여야 한다.
④ 가스계량기와 절연조치를 하지 아니한 전선과의 거리는 15cm 이상의 거리를 유지하여야 한다.
⑤ 가스배관은 움직이지 않도록 고정부착하는 조치를 하되, 그 호칭지름이 13mm 미만의 것에는 1m마다 고정장치를 설치하여야 한다.

13 ② 배관을 지하에 매설하는 경우에는 지면으로부터 0.6m 이상의 거리를 유지하여야 한다.

제8장 냉난방설비

고난도

01 열관류저항이 $2.5m^2 \cdot K/W$인 벽체를 열전도율 $0.03W/m \cdot K$인 단열재로 보강하여 열관류율 $0.25W/m^2 \cdot K$인 벽체로 만들고자 할 때, 단열재의 보강 두께는 얼마인가?

① 25mm　② 30mm　③ 35mm
④ 40mm　⑤ 45mm

02 기존 벽체의 열관류율을 $0.25W/m^2 \cdot K$에서 $0.16W/m^2 \cdot K$로 낮추고자 할 때, 추가해야 할 단열재의 최소 두께(mm)는 얼마인가? (단, 단열재의 열전도율은 $0.04W/m \cdot K$이다) 제26회

① 25　② 30　③ 60
④ 90　⑤ 120

03 기존 열관류저항이 $3.0m^2 \cdot K/W$인 벽체에 열전도율 $0.04W/m \cdot K$인 단열재 40mm를 보강하였다. 이때 단열이 보강된 벽체의 열관류율($W/m^2 \cdot K$)은 약 얼마인가? 제23회

① 0.10　② 0.15　③ 0.20
④ 0.25　⑤ 0.30

04 열관류저항이 $3.5m^2 \cdot K/W$인 기존 벽체에 열전도율 $0.04W/m \cdot K$인 두께 60mm의 단열재를 보강하였다. 이때 단열이 보강된 벽체의 열관류율($W/m^2 \cdot K$)은? 제27회

① 0.15　② 0.20　③ 0.25
④ 0.30　⑤ 0.35

정답 및 해설

01 ⑤
- 단열재 보강 벽체의 열관류율 = 0.25($W/m^2 \cdot K$)
- 열관류저항(열관류율의 역수) = 1/0.25 = 4($m^2 \cdot K/W$)
- 단열재 보강 두께 = 4 − 2.5 = 1.5($m^2 \cdot K/W$)
- 열관류저항 = 단열재 두께 / 열전도율
- 단열재 두께 = 열관류저항 × 열전도율 = 1.5($m^2 \cdot K/W$) × 0.03($W/m \cdot K$) = 0.045(m)

∴ 45mm이다.

02 ④

$$열관류율(K) = \frac{1}{\frac{1}{\alpha_{i}} + \Sigma\frac{d}{\lambda} + \gamma_a + \frac{1}{\alpha_0}} (W/m^2 \cdot K)$$

▶ α_i: 내표면 열전달률($W/m^2 \cdot K$), d: 재료의 두께(m), λ: 재료의 열전도율($W/m \cdot K$)

γ_a : 공기층이 있을 경우 그 공기층의 열저항, α_0: 외표면 열전달률($W/m^2 \cdot K$)

$$열관류율(K) = \frac{열전도율}{벽체의\ 두께(단열재\ 두께)}$$

(1) $0.25 = \frac{0.04}{x}$

$x = \frac{0.04}{0.25} = 0.16(m)$

(2) $0.16 = \frac{0.04}{x}$

$x = \frac{0.04}{0.16} = 0.25(m)$

∴ (2) − (1) = 0.25 − 0.16 = 0.09(m) = 90(mm)

03 ④ (1) 기존 벽체의 열관류저항 = 3.0($m^2 \cdot K/W$)

(2) 보강단열재의 열관류저항 = $\frac{단열재\ 두께}{열전도율} = \frac{40(mm)}{0.04(W/m \cdot K)} = \frac{0.04(m)}{0.04(W/m \cdot K)} = 1(m^2 \cdot K/W)$

(3) 열관류저항 = (1) + (2) = 4($m^2 \cdot K/W$)

∴ 벽체의 열관류율 = $\frac{1}{열관류저항} = \frac{1}{4} = 0.25(W/m^2 \cdot K)$

04 ② (1) 기존 벽체의 열관류저항 = 3.5($m^2 \cdot K/W$)

(2) 보강된 단열재의 열관류저항 = $\frac{단열재\ 두께}{열전도율}$

$= \frac{60(mm)}{0.04(W/m \cdot K)} = \frac{0.06(m)}{0.04(W/m \cdot K)} = 1.5(m^2 \cdot K/W)$

(3) 열관류저항 = (1) + (2) = 5($m^2 \cdot K/W$)

∴ 열관류율 = $\frac{1}{열관류저항} = \frac{1}{5} = 0.2(W/m^2 \cdot K)$

대표예제 66 결로 ★★

결로에 관한 설명으로 옳지 않은 것은? 제13회

① 벽체의 열관류율이 클수록 발생하기 쉽다.
② 실내와 실외의 온도차가 클수록 발생하기 쉽다.
③ 내부결로 방지를 위해 단열재의 실외측에 방습막을 설치한다.
④ 표면결로 방지를 위해 실내에서 발생하는 수증기를 억제한다.
⑤ 표면결로 방지를 위해 외벽의 실내측 표면온도를 실내공기의 노점온도보다 높게 유지한다.

해설 | 내부결로 방지를 위해 단열재의 실내측에 방습막을 설치한다.

기본서 p.569~570

정답 ③

05 **겨울철 벽체의 표면결로 방지대책으로 옳지 않은 것은?** 제21회

① 실내에서 발생하는 수증기량을 줄인다.
② 환기를 통해 실내의 절대습도를 낮춘다.
③ 벽체의 단열강화를 통해 실내측 표면온도를 높인다.
④ 실내측 표면온도를 주변공기의 노점온도보다 낮춘다.
⑤ 난방기기를 이용하여 벽체의 실내측 표면온도를 높인다.

대표예제 67 습공기선도 ★★

습공기선도상에서 습공기의 성질에 관한 설명으로 옳은 것은? 제21회

① 습공기선도를 사용하면 수증기분압, 유효온도, 현열비 등을 알 수 있다.
② 상대습도 50%인 습공기의 건구온도는 습구온도보다 낮다.
③ 상대습도 100%인 습공기의 건구온도와 노점온도는 같다.
④ 건구온도의 변화 없이 절대습도만 상승시키면 습구온도는 낮아진다.
⑤ 절대습도의 변화 없이 건구온도만 상승시키면 노점온도는 낮아진다.

오답체크 ① 습공기선도를 사용하면 건구온도, 습구온도, 노점온도, 절대습도, 상대습도, 수증기분압, 비용적(비체적), 현열비 등을 알 수 있다.
② 상대습도 50%인 습공기의 건구온도는 습구온도보다 높다.
④ 건구온도의 변화 없이 절대습도만 상승시키면 습구온도는 높아진다.
⑤ 절대습도의 변화 없이 건구온도만 상승시키면 노점온도는 변화가 없다.

기본서 p.571~574

정답 ③

06 **습공기에 관한 설명으로 옳지 않은 것은?**

① 현열비는 전열량에 대한 현열량의 비율이다.
② 습공기의 엔탈피는 습공기의 현열량이다.
③ 건구온도가 일정한 경우 상대습도가 높을수록 노점온도는 높아진다.
④ 절대습도가 커질수록 수증기분압은 커진다.
⑤ 습공기의 비용적은 건구온도가 높을수록 커진다.

정답 및 해설

05 ④ 실내측 표면온도를 주변공기의 노점온도보다 높게 하여야 한다.

06 ② 엔탈피는 습공기 속에 현열 및 잠열의 형태로 포함되는 열량이다.

07 건축설비의 기초사항에 관한 내용으로 옳은 것은? 제25회

① 순수한 물은 1기압하에서 4℃일 때 가장 무겁고 부피는 최대가 된다.
② 섭씨 절대온도는 섭씨온도에 459.7을 더한 값이다.
③ 비체적이란 체적을 질량으로 나눈 것이다.
④ 물체의 상태변화 없이 온도가 변화할 때 필요한 열량은 잠열이다.
⑤ 열용량은 단위 중량 물체의 온도를 1℃ 올리는 데 필요한 열량이다.

고난도

08 20℃의 물 3kg을 100℃의 증기로 만들기 위해 필요한 열량(kJ)은? (단, 물의 비열은 4.2kJ/kg · K, 100℃ 온수의 증발열은 2,257kJ/kg으로 한다) 제27회

① 3,153
② 3,265
③ 6,771
④ 7,779
⑤ 8,031

대표예제 68 공기조화설비 ★★★

건물의 난방부하 계산에 관한 설명으로 옳지 않은 것은? 제13회

① 벽체의 열관류율이 클수록 건물의 열손실은 감소한다.
② 실내 · 외 온도차가 클수록 건물의 열손실은 증가한다.
③ 최대 열부하 계산으로 송풍량 또는 장치용량을 결정할 수 있다.
④ 건물의 외벽 면적이 넓을수록 건물의 열손실은 증가한다.
⑤ 난방부하는 실내손실열량, 장치손실열량, 외기부하 등을 포함한다.

해설 | 벽체의 열관류율이 클수록 건물의 열손실은 증가한다.

기본서 p.575~577

정답 ①

09 난방부하의 산정에 관한 설명으로 옳지 않은 것은?

① 외기부하는 현열과 잠열을 고려하여 산정한다.
② 외벽 및 창문의 열관류율이 클수록 손실열량이 증가한다.
③ 지하층의 손실열량은 실내온도와 지중온도를 고려하여 산정한다.
④ 외벽의 손실열량을 산정하는 경우 상당외기온도를 적용하여야 한다.
⑤ 틈새바람에 의한 손실열량을 고려하여 산정한다.

10 건물의 냉방부하 계산에 관한 설명으로 옳지 않은 것은?

① 냉방부하 계산시 재실자의 발열은 고려하지 않는다.
② 실내 · 외 온도차가 클수록 건물의 열손실은 증가한다.
③ 벽체의 열관류율 값이 낮을수록 건물의 열손실은 감소한다.
④ 최대 열부하 계산으로 공조기 송풍량을 결정할 수 있다.
⑤ 냉방부하에는 실내부하, 장치부하, 외기부하 등이 포함된다.

정답 및 해설

07 ③ ① 순수한 물은 1기압하에서 4℃일 때 가장 무겁고 부피는 최소가 된다.
② 섭씨 절대온도는 섭씨온도에 273.15를 더한 값이다.
④ 물체의 상태변화 없이 온도가 변화할 때 필요한 열량은 현열이다.
⑤ 열용량은 특정물질의 온도 1K를 상승시키기 위해 필요한 열량이다.

08 ④ (1) 20°C의 물 3kg을 100°C의 물로 변화하는 데 필요한 열량(현열)
= 3kg × 4.2kJ/kg · K × (100 − 20)℃ = 1,008(kJ)
(2) 100°C의 물이 100°C의 증기로 변화하는 데 필요한 열량(잠열)
= 3kg × 2,257kJ/kg = 6,771(kJ)
∴ (1) + (2) = 1,008 + 6,771 = 7,779(kJ)

09 ④ 상당외기온도는 외기온도뿐만 아니라 일사의 영향, 벽체의 구조에 따른 전열의 시간적 지연을 고려한 것으로 냉방부하 산정에서 적용한다.

10 ① 냉방부하 계산시 재실자의 인체발열량을 고려하여야 한다.

11 공기조화설비 계획시 고려해야 할 조닝(zoning)방법으로 옳은 것은?

① 조명방식별 조닝
② 실용도별 조닝
③ 급탕조닝
④ 급수조닝
⑤ 열원방식별 조닝

12 공동주택에서의 에너지절약을 위한 고려사항으로 옳지 않은 것은?

① 냉난방시 외기도입량을 최대로 한다.
② 에너지효율이 높은 설비기기를 선택한다.
③ 쾌적성을 유지하는 범위 내에서 겨울철 실내난방온도를 가급적 낮게 유지한다.
④ 열원기기는 부하발생 패턴에 맞추어 대수를 분리하여 제어가 가능하도록 설치한다.
⑤ 중간기에 외기의 엔탈피가 실내공기의 엔탈피보다 낮을 경우 외기를 이용하여 냉방한다.

고난도

13 냉방시 실온 26℃를 유지하기 위한 거실 현열부하가 10.1kW이다. 이때 실내 취출구 공기온도를 16℃로 설정할 경우 필요한 최소 송풍량(m^3/h)은 약 얼마인가? (단, 공기의 밀도는 $1.2kg/m^3$, 정압비열은 1.01kJ/kg · K로 한다) 제19회

① 1,000
② 2,355
③ 3,000
④ 4,025
⑤ 4,555

고난도

14 풍량 $1,200m^3/h$, 전압 300Pa, 회전수 500rpm, 전압효율 0.5인 송풍기의 회전수를 1,000rpm으로 변경할 경우 송풍기 축동력(kW)은? 제17회

① 1.6
② 3.2
③ 5.2
④ 6.4
⑤ 9.6

대표예제 69 공기조화방식 ★★★

공조방식 중 전공기방식과 전수방식에 관한 설명으로 옳은 것은? 제12회

① 전공기방식은 외기냉방이 불가능하다.
② 전공기방식은 환기가 용이하다.
③ 전공기방식은 실내에 수배관이 필요하다.
④ 전수방식은 덕트 스페이스가 많이 소요된다.
⑤ 전수방식은 고성능 필터를 사용할 수 있어 실내공기의 청정도가 높다.

오답체크 ① 전공기방식은 외기냉방이 가능하다.
③ 전공기방식은 실내에 수배관이 필요 없다.
④ 전수방식은 덕트 스페이스가 필요 없다.
⑤ 전수방식은 고성능 필터를 사용할 수 없어 실내공기의 청정도가 낮다.

기본서 p.577~587

정답 ②

정답 및 해설

11 ② 공기조화설비의 조닝방법에는 부하별 조닝, 방위별 조닝, 사용시간별 조닝, 실용도별 조닝, 사용자별 조닝이 있다.

12 ① 냉난방시 외기도입량을 최소로 하여야 냉난방부하를 줄일 수 있다.

13 ③ $G = \frac{3,600Q}{C \cdot \Delta t} = \frac{3,600 \times 10.1}{1.2 \times 1.01 \times (26 - 16)} = 3,000(m^3/h)$

14 ①
- 송풍기 동력(kW) $= \frac{Q \cdot Pr}{1,000 \cdot \gamma} = \frac{1,200 \times 300}{3,600 \times 1,000 \times 0.5} = 0.2(kW)$
- 송풍기 축동력(kW) $= (\frac{N_2}{N_1})^3 = 0.2 \times (\frac{1,000}{500})^3 = 1.6(kW)$

15 공조방식에 대한 설명으로 옳은 항목을 모두 고른 것은?

㉠ 정풍량 단일덕트방식은 부하특성이 다른 여러 개의 실이나 존이 있는 건물에 적합하다.
㉡ 정풍량 단일덕트방식은 외기냉방이 가능하다.
㉢ 가변풍량 단일덕트방식은 개별제어가 가능하고 칸막이 변경 또는 부하 변동시 유연성이 있다.
㉣ 가변풍량 단일덕트방식은 정풍량 단일덕트방식에 비해 시스템이 간단하다.
㉤ 팬코일유닛방식은 각 유닛마다 조절할 수 있으므로 실별 조절에 적합하다.

① ㉠, ㉣
② ㉢, ㉣
③ ㉠, ㉢, ㉤
④ ㉡, ㉢, ㉤
⑤ ㉠, ㉡, ㉣, ㉤

16 단일덕트 변풍량방식에 관한 설명으로 옳지 않은 것은?

① 정풍량방식에 비하여 설비비가 적게 든다.
② 부분부하시 송풍기의 풍량을 제어하여 반송동력을 절감할 수 있다.
③ 부하가 감소되면 송풍량이 적어지므로 환기가 불충분해질 염려가 있다.
④ 변풍량 유닛을 배치하면 각 실이나 존(zone)의 개별 제어가 쉽다.
⑤ 전폐형 변풍량 유닛을 사용하면 비사용실에 대한 공조를 정지하여 에너지를 절감할 수 있다.

고난도

17 공기조화설비의 에너지 절약방법에 관한 일반적 설명으로 옳지 않은 것은?

① 부하특성, 사용시간대, 사용조건 등을 고려하여 냉난방조닝을 한다.
② 동절기에 히트펌프를 이용하여 난방할 경우에는 가능한 한 보조열원의 운전을 최소화한다.
③ 난방순환수 펌프는 운전효율을 증대시키기 위해 대수제어 또는 가변속제어방식 등을 채택한다.
④ 공기조화기 팬은 부하변동에 따른 풍량제어가 가능하도록 흡인베인제어방식, 가변익 축류방식 등을 채택한다.
⑤ 단일덕트방식은 에너지 손실이 많으므로 지양하고, 이중덕트방식은 에너지 절약에 도움이 되므로 적극적으로 채택한다.

대표예제 70 공기조화기 ★★

대형공기조화기인 에어핸들링유닛(AHU; Air Handling Unit)의 구성요소에 속하지 않는 것은? 제15회

① 송풍기 ② 가습기
③ 재생기 ④ 에어필터
⑤ 냉 · 온수코일

해설 | 재생기는 흡수식 냉동기의 구성요소이다.

기본서 p.587~588 정답 ③

18 **단위 세대당 환기대상 체적이 $200m^3$인 아파트를 신축할 경우 세대별 시간당 필요한 최소 환기량은? (단, 아파트 규모는 300세대이다)**

① $100m^3/h$ ② $140m^3/h$
③ $160m^3/h$ ④ $180m^3/h$
⑤ $200m^3/h$

정답 및 해설

15 ④ ㉠ 정풍량 단일덕트방식은 부하특성이 다른 여러 개의 실이나 존(zone)이 있는 건물에 부적합하다.
㉣ 가변풍량 단일덕트방식은 정풍량 단일덕트방식에 비해 시스템이 복잡하다.

16 ① 단일덕트 변풍량방식은 정풍량방식에 비하여 시스템이 복잡하여 설비비가 비싸다.

17 ⑤ 이중덕트방식은 에너지 다소비형 공기조화방식이다.

18 ① 공동주택은 0.5회/h 이상의 환기가 이루어질 수 있도록 자연환기 또는 기계환기설비를 갖추어야 한다.
$200(m^3) \times 0.5(회/h) = 100(m^3/h)$

19 아파트단지 내 상가 1층에 실용적 720m³인 은행을 환기횟수 1.5회/h로 계획했을 때의 필요 풍량(m³/min)은?

① 18
② 90
③ 270
④ 540
⑤ 1,080

고난도

20 공동주택의 거실에서 시간당 0.7회의 환기횟수로 환기설비를 가동할 경우 예상되는 실내 CO_2 농도는? (단, 거실의 면적 100m², 천장고 2.5m, 1인당 CO_2 방출량 0.02m³/h, 재실인원 4인, 외기 CO_2 농도 350ppm)

① 약 705ppm
② 약 745ppm
③ 약 807ppm
④ 약 857ppm
⑤ 약 910ppm

대표예제 71 냉동설비 ★★★

냉동설비에 관한 내용으로 옳지 않은 것은? 제19회

① 일반적으로 압축식 냉동기는 전기, 흡수식 냉동기는 가스 또는 증기와 같은 열을 주에너지원으로 사용한다.
② 히트펌프의 성적계수(COP)는 냉방시보다 난방시가 낮다.
③ 흡수식 냉동기의 냉매는 주로 물이 사용된다.
④ 증발기에서 냉매는 주변 물질로부터 열을 흡수하여 그 물질을 냉각시킨다.
⑤ 흡수식 냉동기의 주요 구성요소는 증발기, 흡수기, 재생기, 응축기이다.

해설 | 히트펌프의 성적계수(COP)는 냉방시보다 난방시가 높다.
히트펌프의 성적계수 = 냉동기 성적계수 + 1

기본서 p.592~600

정답 ②

고난도

21 흡수식 냉동기에 대한 설명으로 옳은 것은?

① 냉매로써 R-12가 사용된다.
② 압축식 냉동기에 비해 소음 · 진동이 작다.
③ 냉동 사이클은 '흡수 ⇨ 증발 ⇨ 재생 ⇨ 응축'의 순서이다.
④ 실제 냉동이 이루어지는 부분은 응축기이다.
⑤ 압축식 냉동기에 비해 많은 전력을 소비한다.

정답 및 해설

19 ① $n = \frac{Q}{V}$(회/h)에서

$Q(m^3/h) = n \times V = 1.5 \times 720 = 1,080(m^3/h)$

∴ 필요 풍량$(m^3/min) = 1,080/60 = 18(m^3/min)$

20 ③ CO_2 농도에 의한 필요 환기량 계산

$Q(m^3/h) = \frac{K}{P_i - P_o}(m^3/h)$

▶ K: 실내에서의 CO_2 발생량(m^3/h), P_i: 실내 CO_2 허용농도(m^3/m^3), P_0: 외기 CO_2 농도(m^3/m^3)

$Q(m^3/h) = n \times V$

$= 0.7 \times 100 \times 2.5 = 175$

▶ n: 환기횟수(회/h), V: 실체적(m^3)

$175 = \frac{K}{P_i - P_o}(m^3/h)$

$175 = \frac{4인 \times 0.02(m^3/h)}{x - 350ppm}(m^3/h)$

$175 = \frac{4인 \times 0.02(m^3/h)}{x - 0.00035}(m^3/h)$

x = 약 807ppm

21 ② ① 냉매로써 물이 사용된다.
③ 냉동 사이클은 '<u>증발 ⇨ 흡수 ⇨ 재생 ⇨ 응축</u>'의 순서이다.
④ 실제 냉동이 이루어지는 부분은 <u>증발기</u>이다.
⑤ 압축식 냉동기에 비해 전력소비가 <u>적다</u>.

제2편 건축설비 제8장

22 흡수식 냉동기의 구성요소로 옳은 것은?

① 압축기, 증발기, 흡수기, 재생기
② 흡수기, 증발기, 응축기, 재생기
③ 압축기, 흡수기, 응축기, 팽창밸브
④ 압축기, 증발기, 응축기, 팽창밸브
⑤ 흡수기, 팽창밸브, 응축기, 재생기

23 냉동기의 압축기를 압축방법에 따라 분류할 때 케이싱 안에 설치된 회전날개의 고속회전 운동을 이용하는 압축기는?

① 왕복식 압축기
② 흡수식 압축기
③ 터보압축기
④ 스크류 압축기
⑤ 피스톤식 압축기

24 냉동기에 관한 설명으로 옳지 않은 것은?

① 흡수식 냉동기는 냉매로 브롬화리튬(LiBr), 흡수제로 물(H_2O)을 사용한다.
② 압축식 냉동기는 흡수식 냉동기와 비교하여 많은 전력을 소비한다.
③ 압축식 냉동기와 흡수식 냉동기에서 냉수의 냉각이 이루어지는 부분은 증발기이다.
④ 압축식 냉동기의 4대 구성요소는 압축기, 증발기, 응축기, 팽창밸브이다.
⑤ 흡수식 냉동기의 4대 구성요소는 재생기, 증발기, 응축기, 흡수기이다.

고난도

25 압축식 냉동기의 성적계수에 관한 설명으로 옳지 않은 것은?

① 성적계수가 높을수록 냉동기 성능이 우수하다.
② 히트펌프의 성적계수는 냉방시보다 난방시가 높다.
③ 증발기의 냉각열량을 압축기의 투입에너지로 나눈 값이다.
④ 증발압력이 낮을수록, 응축압력이 높을수록 성적계수는 높아진다.
⑤ 냉매의 압력과 엔탈피의 관계를 나타낸 몰리에르선도를 이용하여 산정할 수 있다.

26 냉동기에 관한 설명으로 옳지 않은 것은?

① 흡수식 냉동기의 냉매로는 물이 사용된다.
② 냉동기의 성적계수(COP)는 그 값이 작을수록 에너지효율이 좋아진다.
③ 터보식 냉동기는 임펠러의 원심력에 의해 냉매가스를 압축한다.
④ 압축식 냉동기의 냉매 순환은 '증발기 ⇨ 압축기 ⇨ 응축기 ⇨ 팽창밸브 ⇨ 증발기' 순으로 이루어진다.
⑤ 흡수식 냉동기의 냉매 순환은 '증발기 ⇨ 흡수기 ⇨ 재생기(발생기) ⇨ 응축기 ⇨ 증발기' 순으로 이루어진다.

고난도

27 냉동기에 관한 설명으로 옳은 것은?

① 2중효용 흡수식 냉동기에는 응축기가 2개 있다.
② 흡수식 냉동기에서 냉동이 이루어지는 부분은 응축기이다.
③ 흡수식 냉동기는 압축식 냉동기에 비해 많은 전력이 소비된다.
④ 압축식 냉동기에서는 냉매가 팽창밸브를 통과하면서 고온 · 고압이 된다.
⑤ 증발기 및 응축기는 압축식 냉동기와 흡수식 냉동기를 구성하는 공통요소이다.

정답 및 해설

22 ② 흡수식 냉동기의 구성요소는 흡수기, 재생기, 응축기, 증발기이다.

23 ③ 케이싱 안에 설치된 회전날개의 고속회전운동을 이용하는 압축기는 터보압축기이다.

24 ① 흡수식 냉동기는 냉매로 물(H_2O)을, 흡수제로 브롬화리튬(LiBr)을 사용한다.

25 ④ 증발압력이 높을수록, 응축압력이 낮을수록 성적계수는 높아진다.

26 ② 냉동기의 성적계수(COP)는 그 값이 작을수록 에너지효율이 나빠진다.

27 ⑤ ① 2중효용 흡수식 냉동기에는 재생기가 2개(고온, 저온) 있다.
② 흡수식 냉동기에서 냉동이 이루어지는 부분은 증발기이다.
③ 흡수식 냉동기는 압축식 냉동기에 비해 적은 전력이 소비된다.
④ 압축식 냉동기에서는 냉매가 팽창밸브를 통과하면서 저온 · 저압이 된다.

28 히트펌프(heat pump)와 관계가 없는 용어는?

① 응축기(condenser)
② COP(Coefficient Of Performance)
③ 몰리에르선도(Mollier diagram)
④ 유효흡입수두(net positive suction head)
⑤ 팽창밸브(expansion valve)

대표예제 72 난방설비 ★★★

난방설비에 관한 내용으로 옳지 않은 것은? 제19회

① 온수난방은 현열을, 증기난방은 잠열을 이용하는 개념의 난방방식이다.
② 100℃ 이상의 고온수난방에는 개방식 팽창탱크를 주로 사용한다.
③ 응축수만을 보일러로 환수시키기 위하여 증기트랩을 설치한다.
④ 수온변화에 따른 온수의 용적 증감에 대응하기 위하여 팽창탱크를 설치한다.
⑤ 개방식 팽창탱크에는 안전관, 오버플로(넘침)관 등을 설치한다.

해설 | 100℃ 이상의 고온수난방에는 밀폐식 팽창탱크를 사용한다.

기본서 p.601~615

정답 ②

29 다음의 중앙난방방식에서 간접난방에 속하는 것은?

① 온수난방
② 온풍난방
③ 증기난방
④ 복사난방
⑤ 저온수난방

30 중앙집중난방과 비교하여 지역난방의 특징으로 옳지 않은 것은?

① 설비의 운전, 보수요원이 경감되므로 인건비 관련 비용이 절감된다.
② 대기오염, 소음 · 진동 등에 대해 집중적인 관리가 가능하여 환경개선에 효과적이다.
③ 공동주택 단지별로 각종 열원기기를 위한 공간이 불필요하므로 이 공간을 유용하게 활용할 수 있다.
④ 보일러 등 각종 장비와 위험물의 취급 및 저장 장소에 대한 집중적인 관리가 가능하여 안전성이 높다.
⑤ 공급대상이 광범위하므로 평균적 부하운전이 가능하며, 수용열량의 시간적 · 계절적 변동이 작아 열의 이용률이 높다.

31 증기난방설비의 구성요소가 아닌 것은?

제22회

① 감압밸브 ② 응축수탱크 ③ 팽창탱크
④ 응축수펌프 ⑤ 버킷트랩

32 난방설비에 사용되는 부속기기에 관한 설명으로 옳지 않은 것은?

제26회

① 방열기밸브는 증기 또는 온수에 사용된다.
② 공기빼기밸브는 증기 또는 온수에 사용된다.
③ 리턴콕(return cock)은 온수의 유량을 조절하는 밸브이다.
④ 2중 서비스밸브는 방열기밸브와 열동트랩을 조합한 구조이다.
⑤ 버킷트랩은 증기와 응축수의 온도 및 엔탈피 차이를 이용하여 응축수를 배출하는 방식이다.

정답 및 해설

28 ④ 유효흡입수두는 펌프에서 액체를 흡입하면서 흡상높이를 높일 수 있는 여유를 말한다.
29 ② 중앙난방방식에서 간접난방에 속하는 것은 온풍난방이다.
30 ⑤ 공급대상이 광범위하여 평균적인 부하운전이 불가능하며, 수용열량의 시간적 · 계절적 변동이 커서 건물 용도별로 원하는 난방의 운전이 어렵다.
31 ③ 팽창탱크는 온수난방이나 급탕설비의 구성요소이다.
32 ⑤ 버킷트랩은 버킷의 부력을 이용해 밸브를 개폐하여 응축수를 배출하는 것으로, 주로 고압증기의 관말트랩 등에 사용한다.

33 난방설비에 대한 설명으로 옳지 않은 것은?

① 온수난방은 증기난방에 비해 제어가 용이하다.
② 온수난방은 증기난방에 비해 배관 내면의 부식이 적다.
③ 증기난방은 온수난방에 비해 예열시간이 짧고 열매의 순환이 빠르다.
④ 증기난방은 온수난방보다 방열면적을 작게 할 수 있으며 관경이 작아도 된다.
⑤ 온수난방은 현열을 이용한 난방이므로 증기난방에 비해 쾌적감이 낮고 열용량이 작아 온수 순환시간이 짧다.

34 난방방식에 관한 설명으로 옳지 않은 것은?

제22회

① 증기난방은 온수난방에 비해 열의 운반능력이 크다.
② 온수난방은 증기난방에 비해 방열량 조절이 용이하다.
③ 온수난방은 증기난방에 비해 예열시간이 짧다.
④ 복사난방은 바닥구조체를 방열체로 사용할 수 있다.
⑤ 복사난방은 대류난방에 비해 실내온도 분포가 균등하다.

35 난방방식에 관한 설명으로 옳지 않은 것은?

제23회

① 대류(온풍)난방은 가습장치를 설치하여 습도조절을 할 수 있다.
② 온수난방은 증기난방에 비해 예열시간이 길어서 난방감을 느끼는 데 시간이 걸려 간헐운전에 적합하지 않다.
③ 온수난방에서 방열기의 유량을 균등하게 분배하기 위하여 역환수방식을 사용한다.
④ 증기난방은 응축수의 환수관 내에서 부식이 발생하기 쉽다.
⑤ 증기난방은 온수난방보다 열매체의 온도가 높아 열매량 차이에 따른 열량조절이 쉬우므로, 부하변동에 대한 대응이 쉽다.

36 난방방식에 관한 설명으로 옳지 않은 것은?

제25회

① 온수난방은 증기난방과 비교하여 예열시간이 짧아 간헐운전에 적합하다.
② 난방코일이 바닥에 매설되어 있는 바닥복사난방은 균열이나 누수시 수리가 어렵다.
③ 증기난방은 비난방시 배관이 비어 있어 한랭지에서도 동결에 의한 파손 우려가 적다.
④ 바닥복사난방은 온풍난방과 비교하여 천장이 높은 대공간에서도 난방효과가 좋다.
⑤ 증기난방은 온수난방과 비교하여 난방부하의 변동에 따른 방열량 조절이 어렵다.

37 난방설비에 관한 내용으로 옳지 않은 것은?

제26회

① 증기난방에서 기계환수식은 응축수탱크에 모인 물을 응축수펌프로 보일러에 공급하는 방법이다.
② 증기트랩의 기계식 트랩은 플로트트랩을 포함한다.
③ 증기배관에서 건식 환수배관방식은 환수주관이 보일러 수면보다 위에 위치한다.
④ 관경결정법에서 마찰저항에 의한 압력손실은 유체밀도에 비례한다.
⑤ 동일 방열량에 대하여 바닥복사난방은 대류난방보다 실의 평균온도가 높기 때문에 손실열량이 많다.

정답 및 해설

33 ⑤ 온수난방은 현열을 이용한 난방이므로 증기난방에 비해 쾌적감이 높고 열용량이 커서 온수 순환시간이 길다.

34 ③ 온수난방은 증기난방에 비해 예열시간이 길다.

35 ⑤ 증기난방은 온수난방보다 열매체의 온도가 높아 열매량 차이에 따른 열량조절이 어렵고, 부하변동에 대한 대응이 어렵다.

36 ① 온수난방은 증기난방과 비교하여 예열시간이 길고 지속운전에 적합하다.

37 ⑤ 동일 방열량에 대하여 바닥복사난방은 대류난방보다 실의 평균온도가 낮기 때문에 손실열량이 적다.

38 난방설비에 관한 설명으로 옳은 것은?

① 증기난방은 증기의 현열을 이용하는 방식이다.
② 온수용 방열기의 표준방열량은 $756W/m^2(650kcal/m^2h)$이다.
③ 증기난방은 부하변동에 따른 방열량 조절이 용이하다.
④ 복사난방은 가열코일을 매설하므로 시공 및 수리가 어렵다.
⑤ 온풍난방은 온수난방과 비교하여 시스템 전체의 열용량이 크므로 실온상승이 빠르다.

39 지역난방방식의 특징에 관한 내용으로 옳지 않은 것은? 제24회

① 열병합발전인 경우에 미활용 에너지를 이용할 수 있어 에너지 절약효과가 있다.
② 단지 자체에 중앙난방 보일러를 설치하는 경우와 비교하여 단지의 난방 운용 인원수를 줄일 수 있다.
③ 건물이 밀집되어 있을수록 배관매설비용이 줄어든다.
④ 단지에 중앙난방 보일러를 설치하지 않으므로 기계실 면적을 줄일 수 있다.
⑤ 건물이 플랜트로부터 멀리 떨어질수록 열매 반송동력이 감소한다.

대표예제 73 보일러설비 ★★★

보일러에 관한 설명으로 옳지 않은 것은? 제16회

① 증기보일러의 용량은 단위시간당 증발량으로 나타낸다.
② 관류보일러는 드럼이 설치되어 있어 부하변동에 대한 응답이 느리다.
③ 노통연관보일러는 부하변동에 대해 안정성이 있고, 수면이 넓어 급수조절이 용이하다.
④ 난방 · 급탕 겸용 보일러의 정격출력은 급탕부하, 난방부하, 배관부하, 예열부하의 합으로 표시된다.
⑤ 수관보일러는 고압 및 대용량에 적합하여 지역난방과 같은 대규모 설비나 대규모 공장 등에서 사용된다.

해설 | 관류보일러는 순환식 펌프에 의해 관 내로 순환된 물이 '예열 ⇨ 증발 ⇨ 가열'의 순서로 관류하면서 소요의 증기를 발생시키는 방식으로 내부에 드럼이 설치되어 있지 않다.

기본서 p.616~629

정답 ②

40 난방용 보일러에 관한 설명으로 옳은 것은? 제27회

① 상용출력은 난방부하, 급탕부하 및 축열부하의 합이다.
② 환산증발량은 100℃의 물을 102℃의 증기로 증발시키는 것을 기준으로 하여 보일러의 실제증발량을 환산한 것이다.
③ 수관보일러는 노통연관보일러에 비해 대규모 시설에 적합하다.
④ 이코노마이저(economizer)는 보일러 배기가스에서 회수한 열로 연소용 공기를 예열하는 장치이다.
⑤ 저위발열량은 연료 연소시 발생하는 수증기의 잠열을 포함한 것이다.

41 지역난방이나 고압증기가 다량으로 필요한 곳에 주로 사용하는 보일러는? 제19회

① 전기보일러
② 노통연관보일러
③ 주철제보일러
④ 수관보일러
⑤ 입형보일러

정답 및 해설

38 ④ ① 증기난방은 증기의 잠열을 이용하는 방식이다.
② 온수용 방열기의 표준방열량은 523W/m^2(450kcal/m^{2}h)이다.
③ 증기난방은 부하변동에 따른 방열량 조절이 용이하지 않다.
⑤ 온풍난방은 온수난방과 비교하여 시스템 전체의 열용량이 작으므로 실온상승이 빠르다.

39 ⑤ 건물이 플랜트로부터 멀리 떨어질수록 열매 반송동력이 증가한다.

40 ③ ① 상용출력은 난방부하, 급탕부하 및 손실부하(배관손실)의 합이다.
② 100℃의 물을 102℃의 증기로 증발시키는 것을 기준증발량이라 하고, 실제증발량을 기준증발량으로 환산한 증발량(kg/h)을 환산증발량(상당증발량)이라 하며, 이는 보일러의 출력을 나타낸다.
④ 이코노마이저(economizer)는 에너지 절약을 위하여 배열에서 회수된 열을 급수 예열에 이용하는 방법을 말한다.
▶ 이코노마이저(economizer)
응축기에서 응축 액화된 냉매 일부를 보조팽창변을 사용해 이코노마이저(중간냉각기)에서 팽창시켜 응축기에서 증발기로 향하는 액냉매를 과냉각시켜 냉각효율을 증대시키는 역할을 한다.
⑤ 저위발열량은 연료 연소시 발생하는 수증기의 잠열을 제외한 것이다.

41 ④ 지역난방이나 고압증기가 다량으로 필요한 곳에 주로 사용하는 보일러는 수관보일러이다.

42 보일러의 용량을 결정하는 출력에 관한 설명으로 옳은 것은?

제21회

① 상용출력 = 난방출력 + 급탕부하 + 축열부하
② 상용출력 = 난방부하 + 급탕부하 + 배관(손실)부하
③ 정격출력 = 상용출력 + 축열부하
④ 정격출력 = 상용출력 + 장치부하
⑤ 정격출력 = 난방부하 + 급탕부하 + 예열부하

43 보일러에 관한 용어의 설명으로 옳은 것을 모두 고른 것은?

제26회

㉠ 정격출력은 난방부하, 급탕부하, 예열부하의 합이다.
㉡ 보일러 1마력은 1시간에 100℃의 물 15.65kg을 증기로 증발시킬 수 있는 능력을 말한다.
㉢ 저위발열량은 연소 직전 상변화에 포함되는 증발 잠열을 포함한 열량을 말한다.
㉣ 이코노마이저(economizer)는 에너지 절약을 위하여 배열에서 회수된 열을 급수 예열에 이용하는 방법을 말한다.

① ㉠, ㉡
② ㉠, ㉢
③ ㉡, ㉣
④ ㉡, ㉢, ㉣
⑤ ㉠, ㉡, ㉢, ㉣

44 난방설비에 관한 내용으로 옳지 않은 것은?

제22회

① 보일러의 정격출력은 난방부하와 급탕부하의 합이다.
② 노통연관보일러는 증기나 고온수 공급이 가능하다.
③ 표준상태에서 증기방열기의 표준방열량은 약 756W/m^{2}이다.
④ 온수방열기의 표준방열량 산정시 실내온도는 18.5℃를 기준으로 한다.
⑤ 지역난방용으로 수관식 보일러를 주로 사용한다.

45 난방설비에 관한 설명으로 옳지 않은 것은?

① 증기난방은 온수난방에 비하여 방열량 조절이 어렵다.
② 증기난방은 온수난방에 비하여 배관에 부식이 발생하기 쉽다.
③ 직접환수방식은 각 난방기기의 유량을 동일하게 순환시키기 위하여 적용되는 방식이다.
④ 보일러 종류 중 수관보일러는 구조상 고압 및 대용량에 적합하므로, 지역난방과 같은 대규모 설비 등에서 많이 채택된다.
⑤ 100℃ 이상의 고온수를 이용하여 난방을 하는 경우 온도 유지를 위하여 고온수난방계통 내에 가압이 이루어져야 한다.

46 난방방식에 관한 설명으로 옳지 않은 것은? 제27회

① 온수난방은 증기난방에 비해 방열량을 조절하기 쉽다.
② 온수난방에서 직접환수방식은 역환수방식에 비해 각 방열기에 온수를 균등히 공급할 수 있다.
③ 증기난방은 온수난방에 비해 방열기의 방열면적을 작게 할 수 있다.
④ 온수난방은 증기난방에 비해 예열시간이 길다.
⑤ 지역난방방식에서 고온수를 열매로 할 경우에는 공동주택 단지 내의 기계실 등에서 열교환을 한다.

정답 및 해설

42 ② • 상용출력 = 난방부하 + 급탕부하 + 배관(손실)부하
• 정격출력 = 난방부하 + 급탕부하 + 배관(손실)부하 + 예열부하
• 정미출력 = 난방부하 + 급탕부하

43 ③ ㉠ 정격출력은 난방부하, 급탕부하, 배관손실(손실부하), 예열부하의 합이다.
㉢ 저위발열량은 연소 직전 상변화에 포함되는 증발 잠열을 제외한 열량을 말한다.

44 ① 보일러의 정격출력은 상용출력(난방부하 + 급탕부하 + 손실부하)과 예열부하의 합이다.

45 ③ 각 난방기기의 유량을 동일하게 순환시키기 위하여 적용되는 방식은 역순환방식(리버스리턴방식)이다.

46 ② 온수난방에서 역환수방식은 직접환수방식에 비해 각 방열기에 온수를 균등히 공급할 수 있다.

47 온돌 및 난방설비 설치기준으로 옳지 않은 것은?

① 단열층은 열손실을 방지하기 위하여 배관층과 바탕층 사이에 단열재를 설치하는 층이다.

② 배관층은 단열층 또는 채움층 위에 방열관을 설치하는 층이다.

③ 배관층과 바탕층 사이의 열저항은 심야전기이용 온돌의 경우는 제외하고 층간 바닥인 경우 해당 바닥에 요구되는 열관류저항의 60% 이상, 최하층 바닥인 경우 70% 이상이어야 한다.

④ 바탕층이 지면에 접하는 경우 바탕층 아래와 주변 벽면에 높이 5cm 이상의 방수처리를 하여야 한다.

⑤ 마감층은 수평이 되도록 설치하고, 바닥 균열 방지를 위해 충분히 양생하여 마감재의 뒤틀림이나 변형이 없도록 한다.

고난도

48 가스보일러에서 10℃의 물 10,000kg을 70℃로 가열할 때 가스소비량은? (단, 가스의 발열량은 42,000kJ/m^3, 물의 비열은 4.2kJ/kg℃, 가스보일러의 효율은 80%이다)

① $70m^3$
② $75m^3$
③ $80m^3$
④ $85m^3$
⑤ $90m^3$

고난도

49 시간당 1,000L의 물을 10℃에서 87℃로 가열하기 위한 최소 가스용량(m^3/h)은? (단, 가스발열량은 11,000kcal/Nm^3, 보일러의 열효율은 70%, 물의 비열은 4.2kJ/kg · K이다)

제20회

① 5
② 7
③ 10
④ 15
⑤ 18

고난도

50 가스보일러로 20℃의 물 3,000kg을 90℃로 올리기 위해 필요한 최소 가스량(m^3)은? (단, 가스발열량은 40,000kJ/m^3, 보일러효율은 90%로 가정하고, 물의 비열은 4.2kJ/kg · K로 한다) 제24회

① 19.60　② 22.05
③ 24.50　④ 25.25
⑤ 26.70

51 증기난방과 온수난방을 비교한 설명으로 옳은 것은?

① 증기난방은 온수난방에 비해 제어가 용이하다.
② 증기난방은 온수난방에 비해 설비비가 비싸다.
③ 증기난방은 온수난방에 비해 동결의 위험성이 높다.
④ 증기난방은 온수난방에 비해 방열면적이 작다.
⑤ 증기난방은 온수난방에 비해 쾌적성이 우수하다.

정답 및 해설

47 ④ 바탕층이 지면에 접하는 경우 바탕층 아래와 주변 벽면에 높이 10cm 이상의 방수처리를 하여야 한다.

48 ②

- 보일러효율 $= \dfrac{\text{급탕량} \times \text{물의 비열} \times (\text{급탕온도} - \text{급수온도})}{\text{가스소비량} \times \text{연료의 저위발열량}} \times 100$
- 가스소비량 $= \dfrac{\text{급탕량} \times \text{물의 비열} \times (\text{급탕온도} - \text{급수온도})}{\text{보일러효율} \times \text{연료의 저위발열량}} \times 100$

$$= \frac{10{,}000 \times 4.2 \times (70 - 10)}{42{,}000 \times 0.8} = 75m^3$$

49 ③

$$\text{가스용량}(m^3/h) = \frac{\text{급탕량} \times \text{물의 비열} \times (\text{급탕온도} - \text{급수온도})}{\text{보일러효율} \times \text{연료의 저위발열량}} \times 100$$

$$= \frac{1{,}000kg \times 4.2kJ/kg \cdot K \times (87 - 10)℃}{0.7 \times 11{,}000kcal/Nm^3 \times 4.2kJ/kcal} = 10(m^3/h)$$

50 ③

$$\text{가스량}(m^3) = \frac{Q \cdot C \cdot (t_h - t_c)}{F \cdot E} = \frac{3{,}000 \times 4.2 \times (90 - 20)}{40{,}000 \times 0.9} = 24.50(m^3)$$

51 ④
① 증기난방은 온수난방에 비해 제어가 어렵다.
② 증기난방은 온수난방에 비해 설비비가 싸다.
③ 증기난방은 온수난방에 비해 동결의 위험성이 낮다.
⑤ 증기난방은 온수난방에 비해 쾌적성이 떨어진다.

52 온수난방에 관한 설명으로 옳은 것은? 제20회

① 증기난방에 비해 보일러 취급이 어렵고, 배관에서 소음이 많이 발생한다.
② 관 내 보유수량 및 열용량이 커서 증기난방보다 예열시간이 길다.
③ 증기난방에 비해 난방부하의 변동에 따라 방열량 조절이 어렵고 쾌적감이 나쁘다.
④ 잠열을 이용하는 방식으로 증기난방에 비해 방열기나 배관의 관경이 작아진다.
⑤ 겨울철 난방을 정지하였을 경우에도 동결의 우려가 없다.

53 바닥 복사난방에 관한 설명으로 옳지 않은 것은?

① 실내공기의 흐름이 적으므로 먼지의 비산이 거의 없다.
② 천장고가 높은 곳이나 외기침입이 있는 곳에서도 난방효과를 얻을 수 있다.
③ 복사난방을 하는 공동주택의 층간 바닥은 법령이 정한 단열 성능을 확보하여야 한다.
④ 방열면에서 열복사가 많으므로 낮은 실내공기온도에도 쾌적감을 얻을 수 있다.
⑤ 코일의 배치 간격이 넓을수록 방열면의 온도분포가 좋다.

54 바닥 복사난방에 관한 설명으로 옳지 않은 것은? 제20회

① 난방코일이 바닥에 매설되어 균열이나 누수시 수리가 어렵다.
② 각 방으로 연결된 난방코일의 길이가 달라지면, 그 저항 손실도 달라진다.
③ 난방코일의 간격은 열손실이 많은 측에서는 넓게, 적은 측에서는 좁게 하여야 한다.
④ 난방코일의 매설 깊이는 바닥표면 온도분포와 균열 등을 고려하여 결정한다.
⑤ 열손실을 막기 위해 방열면의 반대측에 단열층 설치가 필요하다.

55 난방방식에 관한 설명으로 옳지 않은 것은?

① 온수난방은 증기난방에 비해 난방기기의 크기를 작게 할 수 있다.
② 복사난방은 대류난방에 비해 실내의 상부와 하부의 온도차가 작아진다.
③ 대류난방은 복사난방에 비해 실내설정온도에 이르기까지 걸리는 시간이 짧다.
④ 증기난방에는 증기트랩 및 경우에 따라 감압밸브와 같은 부속기기가 필요하다.
⑤ 100℃를 넘는 온수를 이용하여 난방을 할 때에는 대기압을 초과하는 압력으로 배관계 전체를 가압할 필요가 있다.

56 바닥 복사난방에 관한 설명으로 옳지 않은 것은?

① 증기난방과 비교하여 열용량이 작아 방열량 조절이 쉽다.
② 매설배관이 고장나면 수리가 어렵다.
③ 증기난방과 비교하여 쾌적감이 좋다.
④ 실내에 방열기를 설치하지 않으므로 바닥면의 이용도가 높다.
⑤ 증기난방과 비교하여 실내층고가 높은 경우에 상하 온도차가 작다.

정답 및 해설

52 ② ① 증기난방에 비해 보일러 취급이 쉽고, 배관에서 소음이 적게 발생한다.
③ 증기난방에 비해 난방부하의 변동에 따라 방열량 조절이 쉽고 쾌적감이 좋다.
④ 현열을 이용하는 방식으로 증기난방에 비해 방열기나 배관의 관경이 커진다.
⑤ 겨울철 난방을 정지하였을 경우에는 동결의 우려가 있다.

53 ⑤ 코일의 배치 간격이 넓을수록 방열면의 온도분포가 나쁘다.

54 ③ 난방코일의 간격은 열손실이 많은 측에서는 좁게 하고, 적은 측에서는 넓게 하여야 한다.

55 ① 온수난방은 증기난방에 비해 난방기기의 크기를 크게 하여야 한다.

56 ① 증기난방과 비교하여 열용량이 커서 방열량 조절이 어렵다.

57 **대류난방과 비교한 바닥 복사난방에 관한 내용으로 옳지 않은 것은?** 제19회

① 실내 먼지의 유동이 적다.
② 실내 상하부의 온도차가 작다.
③ 예열시간이 오래 걸린다.
④ 외기온도 변화에 따른 방열량 조절이 쉽다.
⑤ 고장시 발견과 수리가 어렵다.

58 **대류난방과 비교한 복사난방에 관한 설명으로 옳은 것을 모두 고른 것은?** 제27회

㉠ 실내 상하 온도분포의 편차가 작다.
㉡ 배관이 구조체에 매립되는 경우 열매체 누설시 유지보수가 어렵다.
㉢ 저온수를 이용하는 방식의 경우 일시적인 난방에 효과적이다.
㉣ 실(室)이 개방된 상태에서도 난방효과가 있다.

① ㉠, ㉡
② ㉠, ㉢
③ ㉡, ㉣
④ ㉠, ㉡, ㉣
⑤ ㉠, ㉡, ㉢, ㉣

59 **바닥 복사난방에 관한 특징으로 옳지 않은 것은?** 제23회

① 실내에 방열기를 설치하지 않으므로 바닥면의 이용도가 높다.
② 증기난방과 비교하여 실내층고와 관계없이 상하 온도차가 항상 크다.
③ 방을 개방한 상태에서도 난방효과가 있다.
④ 매설배관의 이상 발생시 발견 및 수리가 어렵다.
⑤ 열손실을 막기 위해 방열면의 배면에 단열층이 필요하다.

60 바닥 복사난방방식에 관한 설명으로 옳지 않은 것은? 제24회

① 온풍난방방식보다 천장이 높은 대공간에서도 난방효과가 좋다.
② 배관이 구조체에 매립되는 경우 열매체의 누설시 유지보수가 어렵다.
③ 대류난방, 온풍난방방식보다 실의 예열시간이 길다.
④ 실내의 상하 온도분포 차이가 커서 대류난방방식보다 쾌적성이 좋지 않다.
⑤ 바닥에 방열기를 설치하지 않아도 되므로 실의 바닥면적 이용도가 높아진다.

대표예제 74 환기설비 ★

다음은 건축물의 설비기준 등에 관한 규칙상 신축 공동주택 등의 기계환기설비의 설치기준에 관한 내용의 일부이다. ( ) 안에 들어갈 내용으로 옳은 것은? 제25회

> 외부에 면하는 공기흡입구와 배기구는 교차오염을 방지할 수 있도록 (㉠)m 이상의 이격거리를 확보하거나, 공기흡입구와 배기구의 방향이 서로 (㉡)도 이상 되는 위치에 설치되어야 하고 화재 등 유사시 안전에 대비할 수 있는 구조와 성능이 확보되어야 한다.

① ㉠: 1.0, ㉡: 45
② ㉠: 1.0, ㉡: 90
③ ㉠: 1.5, ㉡: 45
④ ㉠: 1.5, ㉡: 90
⑤ ㉠: 3.0, ㉡: 45

해설 | 외부에 면하는 공기흡입구와 배기구는 교차오염을 방지할 수 있도록 1.5m 이상의 이격거리를 확보하거나, 공기흡입구와 배기구의 방향이 서로 90도 이상 되는 위치에 설치되어야 하고 화재 등 유사시 안전에 대비할 수 있는 구조와 성능이 확보되어야 한다.

기본서 p.629~632

정답 ④

제2편 건축설비 제8장

정답 및 해설

57 ④ 외기온도 변화에 따른 방열량 조절이 어렵다.
58 ④ ㉢ 저온수를 이용하는 방식의 경우 지속적인 난방에 효과적이다.
59 ② 증기난방과 비교하여 실내층고와 관계없이 상하 온도차가 작다.
60 ④ 실내의 상하 온도분포 차이가 작아서 대류난방방식보다 쾌적성이 좋다.

고난도

61 6인이 근무하는 공동주택 관리사무실에서 실내의 CO_2 허용농도는 1,000ppm, 외기의 CO_2 농도는 400ppm일 때 최소 필요환기량(m^3/h)은? (단, 1인당 CO_2 발생량은 $0.015m^3/h$이다) 제25회

① 30
② 90
③ 150
④ 300
⑤ 400

대표예제 75 공동주택 층간소음의 범위와 기준 ★

공동주택 층간소음의 범위와 기준에 관한 규칙상 층간소음에 대한 설명으로 옳지 않은 것은? 제25회

① 직접충격소음은 뛰거나 걷는 동작 등으로 인하여 발생하는 층간소음이다.
② 공기전달소음은 텔레비전, 음향기기 등의 사용으로 인하여 발생하는 층간소음이다.
③ 욕실, 화장실 및 다용도실 등에서 급수 · 배수로 인하여 발생하는 소음은 층간소음에 포함한다.
④ 층간소음의 기준 시간대는 주간은 06시부터 22시까지, 야간은 22시부터 06시까지로 구분한다.
⑤ 직접충격소음은 1분간 등가소음도(Leq) 및 최고소음도(Lmax)로 평가한다.

해설 | 욕실, 화장실 및 다용도실 등에서 급수 · 배수로 인하여 발생하는 소음은 층간소음에서 제외한다.

기본서 p.633

정답 ③

정답 및 해설

61 ③

$$Q = \frac{K}{P_i - P_o} = \frac{6 \times 0.015}{0.001 - 0.0004} = 150(m^3/h)$$

▶ Q: 환기량(m^3/h), K: 유해가스 발생량(m^3/m^3)
P_i: 허용농도(ppm), P_o: 외기가스농도(ppm)

제9장 전기설비

대표예제 76 **전기설비** ★★★

전기설비에 관한 설명으로 옳지 않은 것은? 제20회

① 전선의 저항은 전선의 단면적에 비례한다.
② 전선의 저항은 전선길이가 길수록 커진다.
③ 단상 교류의 유효전력은 전압, 전류, 역률의 곱이다.
④ 역률은 유효전력을 피상전력으로 나눈 값이다.
⑤ 역률을 개선하기 위해 콘덴서를 설치한다.

해설 | 전선의 저항은 전선의 단면적에 반비례하고, 전선의 길이에 비례한다.

기본서 p.649~667

정답 ①

고난도

01 전기설비에 관한 설명으로 옳지 않은 것은? 제21회

① 1주기는 60Hz의 경우 60분의 1초이다.
② 1W는 1초 동안에 1J의 일을 하는 일률이다.
③ 30Ω의 저항 3개를 병렬로 접속하면 합성저항은 10Ω이다.
④ 고유저항이 일정할 경우 전선의 굵기와 길이를 각각 2배로 하면 저항은 2배가 된다.
⑤ 저항이 일정할 경우 임의의 폐회로에서 전압을 2배로 하면 저항에 흐르는 전류는 2배가 된다.

정답 및 해설

01 ④ 고유저항이 일정할 경우 전선의 굵기를 2배로 하면 저항은 2분의 1배가 되며, 전선의 길이를 2배로 하면 저항은 2배가 된다.

고난도

02 공동주택 전기실에 역률개선용 콘덴서를 부하와 병렬로 설치함으로써 얻어지는 효과로 옳지 않은 것은? 제21회

① 전기요금 경감
② 전압강하 경감
③ 설비용량의 여유분 증가
④ 돌입전류 및 이상전압 억제
⑤ 배전선 및 변압기의 손실 경감

03 전기설비의 전압 구분에서 교류의 저압 기준에 해당하는 것은? 제19회

① 600V 이하
② 700V 이하
③ 750V 이하
④ 800V 이하
⑤ 1,000V 이하

04 건물의 수변전설비용량의 추정과 가장 관계가 먼 것은?

① 수용률
② 역률
③ 부하율
④ 부등률
⑤ 부하설비용량

05 건물에 전기를 공급하기 위한 수변전설비의 초기 계획시 부하설비용량의 추정방법으로 옳은 것은?

① 부하밀도 × 연면적
② 부하밀도 × 부하율
③ 부하밀도 × 부등률
④ 최대수요전력 × 연면적
⑤ 최대수요전력 × 부등률

06 전기설비에 관한 설명으로 옳지 않은 것은?

제22회 수정

① 변압기 1대의 용량산정은 건축물 내의 설치장소에 따라 건축의 장비 반입구, 반입통로, 바닥강도 등을 고려한다.
② 전선의 저항은 전선의 길이에 비례하고, 전선의 단면적에 반비례한다.
③ 공동주택의 세대당 부하용량은 단위세대의 전용면적이 $85m^2$ 이하의 경우 3kW로 한다.
④ 전압구분상 직류의 고압기준은 1,500V 초과 7,000V 이하이다.
⑤ 전동기의 역률을 개선하기 위해 콘덴서를 설치한다.

07 전기설비에서 아래의 식이 나타내는 것은?

$$\frac{\text{최대수용전력(kW)}}{\text{부하설비용량(kW)}} \times 100(\%)$$

① 부하율
② 수용률
③ 부등률
④ 허용압력강하율
⑤ 역률

정답 및 해설

02 ④ 돌입전류란 전원스위치를 처음 켰을 때 순간적으로 많은 전류가 흐르는 현상이며, 변압기·전동기·콘덴서 등의 회로를 개폐기에 투입했을 때 순간적으로 증가하지만 즉시 정상상태로 복귀되는 과도전류이다.

03 ⑤ 전기설비의 전압 구분에서 저압 기준은 교류는 1,000V 이하, 직류는 1,500V 이하이다.

04 ② 역률은 유효전력과 피상전력의 비율을 의미하며, 전력을 산정할 때 고려한다.

05 ① 부하설비용량의 추정방법 = 부하밀도 × 연면적

06 ③ 단위세대 전용면적이 $60m^2$까지는 일괄적으로 세대당 3kW 적용, $60m^2$ 이상일 경우 $60m^2$를 초과하는 $10m^2$당 0.5kW를 가산한다.
전기용량산정 = 주택법 부하계산법 + 가산부하(내선규정)
= 3kW + [(85 − 60)/10 × 0.5] = 4.25
∴ 4.25kW이다.

07 ② $$\text{수용률} = \frac{\text{최대수용전력(kW)}}{\text{부하설비용량(kW)}} \times 100(\%)$$

08 **수변전설비에 관한 내용으로 옳지 않은 것은?** 제26회

① 공동주택 단위세대 전용면적이 $60m^2$ 이하인 경우, 단위세대 전기부하용량은 3.0kW로 한다.

② 부하율이 작을수록 전기설비가 효율적으로 사용되고 있음을 나타낸다.

③ 역률개선용 콘덴서라 함은 역률을 개선하기 위하여 변압기 또는 전동기 등에 병렬로 설치하는 커패시터를 말한다.

④ 수용률이라 함은 부하설비용량 합계에 대한 최대수용전력의 백분율을 말한다.

⑤ 부등률은 합성최대수요전력을 구하는 계수로서 부하종별 최대수요전력이 생기는 시간차에 의한 값이다.

09 **전기설비용량이 각각 80kW, 90kW, 100kW의 부하설비가 있다. 그 수용률이 70%인 경우 최대수요전력은?**

① 90kW
② 100kW
③ 120kW
④ 190kW
⑤ 2100kW

10 **전력설비에 관한 설명으로 옳지 않은 것은?** 제20회

① 분전반은 보수나 조작에 편리하도록 복도나 계단 부근의 벽에 설치하는 것이 좋다.

② 분전반은 배전반으로부터 배선을 분기하는 개소에 설치한다.

③ UPS는 교류 무정전 전원장치를 말한다.

④ 전선의 굵기 선정시 허용전류, 전압강하, 기계적 강도 등을 고려한다.

⑤ 부등률이 높을수록 설비이용률이 낮다.

11 감시제어반에 있어서 제어의 종류와 표시법에 대한 조합 중 옳지 않은 것은?

① 경보 표시 – 백색 램프(버저, 벨)
② 정지 표시 – 오렌지색 램프
③ 운전 표시 – 적색 램프
④ 전원 표시 – 백색 램프
⑤ 고장 표시 – 오렌지색 램프(버저, 벨)

12 전기설비, 피뢰설비 및 통신설비 등의 접지극을 하나로 하는 통합 접지공사시 낙뢰 등에 의한 과전압으로부터 전기설비를 보호하기 위해 설치하여야 하는 기계 또는 기구는?

제21회

① 단로기(DS)
② 지락과전류보호계전기(OCGR)
③ 과전류보호계전기(OCR)
④ 서지보호장치(SPD)
⑤ 자동고장구분개폐기(ASS)

정답 및 해설

08 ② 부하율은 기준에 따라 일 부하율, 월 부하율, 연 부하율 등으로 나타내며, 부하율이 클수록 전기설비가 효율적으로 사용되고 있음을 나타낸다.

▶ 부하율은 전기설비가 어느 정도 유효하게 사용되고 있는가를 나타내는 척도로서, 어떤 기간 중에 최대수요전력과 그 기간 중에 평균전력과의 비율을 백분율로 표시한 것이다.

09 ④

$$수용률 = \frac{최대수요전력\ 합계(kVA)}{총부하설비용량\ 합계(kVA)} \times 100(\%)$$

$$70\% = \frac{x}{80 + 90 + 100} \times 100$$

$\therefore\ x = 190kW$

10 ⑤ 부등률이 높을수록 설비이용률은 높다.

11 ② 정지 표시 – 녹색 램프

12 ④ 전기설비, 피뢰설비 및 통신설비 등의 접지극을 하나로 하는 통합 접지공사시 낙뢰 등에 의한 과전압으로부터 전기설비를 보호하기 위해 설치하여야 하는 것은 서지보호장치(SPD)이다.

대표예제 77 배선공사 ★★★

전기설비의 배선공사에 대한 설명으로 옳지 않은 것은? 제11회

① 가요전선관공사는 주로 철근콘크리트 건물의 매립배선 등에 사용된다.
② 금속몰드공사는 주로 철근콘크리트 건물에서 기설치된 금속관 배선을 증설할 경우에 사용된다.
③ 합성수지몰드공사는 접속점이 없는 절연전선을 사용하여 전선이 노출되지 않도록 하여야 하며, 내식성이 좋다.
④ 라이팅덕트공사는 덕트 본체에 실링이나 콘센트를 구성하여 사용하며, 벽면 조명등과 같은 광원을 이동시킬 경우에 사용된다.
⑤ 경질비닐관공사는 관 자체가 우수한 절연성을 가지고 있으며, 중량이 가볍고 시공이 용이하나 열에 약하고 기계적 강도가 낮은 단점이 있다.

해설 | 가요전선관공사는 철근콘크리트 건물의 매립배선 등에 사용되지 않는다.

기본서 p.668~676

정답 ①

13 **다음에서 설명하고 있는 배선공사는?** 제22회

- 굴곡이 많은 장소에 적합하다.
- 기계실 등에서 전동기로 배선하는 경우나 건물의 확장부분 등에 배선하는 경우에 적용된다.

① 합성수지몰드공사
② 플로어덕트공사
③ 가요전선관공사
④ 금속몰드공사
⑤ 버스덕트공사

14 전기배선공사에 관한 설명으로 옳지 않은 것은?

① 플로어덕트공사는 옥내의 건조한 콘크리트 바닥 내에 매입할 경우에 사용된다.
② 라이팅덕트공사는 굴곡장소가 많아서 금속관공사가 어려운 부분에 많이 사용된다.
③ 버스덕트공사는 빌딩, 공장 등에서 비교적 큰 전류가 통하는 간선에 많이 사용된다.
④ 합성수지몰드공사에서 합성수지몰드 안에는 원칙적으로 전선에 접속점이 없도록 하여야 한다.
⑤ 금속몰드공사는 철제 홈통의 바닥에 전선을 넣고 뚜껑을 덮는 배선방법이다.

15 옥내배선공사에 관한 내용으로 옳지 않은 것은?

제24회

① 금속관공사는 철근콘트리트구조의 매립공사에 사용된다.
② 합성수지관공사는 옥내의 점검할 수 없는 은폐장소에도 사용이 가능하다.
③ 버스덕트공사는 공장, 빌딩 등에서 비교적 큰 전류가 통하는 간선을 시설하는 경우에 사용된다.
④ 금속몰드공사는 매립공사용으로 적합하고, 기계실 등에서 전동기로 배선하는 경우에 사용된다.
⑤ 라이팅덕트공사는 화랑의 벽면조명과 같이 광원을 이동시킬 필요가 있는 경우에 사용된다.

정답 및 해설

13 ③ 가요전선관공사는 자유롭게 굽힐 수 있어 금속관 배선 대신에 사용할 수가 있으며, 엘리베이터의 배선이나 공장 등의 전동기에 이르는 짧은 배선에 사용된다.

14 ② 굴곡장소가 많은 곳에서는 가요전선관공사가 많이 사용된다.

15 ④ 금속몰드공사는 옥내의 외상을 받을 우려가 없는 건조한 노출장소 및 점검할 수 있는 은폐장소에 사용된다.

16 **전기설비의 금속관 배선공사에 관한 설명으로 옳지 않은 것은?**

① 외부의 기계적 충격으로부터 전선의 손상이 적다.
② 전선에 이상이 생겼을 때 교체공사가 용이하다.
③ 금속관 내에서는 전선에 접속점이 없도록 한다.
④ 습기가 많은 장소에 사용할 수 있다.
⑤ 증설공사가 쉬워 주로 대형 건축물에 사용된다.

17 **다음의 도면기호 중 누전차단기를 나타낸 것은?** 제11회

① ○
② E
③ ⊗
④ S
⑤ ◪

18 **전기설비용 명칭과 도시기호의 연결이 옳지 않은 것은?** 제18회

① 천장은폐배선: ────────
② 노출배선: - - - - - - - - - - -
③ 적산전력계: S
④ 접지: ⏚
⑤ 발전기: Ⓖ

19 **전기배선기호 중 지중매설배선을 나타낸 것은?** 제26회

① ────────────
② · · · · · · · · · · ·
③ ────────────────
④ – · – · – · – · –
⑤ – · · · – · · · –· · – · · ·

대표예제 78 약전 및 방재설비★

약전설비에 해당하지 않는 것은?

① 전화배선설비
② 방송설비
③ TV공청설비
④ 구내배전설비
⑤ 인터폰설비

해설 | 구내배전설비는 강전설비에 해당한다.

기본서 p.677~681

정답 ④

20 **공청안테나설비에 대한 설명 중 가장 잘못된 것은?** 제8회

① 건물의 미관을 해치지 않도록 주의할 필요가 있다.
② 안테나는 풍속 40m/s에 견디도록 고정한다.
③ 안테나는 피뢰침 보호각에 들어가지 않아도 된다.
④ 원칙적으로 강전류선으로부터 3m 이상 띄워서 설치한다.
⑤ 공동주택은 공청안테나 이외의 안테나를 옥상에 설치하여서는 안 된다.

정답 및 해설

16 ⑤ 금속관 배선공사는 증설공사가 어렵다.
17 ② ①은 백열등, ③은 피난구유도등, ④는 개폐기, ⑤는 분전반을 나타낸다.
18 ③ [S]는 개폐기의 도시기호이다.
19 ④ 지중매설배선은 일점쇄선으로 표시한다.
20 ③ 공청안테나는 피뢰침 보호각 안에 들어가야 한다.

21 피뢰설비에 관한 설명으로 옳지 않은 것은? 제12회

① 높이 20m 이상의 건축물에는 피뢰설비를 설치한다.

② 피뢰설비의 보호등급은 한국산업표준에 따른다.

③ 돌침은 건축물의 맨 윗부분으로부터 25cm 이상 돌출시켜 설치한다.

④ 피뢰설비의 인하도선을 대신하여 철골조의 철골구조물과 철근콘크리트조의 철근구조체를 사용할 수 없다.

⑤ 접지는 환경오염을 일으킬 수 있는 시공방법이나 화학첨가물 등을 사용하지 않는다.

22 일반 건축물의 경우 피뢰침 보호각의 기준은 최대 몇 도인가?

① 20° ② 30°

③ 40 ④ 60°

⑤ 90°

23 전기설비기술기준의 판단기준상 전기설비에 관한 내용으로 옳지 않은 것은? 제23회

① 저압 옥내간선은 손상을 받을 우려가 없는 곳에 시설한다.

② 주택용 분전반은 노출된 장소(신발장, 옷장 등의 은폐된 장소는 제외한다)에 시설한다.

③ 전력용 반도체소자의 스위칭 작용을 이용하여 교류전력을 직류전력으로 변환하는 장치를 '인버터'라고 한다.

④ '분산형 전원'이란 중앙급전 전원과 구분되는 것으로서 전력소비지역 부근에 분산하여 배치 가능한 전원(상용전원의 정전시에만 사용하는 비상용 예비전원을 제외한다)을 말하며, 신 · 재생에너지 발전설비, 전기저장장치 등을 포함한다.

⑤ '단순 병렬운전'이란 자가용 발전설비를 배전계통에 연계하여 운전하되, 생산한 전력의 전부를 자체적으로 소비하기 위한 것으로서 생산한 전력이 연계계통으로 유입되지 않는 병렬 형태를 말한다.

대표예제 79 조명설비 ★★★

조명설비 설계순서로 옳은 것은? 제17회

㉠ 조명기구 선정	㉡ 조도기준 결정
㉢ 조명기구 수량계산	㉣ 조도 확인
㉤ 조명기구 배치	

① ㉠ ⇨ ㉡ ⇨ ㉢ ⇨ ㉣ ⇨ ㉤
② ㉠ ⇨ ㉢ ⇨ ㉡ ⇨ ㉣ ⇨ ㉤
③ ㉡ ⇨ ㉠ ⇨ ㉢ ⇨ ㉤ ⇨ ㉣
④ ㉡ ⇨ ㉠ ⇨ ㉤ ⇨ ㉢ ⇨ ㉣
⑤ ㉡ ⇨ ㉢ ⇨ ㉠ ⇨ ㉤ ⇨ ㉣

해설 | 조명설비 설계는 '조도기준 결정 ⇨ 조명기구 선정 ⇨ 조명기구 수량계산 ⇨ 조명기구 배치 ⇨ 조도 확인' 순으로 한다.

기본서 p.682~693 정답 ③

24 조명관련 용어 중 광원에서 나온 광속이 작업면에 도달하는 비율을 나타내는 것은? 제19회

① 반사율 ② 유지율
③ 감광보상률 ④ 보수율
⑤ 조명률

정답 및 해설

21 ④ 피뢰설비의 인하도선을 대신하여 철골조의 철골구조물과 철근콘크리트조의 철근구조체를 사용할 수 있다.
22 ④ 피뢰침의 보호각은 일반 건물 60° 이내, 위험물 관계의 건물은 45° 이내로 한다.
23 ③ 인버터는 전력용 반도체소자의 스위칭 작용을 이용하여 직류전력을 교류전력으로 변환하는 장치이다.
24 ⑤ 광원에서 나온 광속이 작업면에 도달하는 비율을 나타내는 것은 조명률이다.

25 실내에 설치할 광원의 수를 광속법으로 결정하는 데 필요한 요소를 모두 고른 것은?

제20회

㉠ 실의 면적	㉡ 광원의 광속
㉢ 조명기구의 조명률	㉣ 조명기구의 보수율
㉤ 평균수평면조도(작업면의 평균조도)	

① ㉠, ㉤
② ㉢, ㉣
③ ㉠, ㉡, ㉢
④ ㉡, ㉢, ㉣, ㉤
⑤ ㉠, ㉡, ㉢, ㉣, ㉤

26 면적이 100m^2인 사무실의 평균조도를 200럭스(lx)로 유지하고자 한다. 형광등을 사용할 경우 최소 설치개수는? [단, 형광등 한 개의 광속은 2,000루멘(lm), 조명률은 50%, 감광보상률은 1.5로 한다]

① 8개
② 10개
③ 14개
④ 20개
⑤ 30개

고난도

27 바닥면적이 120m^2인 공동주택 관리사무실에서 소요조도를 400럭스(lx)로 확보하기 위한 조명기구의 최소 개수는? [단, 조명기구의 개당 광속은 4,000루멘(lm), 실의 조명률은 60%, 보수율은 0.8로 한다]

제25회

① 9개
② 13개
③ 16개
④ 20개
⑤ 25개

28 바닥면적 $100m^2$, 천장고 2.7m인 공동주택 관리사무소의 평균조도를 480럭스(lx)로 설계하고자 한다. 이때 조명률을 0.5에서 0.6으로 개선할 경우 줄일 수 있는 조명기구의 개수는? [단, 조명기구의 개당 광속은 4,000루멘(lm), 보수율은 0.8로 한다]

제26회

① 3개 ② 5개
③ 7개 ④ 8개
⑤ 10개

정답 및 해설

25 ⑤ $광속(F) = \frac{실면적(A) \times 조도(E) \times 감광보상률(D)}{광원개수(N) \times 조명률(U)}(km)$

단, $감광보상률(D) = \frac{1}{유지보수율(M)}$

26 ⑤ $광원의\ 개수(N) = \frac{E \cdot A \cdot D}{F \cdot U} = \frac{200 \times 100 \times 1.5}{2{,}000 \times 0.5} = 30개$

27 ⑤ $N = \frac{A \cdot E}{F \cdot U \cdot M} = \frac{120 \times 400}{4{,}000 \times 0.6 \times 0.8} = 25개$

▶ N: 소요램프수, A: 실면적(m^2), E: 평균수평면조도(lx)
F: 램프 1개당 광속(lm), U: 조명률, M: 보수율(유지율)

28 ② $A \cdot E \cdot D = F \cdot N \cdot U$

감광보상률과 유지율과의 관계: $D \times M = 1$

$N = \frac{A \cdot E \cdot D}{F \cdot U} = \frac{A \times E}{F \times U \times M}$

(1) $\frac{100 \times 480}{4{,}000 \times 0.5 \times 0.8} = 30개$

(2) $\frac{100 \times 480}{4{,}000 \times 0.6 \times 0.8} = 25개$

$\therefore$ (1) − (2) = 30 − 25 = 5개

고난도

29 바닥면적이 $100m^2$인 공동주택 관리사무소에 설치된 25개의 조명기구를 광원만 LED로 교체하여 평균조도 400럭스(lx)를 확보하고자 할 때, 조명기구의 개당 최소 광속(lm)은? (단, 조명률은 50%, 보수율은 0.8로 한다) 제24회

① 3,000
② 3,500
③ 4,000
④ 4,500
⑤ 5,000

30 조명설비에 관한 설명으로 옳지 않은 것은? 제20회

① 명시조명을 위해서는 목적에 적합한 조도를 갖도록 하고, 현휘(glare) 발생을 적게 하여야 한다.
② 연색성은 광원 선정시 고려사항 중 하나이다.
③ 코브조명은 건축화 조명의 일종이며, 직접조명보다 조명률이 높다.
④ 조명설계 과정에는 소요조도 결정, 광원 선택, 조명방식 및 기구 선정, 조명기구 배치 등이 있다.
⑤ 전반조명과 국부조명을 병용할 경우, 전반조명의 조도는 국부조명 조도의 10분의 1 이상이 바람직하다.

31 조명설비에 관한 설명으로 옳은 것은? 제27회

① 광도는 광원에서 발산하는 빛의 양을 의미하며, 단위는 루멘(lm)을 사용한다.
② 어떤 물체의 색깔이 태양광 아래에서 보이는 색과 동일한 색으로 인식될 경우, 그 광원의 연색지수를 Ra 50으로 한다.
③ 밝은 곳에서 어두운 곳으로 들어갈 때 동공이 확대되어 감광도가 높아지는 현상을 암순응이라고 한다.
④ 수은등은 메탈할라이드등보다 효율과 연색성이 좋다.
⑤ 코브조명은 천장을 비추어 현휘를 방지할 수 있는 직접조명 방식이다.

종합

32 **건축물의 에너지절약설계기준에 따른 용어의 정의로 옳지 않은 것은?**

① '수용률'은 부하설비용량 합계에 대한 최대수용전력의 백분율로 나타낸다.
② '역률개선용 콘덴서'는 역률을 개선하기 위하여 변압기 또는 전동기 등에 직렬로 설치하는 콘덴서이다.
③ '일괄소등스위치'는 층 및 구역 단위 또는 세대 단위로 설치되어 층별 또는 세대 내의 조명 등을 일괄적으로 켜고 끌 수 있는 스위치이다.
④ '비례제어운전'은 기기의 출력값과 목표값의 편차에 비례하여 입력량을 조절하여 최적의 운전상태를 유지할 수 있도록 운전하는 방식을 말한다.
⑤ '이코노마이저시스템'은 중간기 또는 동계에 발생하는 냉방부하를 실내기준온도보다 낮은 도입외기에 의하여 제거 또는 감소시키는 시스템을 말한다.

고난도

33 **공동주택의 에너지절약을 위한 방법으로 옳지 않은 것은?** 제24회

① 지하주차장의 환기용 팬은 이산화탄소(CO_2) 농도에 의한 자동(on-off)제어방식을 도입한다.
② 부하특성, 부하종류, 계절부하 등을 고려하여 변압기의 운전대수제어가 가능하도록 뱅크를 구성한다.
③ 급수가압펌프의 전동기에는 가변속제어방식 등 에너지절약적 제어방식을 채택한다.
④ 역률개선용 콘덴서를 집합 설치하는 경우에는 역률자동조절장치를 설치한다.
⑤ 옥외등은 고효율에너지기자재인증제품으로 등록된 고휘도방전램프 또는 LED램프를 사용한다.

정답 및 해설

29 ③ $F = \dfrac{A \cdot E}{N \cdot U \cdot M} = \dfrac{100 \times 400}{25 \times 0.5 \times 0.8} = 4{,}000(lm)$

30 ③ 코브조명은 건축화 조명의 일종이며, 직접조명보다 조명률이 낮다.

31 ③ ① 광도는 광원에서 나오는 빛의 세기로, 단위는 cd(candela, 칸델라)이다.
② 어떤 물체의 색깔이 태양광 아래에서 보이는 색과 동일한 색으로 인식될 경우, 그 광원의 연색지수를 Ra 100으로 나타내고 색 차이가 크게 나면 Ra 값이 작아진다(100에 가까울수록 연속성이 좋은 것을 의미한다).
④ 수은등은 메탈할라이드등보다 효율과 연색성이 나쁘다.
⑤ 코브조명은 광원을 눈가림판 등으로 가리고 빛을 천장에 반사시켜 간접조명하는 방식이다.

32 ② 역률개선용 콘덴서는 역률을 개선하기 위하여 변압기 또는 전동기 등에 병렬로 설치하는 콘덴서이다.

33 ① 지하주차장의 환기용 팬은 대수제어 또는 풍량조절(가변익 · 가변속도), 일산화탄소(CO) 농도에 의한 자동(on-off)제어방식을 도입한다.

34 공동주택에서 난방설비, 급수설비 등의 제어 및 상태감시를 위해 사용되는 현장제어 장치는? 제22회

① SPD
② PID
③ VAV
④ DDC
⑤ VVVF

35 최근 공동주택에 전기자동차 충전시설의 설치가 확대되고 있다. 다음은 '환경친화적 자동차의 개발 및 보급 촉진에 관한 법령'의 일부분이다. ( ) 안에 들어갈 내용으로 옳은 것은? 제23회 수정

> **제18조의4【충전시설 설치대상 시설 등】** 법 제11조의2 제1항 각 호 외의 부분에서 '대통령령으로 정하는 시설'이란 다음 각 호에 해당하는 시설로서 주차장법 제2조 제7호에 따른 주차단위구획을 100개 이상 갖춘 시설 중 전기자동차 보급현황 · 보급계획 · 운행현황 및 도로여건 등을 고려하여 특별시 · 광역시 · 특별자치시 · 도 · 특별자치도의 조례로 정하는 시설을 말한다.
> 1. … 생략 …
> 2. 건축법 시행령 제3조의5 및 [별표 1] 제2호에 따른 공동주택 중 다음 각 목의 시설
>   가. ( )세대 이상의 아파트
>   나. 기숙사
> 3. 시 · 도지사, 특별자치도지사, 특별자치시장, 시장 · 군수 또는 구청장이 설치한 주차장법 제2조 제1호에 따른 주차장

① 100
② 200
③ 300
④ 400
⑤ 500

대표예제 80 홈네트워크 ★★

홈네트워크설비에 관한 설명으로 옳지 않은 것은? 제12회

① 취사용 가스밸브제어기가 여러 개인 경우에는 이를 통합제어할 수 있어야 한다.
② 세대단말기에서 원격제어되는 조명제어기와 난방제어기는 수동으로 조작하는 스위치를 설치하지 아니한다.
③ 동체감지기는 유효감지반경을 고려하여 설치하여야 한다.
④ 각 세대별 원격검침장치는 운용시스템의 동작 불능시에도 계속 동작이 가능하도록 하여야 한다.
⑤ 세대 내 홈네트워크설비에는 정전시 예비전원이 공급될 수 있도록 하여야 한다.

해설 | 세대단말기에서 원격제어되는 조명제어기와 난방제어기는 수동으로 조작하는 스위치를 설치하여야 한다.

기본서 p.693~697 정답 ②

정답 및 해설

34 ④ ④ DDC(Direct Digital Control): 프로세스 제어계에서 디지털 컴퓨터를 제어계에 직접 결합시켜 제어하는 방식으로 공동주택에서 난방설비, 급수설비 등의 제어 및 상태감시를 위해 사용되는 현장제어장치이다.
① SPD(Surge Protective Device; 서지보호장치): 600V 이하의 전력선이나 전화선, 데이터 네트워크, CCTV 회로, 케이블TV 회로 및 전자장비에 연결된 전력선 및 전력선과 제어선에 나타나는 매우 짧은 순간의 위험한 과도전압과 노이즈를 감쇄시키도록 설계된 장치이다.
② PID(Proportion Integral Differential): 제어 변수와 기준 입력 사이의 오차에 근거하여 계통의 출력이 기준 전압을 유지하도록 하는 피드백 제어의 일종이다.
③ VAV(Variable Air Volume): 송풍온도를 일정하게 유지하고, 부하변동에 따라 송풍량을 변화시켜 실온을 제어하는 방식이다.
⑤ VVVF(Variable Voltage Variable Frequency; 가변전압 가변주파수제어): 교류전동기(특히 유도전동기)를 가변속구동하기 위한 인버터의 제어기술이다.

35 ① 건축법 시행령 제3조의5 및 [별표 1] 제2호에 따른 공동주택 중 다음의 시설
가. 100세대 이상의 아파트
나. 기숙사

36 홈네트워크설비에 관한 설명으로 옳지 않은 것은?

① 세대단말기는 세대 내의 홈네트워크시스템을 제어할 수 있는 기기를 말한다.
② 단지서버는 단지 내에 설치하여 홈네트워크설비를 총괄 관리하는 기기이다.
③ 홈네트워크망 중 단지망은 집중구내통신실에서 세대까지를 연결하는 망을 말한다.
④ 예비전원장치는 전원 공급이 중단될 경우 무정전 전원장치 또는 발전기 등에 의한 비상전원을 공급하는 홈네트워크설비 등을 보호하기 위한 장치를 말한다.
⑤ 홈게이트웨이는 세대 내 홈네트워크기기와 단지서버간의 통신 및 보안을 수행하는 기본적인 네트워크를 구성하는 기기로 백본, 방화벽, 워크그룹스위치 등을 말한다.

대표예제 81 지능형 홈네트워크설비 ★★★

지능형 홈네트워크설비 설치 및 기술기준에 관한 설명으로 옳지 않은 것은? 제14회 수정

① 단지서버실의 면적은 최소 $5m^2$ 이상으로 하여야 한다.
② 세대단자함은 '500mm × 400mm × 80mm(깊이)' 크기로 설치할 것을 권장한다.
③ 무인택배함의 설치수량은 소형주택의 경우 세대수의 약 10~15%, 중형주택 이상은 세대수의 15~20% 정도로 설치할 것을 권장한다.
④ 통신배관실의 출입문은 최소 폭 0.7m, 높이 1.8m 이상(문틀의 내측치수)의 잠금장치가 있는 출입문으로 설치하여야 하며, 관계자 외 출입통제표시를 부착하여야 한다.
⑤ 단지서버실의 출입문은 폭 0.9m, 높이 2m 이상(문틀의 외측치수)의 잠금장치가 있는 출입문으로 설치하며, 관계자 외 출입통제표시를 부착하여야 한다.

해설 | 단지서버실의 면적은 최소 $3m^2$ 이상으로 하여야 한다.

기본서 p.698~703

정답 ①

37 지능형 홈네트워크설비 설치 및 기술기준상 홈네트워크를 설치하는 경우 홈네트워크장비에 해당하지 않는 것은?

제22회

① 세대단말기
② 단지서버
③ 예비전원장치
④ 홈게이트웨이
⑤ 원격검침시스템

38 지능형 홈네트워크설비 설치 및 기술기준에서 구분하고 있는 홈네트워크사용기기가 아닌 것은?

제24회

① 무인택배시스템
② 세대단말기
③ 감지기
④ 전자출입시스템
⑤ 원격검침시스템

39 지능형 홈네트워크설비 설치 및 기술기준에서 명시하고 있는 원격검침시스템의 검침정보가 아닌 것은?

제27회

① 전력
② 가스
③ 수도
④ 난방
⑤ 출입

40 지능형 홈네트워크설비 설치 및 기술기준에서 정하고 있는 홈네트워크사용기기에 해당하는 것을 모두 고른 것은?

제26회

㉠ 무인택배시스템	㉡ 홈게이트웨이	㉢ 차량출입시스템
㉣ 감지기	㉤ 세대단말기	㉥ 원격검침시스템

① ㉠, ㉡, ㉣
② ㉠, ㉡, ㉤
③ ㉠, ㉢, ㉣, ㉥
④ ㉡, ㉢, ㉤, ㉥
⑤ ㉢, ㉣, ㉤, ㉥

제2편 건축설비

제9장

정답 및 해설

36 ⑤ 홈게이트웨이란 세대망과 단지망을 상호 접속하는 장치로서 세대 내에서 사용되는 홈네트워크기기들을 유·무선네트워크를 기반으로 연결하고 홈네트워크서비스를 제공하는 기기를 말한다.

37 ⑤ 원격검침시스템은 공유부분 홈네트워크설비의 설치기준이다.

38 ② 세대단말기는 홈네트워크장비이다.

39 ⑤ 원격검침시스템은 주택 내부 및 외부에서 전력, 가스, 난방, 온수, 수도 등의 사용량 정보를 원격으로 검침하는 시스템이다.

40 ③ 홈게이트웨이와 세대단말기는 홈네트워크장비이다.

41 **지능형 홈네트워크설비 설치 및 기술기준에 관한 내용으로 옳은 것은?** 제20회

① 단지서버실의 출입문은 폭 0.7m, 높이 1.8m의 잠금장치가 있는 출입문으로 설치하여야 한다.
② 단지서버실의 면적은 $2m^2$ 이하로 한다.
③ 단지서버실이란 TPS실이라 하며, 통신용 파이프 샤프트 및 통신단자함을 설치하기 위한 공간을 말한다.
④ 세대단자함은 '500mm × 400mm × 80mm(깊이)' 크기로 설치할 것을 권장한다.
⑤ 통신배관실은 외부의 청소 등에 의한 먼지, 물 등이 들어오지 않도록 40mm의 문턱을 설치하여야 한다.

42 **백본(back-bone), 방화벽, 워크그룹스위치 등과 같이 세대 내 홈게이트웨이와 단지서버간의 통신 및 보안을 수행하는 것은?**

① 세대단말기
② 원격제어기기
③ 세대통합관리반
④ 원격검침시스템
⑤ 단지네트워크장비

43 **지능형 홈네트워크설비 설치 및 기술기준에 관한 설명으로 옳지 않은 것은?**

① 단지서버실의 면적은 $3m^2$ 이상으로 한다.
② 통신배관실의 바닥은 이중바닥방식으로 설치하여야 한다.
③ 원격제어가 가능한 조명제어기를 세대 안에 1구 이상 설치하여야 한다.
④ 방재실에는 방재실 내 장비들의 성능을 위한 항온·항습장치를 설치하여야 한다.
⑤ 가스감지기는 사용하는 가스가 LNG인 경우에는 천장 쪽에, LPG인 경우에는 바닥 쪽에 설치하여야 한다.

44 **지능형 홈네트워크설비 설치 및 기술기준에 관한 설명으로 옳지 않은 것은?**

① 원격제어가 가능한 조명제어기를 세대 안에 1구 이상 설치하여야 한다.
② 무인택배함의 설치수량은 소형주택의 경우 세대수의 약 10~15%를 권장한다.
③ 단지서버실은 집중구내통신실과 방재실을 동일 건물에 통합설치하기 위한 공간을 말한다.
④ 집중구내통신실은 국선 · 국선단자함 또는 국선배선반과 초고속통신망장비 등 각종 구내통신용 설비를 설치하기 위한 공간을 말한다.
⑤ 단지네트워크장비는 세대 내 홈게이트웨이(단, 세대단말기가 홈게이트웨이 기능을 포함하는 경우는 세대단말기로 대체 가능)와 단지서버간의 통신 및 보안을 수행하는 장비이다.

45 **지능형 홈네트워크설비 설치 및 기술기준에 관한 내용으로 옳지 않은 것은?** 제23회

① 세대단말기는 홈네트워크장비에 포함된다.
② 원격제어가 가능한 조명제어기를 세대 안에 1구 이상 설치하여야 한다.
③ 홈네트워크기기의 예비부품은 5% 이상 5년간 확보할 것을 권장한다.
④ 무인택배함의 설치수량은 소형주택의 경우 세대수의 약 10~15% 정도 설치할 것을 권장한다.
⑤ 집중구내통신실은 TPS라고 하며, 통신용 파이프 샤프트 및 통신단자함을 설치하기 위한 공간을 말한다.

정답 및 해설

41 ④ ① 단지서버실의 출입문은 폭 0.9m, 높이 2m 이상의 잠금장치가 있는 출입문으로 설치하여야 한다.
② 단지서버실의 면적은 $3m^2$ 이하로 한다.
③ 통신용 파이프 샤프트 및 통신단자함을 설치하기 위한 공간은 통신배관실(TPS실)이다.
⑤ 통신배관실은 외부의 청소 등에 의한 먼지, 물 등이 들어오지 않도록 50mm의 문턱을 설치하여야 한다.

42 ⑤ 백본(back-bone), 방화벽, 워크그룹스위치 등과 같이 세대 내 홈게이트웨이와 단지서버간의 통신 및 보안을 수행하는 것을 단지네트워크장비라 한다.

43 ② 통신배관실의 바닥은 이중바닥방식으로 설치하지 않고, 외부의 청소 등에 의한 먼지나 물 등이 들어오지 않도록 50mm 이상의 문턱을 설치하여야 한다.

44 ③ 단지서버실이란 단지서버를 설치하기 위한 공간을 말하고, 집중구내통신실과 방재실, 단지서버실을 동일 건물에 통합설치하기 위한 공간은 단지네트워크센터라고 한다.

45 ⑤ 통신배관실(TPS)은 통신용 파이프 샤프트 및 통신단자함을 설치하기 위한 공간을 말한다.

46 국선배전반과 초고속통신망장비 등 각종 구내통신용 설비를 설치하기 위한 공간은?

제21회

① TPS실
② MDF실
③ 방재실
④ 단지서버실
⑤ 세대통합관리반

47 지능형 홈네트워크설비 중 전자출입시스템에 관한 설명으로 옳지 않은 것은?

① 자동문의 경우 프레임 내부에 접지단자를 설치하여야 한다.
② 전자출입시스템과 세대의 세대단말기 사이에는 통신이 가능하도록 하여야 한다.
③ 지상의 주동 현관과 지하주차장과 주동을 연결하는 출입구에 설치하여야 한다.
④ 화재발생 등 비상시 소방시스템과 연동되어 주동 현관이나 지하주차장의 자동문의 잠김상태가 자동으로 풀려야 한다.
⑤ 노출형으로 설치하고 주동 설계시 강우를 고려하여 설계하거나 강우에 대비한 차단설비(날개벽, 차양 등)를 설치하여야 한다.

48 지능형 홈네트워크설비 설치 및 기술기준에 관한 설명으로 옳지 않은 것은?

① 홈게이트웨이는 세대단자함 또는 세대통합관리반에 설치할 수 있다.
② 개폐감지기는 현관출입문 상단에 설치하며 단독배선하여야 한다.
③ 원격제어가 가능한 조명제어기를 세대 안에 1구 이상 설치하여야 한다.
④ 무인택배함의 설치수량은 소형주택의 경우 세대수의 20~30%로 설치하도록 의무화한다.
⑤ 통신배관실의 출입문은 최소 폭 0.7m, 높이 1.8m 이상(문틀의 외측치수)의 잠금장치가 있는 출입문으로 설치하여야 한다.

49 지능형 홈네트워크설비 설치 및 기술기준에 관한 내용으로 옳지 않은 것은? 제24회

① 통신배관실의 출입문은 폭 0.7m, 높이 1.8m 이상(문틀의 내측치수)이어야 한다.
② 중형주택 이상의 무인택배함 설치수량은 세대수의 15~20% 정도 설치할 것을 권장한다.
③ 차수판 또는 차수막을 설치하지 않은 통신배관실에는 최소 40mm 이상의 문턱을 설치하여야 한다.
④ 단지네트워크장비는 집중구내통신실 또는 통신배관실에 설치하여야 한다.
⑤ 가스감지기는 LNG인 경우에는 천장 쪽에, LPG인 경우에는 바닥 쪽에 설치하여야 한다.

50 지능형 홈네트워크설비 설치 및 기술기준으로 옳은 것은? 제26회

① 무인택배함의 설치수량은 소형주택의 경우 세대수의 약 15~20% 정도 설치할 것을 권장한다.
② 단지네트워크장비는 집중구내통신실 또는 통신배관실에 설치하여야 한다.
③ 홈네트워크사용기기의 예비부품은 내구연한을 고려하고, 3% 이상 5년간 확보할 것을 권장한다.
④ 전자출입시스템의 접지단자는 프레임 외부에 설치하여야 한다.
⑤ 차수판 또는 차수막을 설치하지 아니한 경우, 통신배관실은 외부의 청소 등에 의한 먼지, 물 등이 들어오지 않도록 30mm 이상의 문턱을 설치하여야 한다.

정답 및 해설

46 ② 국선 · 국선단자함 또는 국선배전반과 초고속통신망장비 등 각종 구내통신용 설비를 설치하기 위한 공간은 집중구내통신실(MDF실)이다.

47 ⑤ 전자출입시스템은 외부의 충격에 대비하여 매립형으로 설치하여야 한다.

48 ④ 무인택배함의 설치수량은 소형주택의 경우 세대수의 약 10~15%, 중형주택 이상은 세대수의 15~20% 정도로 설치할 것을 권장하고 있다.

49 ③ 차수판 또는 차수막을 설치하지 않은 통신배관실에는 최소 50mm 이상의 문턱을 설치하여야 한다.

50 ② ① 무인택배함의 설치수량은 소형주택의 경우 세대수의 약 10~15% 정도 설치할 것을 권장한다.
③ 홈네트워크사용기기의 예비부품은 내구연한을 고려하고, 5% 이상 5년간 확보할 것을 권장한다.
④ 전자출입시스템의 접지단자는 프레임 내부에 설치하여야 한다.
⑤ 차수판 또는 차수막을 설치하지 아니한 경우, 통신배관실은 외부의 청소 등에 의한 먼지, 물 등이 들어오지 않도록 50mm 이상의 문턱을 설치하여야 한다.

51 **지능형 홈네트워크설비 설치 및 기술기준에 관한 내용으로 옳은 것은?** 제25회

① 가스감지기는 LNG인 경우에는 바닥 쪽에, LPG인 경우에는 천장 쪽에 설치하여야 한다.
② 차수판 또는 차수막을 설치하지 않은 통신배관실에는 최소 30mm 이상의 문턱을 설치하여야 한다.
③ 통신배관실 내의 트레이(tray) 또는 배관, 덕트 등의 설치용 개구부는 화재시 층간 확대를 방지하도록 방화처리제를 사용하여야 한다.
④ 통신배관실의 출입문은 폭 0.6m, 높이 1.8m 이상이어야 한다.
⑤ 집중구내통신실은 TPS실이라고 하며, 통신용 파이프 샤프트 및 통신단자함을 설치하기 위한 공간을 말한다.

고난도

52 **전유부분 홈네트워크설비의 설치기준에 관한 설명으로 옳지 않은 것은?** 제21회

① 세대단말기에서 원격제어되는 조명제어기, 난방제어기 등 모든 원격제어기기에는 수동으로 조작하는 스위치를 설치하여야 한다.
② 가스감지기는 사용하는 가스가 LNG인 경우에는 천장 쪽에 설치하여야 한다.
③ 개폐감지기는 현관출입문 상단에 설치하며 원격제어용 기기와 통합배선하여야 한다.
④ 세대단자함은 '500mm × 400mm × 80mm(깊이)' 크기로 설치할 것을 권장한다.
⑤ 취사용 가스밸브는 원격제어가 가능한 가스밸브제어기를 설치하여야 한다.

정답 및 해설

51 ③ ① 가스감지기는 LNG인 경우에는 천장 쪽에, LPG인 경우에는 바닥 쪽에 설치하여야 한다.
② 차수판 또는 차수막을 설치하지 않은 통신배관실에는 최소 50mm 이상의 문턱을 설치하여야 한다.
④ 통신배관실의 출입문은 폭 0.7m, 높이 1.8m 이상이어야 한다.
⑤ 통신배관실은 TPS실이라고 하며, 통신용 파이프 샤프트 및 통신단자함을 설치하기 위한 공간을 말한다.

52 ③ 개폐감지기는 현관출입문 상단에 설치하며 단독배선하여야 한다.

제10장 수송설비

대표예제 82 **엘리베이터 ★★★**

직류 엘리베이터의 특징으로 옳은 것은? 제11회

① 교류 엘리베이터에 비해 가격이 저렴하다.
② 교류 엘리베이터에 비해 기동토크가 작다.
③ 전효율이 40~60%이다.
④ 착상오차가 1mm 이내이다.
⑤ 부하에 따른 속도변동이 있다.

오답체크
① 교류 엘리베이터에 비해 가격이 비싸다.
② 교류 엘리베이터에 비해 기동토크가 크다.
③ 전효율이 60~80%이다.
⑤ 부하에 따른 속도변동이 없다.

기본서 p.723~732

정답 ④

01 **엘리베이터의 구성 기기에 속하지 않는 것은?**

① 완충기
② 조속기
③ 엘리미네이터
④ 균형추
⑤ 전자브레이크

정답 및 해설

01 ③ 엘리미네이터(eliminator)는 공기조화설비 중 물방울을 기류에서 제거하는 기기이다.

02 엘리베이터에 관한 설명으로 옳은 것은? 제17회

① 지연스위치는 멈춤스위치가 동작하지 않을 때 제2단의 동작으로 주회로를 차단한다.
② 비상용 승강기의 승강로 구조는 각 층으로부터 피난층까지 이르는 승강로를 단일구조로 연결하여 설치한다.
③ 최종제한스위치는 종단층에서 엘리베이터 카를 자동적으로 정지시킨다.
④ 비상용 승강기의 승강장 바닥면적은 옥외에 승강장을 설치하는 경우를 제외하고 비상용 승강기 1대에 대하여 $3m^2$ 이상으로 한다.
⑤ 비상멈춤장치는 전동기의 토크 소실시 엘리베이터 카를 정지시킨다.

03 승강기, 승강장 및 승강로에 관한 설명으로 옳지 않은 것은? 제25회

① 비상용 승강기의 승강로 구조는 각 층으로부터 피난층까지 이르는 승강로를 단일구조로 연결하여 설치한다.
② 옥내에 설치하는 피난용 승강기의 승강장 바닥면적은 승강기 1대당 $5m^2$ 이상으로 해야 한다.
③ 기어리스 구동기는 전동기의 회전력을 감속하지 않고 직접 권상도르래로 전달하는 구조이다.
④ 승강로, 기계실 · 기계류 공간, 풀리실의 출입문에 인접한 접근통로는 50lx 이상의 조도를 갖는 영구적으로 설치된 전기조명에 의해 비춰야 한다.
⑤ 완충기는 스프링 또는 유체 등을 이용하여 카, 균형추 또는 평형추의 충격을 흡수하기 위한 장치이다.

04 엘리베이터에 관한 설명으로 옳지 않은 것은? 제19회

① 기어레스식 감속기는 교류 엘리베이터에 주로 사용된다.
② 슬로다운(스토핑)스위치는 해당 엘리베이터가 운행되는 최상층과 최하층에서 카(케이지)를 자동으로 정지시킨다.
③ 전자브레이크는 엘리베이터의 전기적 안전장치에 속한다.
④ 직류 엘리베이터는 속도제어가 가능하다.
⑤ 도어인터로크(door interlock) 장치는 엘리베이터의 기계적 안전장치에 속한다.

05 엘리베이터의 안전장치에 관한 설명으로 옳은 것은? 제23회

① 완충기는 스프링 또는 유체 등을 이용하여 카, 균형추 또는 평형추의 충격을 흡수하기 위한 장치이다.

② 파이널 리미트스위치는 전자식으로 운전 중에는 항상 개방되어 있고, 정지시에 전원이 차단됨과 동시에 작동하는 장치이다.

③ 과부하감지장치는 정전시나 고장 등으로 승객이 갇혔을 때 외부와의 연락을 위한 장치이다.

④ 과속조절기는 승강기가 최상층 이상 및 최하층 이하로 운행되지 않도록 엘리베이터의 초과운행을 방지하여 주는 장치이다.

⑤ 전자 · 기계 브레이크는 승강기 문에 승객 또는 물건이 끼었을 때 자동으로 다시 열리게 되어 있는 장치이다.

정답 및 해설

02 ② ① 멈춤스위치가 동작하지 않을 때 제2단의 동작으로 주회로를 차단하는 스위치는 파이널 리미트스위치(Final Limit Switch)이다.
③ 종단층에서 엘리베이터 카를 자동적으로 정지시키는 장치는 종점스위치(스토핑스위치)이다.
④ 비상용 승강기의 승강장 바닥면적은 옥외에 승강장을 설치하는 경우를 제외하고 비상용 승강기 1대에 대하여 $6m^2$ 이상으로 한다.
⑤ 비상멈춤장치는 카의 속도가 정격속도의 130~140% 이상이 되면 정지시키는 장치이다.

03 ② 옥내에 설치하는 피난용 승강기의 승강장 바닥면적은 승강기 1대당 $6m^2$ 이상으로 해야 한다.

04 ① 기어레스식 감속기는 직류 엘리베이터에 주로 사용된다.

05 ① ② 파이널 리미트스위치는 승강기가 리미트스위치를 지나쳐서 현저하게 초과 승강하는 경우 승강기를 정지시키는 스위치이다.
③ 과부하감지장치는 카 바닥 하부 또는 와이어 로프 단말에 설치하여 카 내부의 승차인원 또는 적재하중을 감지하여 승차인원이 정원을 초과하였을 때 경보음을 발생시켜 카 내에 정원이 초과되었음을 알려주는 동시에 카 도어의 닫힘을 저지하여 카를 출발시키지 않도록 하는 장치이다.
④ 과속조절기는 주로프가 파단되어 카가 자유낙하하게 되면 1차적으로 전기적 작동을 통해 전동기로 인입되는 전원을 차단하고 권상기 브레이크를 작동시켜 정지시키는 장치이다.
⑤ 승강기 문에 승객 또는 물건이 끼었을 때 자동으로 다시 열리게 되어 있는 장치는 출입문 안전장치(문닫힘 안전장치)이다.

대표예제 83 엘리베이터 안전장치 ★★★

엘리베이터의 안전장치 중 전기적 안전장치에 속하지 않는 것은? 제13회

① 주접촉기
② 전자브레이크
③ 슬로다운스위치
④ 과부하계전기
⑤ 완충기

해설 | 전기적 안전장치로는 주접촉기, 과부하계전기, 전자브레이크, 도어스위치 또는 승장스위치, 도어안전스위치, 역결상릴레이 등이 있다.

기본서 p.727~732

정답 ⑤

06 엘리베이터의 안전장치 중 카 부문에 설치되는 것은? 제26회

① 전자제동장치
② 리밋스위치
③ 조속기
④ 비상정지장치
⑤ 종점정지스위치

07 엘리베이터의 카(케이지)가 과속했을 때 작동하는 기계적 안전장치는?

① 과부하계전기
② 전자브레이크
③ 슬로다운스위치
④ 조속기
⑤ 주접촉기

08 엘리베이터의 안전장치에 관한 설명으로 옳지 않은 것은?

① 조속기는 승강기가 과속했을 때 작동하는 안전장치이다.
② 스토핑스위치는 최상층 및 최하층에서 승강기를 자동으로 정지시킨다.
③ 완충기는 승강기가 사고로 인하여 하강할 경우 승강로 바닥과의 충격을 완화하기 위하여 설치한다.
④ 전자브레이크는 전동기의 토크 손실이 있을 때 승강기를 정지시킨다.
⑤ 리미트스위치는 승강기 문 또는 승강장 문이 조금만 열려도 승강기를 정지시킨다.

09 엘리베이터에 관한 설명으로 옳지 않은 것은? 제22회

① 교류 엘리베이터는 저속도용으로 주로 사용된다.
② 파이널 리미트스위치는 엘리베이터가 정격속도 이상일 경우 전동기에 공급되는 전기회로를 차단시키고 전자브레이크를 작동시키는 기기이다.
③ 과부하계전기는 전기적인 안전장치에 해당된다.
④ 기어레스식 감속기는 직류 엘리베이터에 사용된다.
⑤ 옥내에 설치하는 비상용 승강기의 승강장 바닥면적은 승강기 1대당 $6m^2$ 이상으로 해야 한다.

10 엘리베이터의 전기적 안전장치에 해당하는 것은?

① 조속기 ② 완충기
③ 권상기 ④ 과부하계전기
⑤ 종동 스프로켓

정답 및 해설

06 ④ 엘리베이터의 안전장치 중 카 부문에 설치되는 것은 비상정지장치이다.

07 ④ 조속기는 승강 카의 속도가 정격속도의 120%가 되면 정지시키는 장치이다.

08 ⑤ 리미트스위치(제한스위치)는 카의 상부와 하부 한도구간을 초과하려고 할 때 강제적으로 정지시키는 스위치이고, 승강기 문 또는 승강장 문이 조금만 열려도 승강기를 정지시키는 것은 도어스위치이다.

09 ② 파이널 리미트스위치는 엘리베이터가 최상층 또는 최하층에서 정상 위치를 초과하여 운행하는 것을 방지하는 기기를 말하고, 엘리베이터가 정격속도 이상일 경우 전동기에 공급되는 전기회로를 차단시키고 전자브레이크를 작동시키는 기기는 조속기이다.

10 ④ 전기적 안전장치로는 주접촉기, 과부하계전기, 전자브레이크, 도어스위치 또는 승장스위치, 도어안전스위치, 역결상릴레이 등이 있다.

대표예제 84 비상용 승강기★

비상용 승강기의 승강장 기준에 관한 내용으로 옳지 않은 것은? 제20회

① 벽 및 반자가 실내에 접하는 부분의 마감재료(마감을 위한 바탕을 포함한다)는 난연재료로 할 것
② 채광이 되는 창문이 있거나 예비전원에 의한 조명설비를 할 것
③ 승강장의 바닥면적은 비상용 승강기 1대에 대하여 $6m^2$ 이상으로 할 것. 다만, 옥외에 승강장을 설치하는 경우에는 그러하지 아니하다.
④ 승강장 출입구 부근의 잘 보이는 곳에 당해 승강기가 비상용 승강기임을 알 수 있는 표지를 할 것
⑤ 피난층이 있는 승강장의 출입구(승강장이 없는 경우에는 승강로의 출입구)로부터 도로 또는 공지(공원, 광장 기타 이와 유사한 것으로서 피난 및 소화를 위한 당해 대지에의 출입에 지장이 없는 것을 말한다)에 이르는 거리가 30m 이하일 것

해설 | 벽 및 반자가 실내에 접하는 부분의 마감재료는 불연재료로 한다.

기본서 p.731~732

정답 ①

11 건축물의 피난·방화구조 등의 기준에 관한 규칙상 피난용 승강기의 설치기준의 일부이다. ( ) 안에 들어갈 내용으로 옳은 것은? 제27회

> 제30조【피난용 승강기의 설치기준】
> 4. 피난용 승강기 전용예비전원
> 가. 정전시 피난용 승강기, 기계실, 승강장 및 폐쇄회로 텔레비전 등의 설비를 작동할 수 있는 별도의 예비전원설비를 설치할 것
> 나. 가목에 따른 예비전원은 초고층 건축물의 경우에는 (㉠) 이상, 준초고층 건축물의 경우에는 (㉡) 이상 작동이 가능한 용량일 것

① ㉠: 30분, ㉡: 1시간
② ㉠: 1시간, ㉡: 30분
③ ㉠: 2시간, ㉡: 30분
④ ㉠: 2시간, ㉡: 1시간
⑤ ㉠: 3시간, ㉡: 30분

12 비상용 승강기에 대한 설명 중 옳지 않은 것은?

① 높이 31m를 초과하는 건축물에는 비상용 승강기를 설치하는 것이 원칙이다.
② 높이 31m를 넘는 각 층을 거실 외의 용도로 쓰는 건축물에는 비상용 승강기를 설치하지 아니할 수 있다.
③ 높이 31m를 넘는 각 층의 바닥면적의 합계가 $400m^2$인 건축물에는 비상용 승강기를 설치하지 아니할 수 있다.
④ 높이 31m를 넘는 층수가 5개 층으로서 당해 각 층의 바닥면적의 합계 $300m^2$ 이내마다 방화구획으로 구획한 건축물에는 비상용 승강기를 설치하지 아니할 수 있다.
⑤ 높이 31m를 넘는 층수가 4개 층 이하로서 당해 각 층의 바닥면적의 합계 $500m^2$ 이내마다 방화구획으로 구획한 건축물에는 비상용 승강기를 설치하지 아니할 수 있다(단, 벽 및 반자가 실내에 접하는 부분의 마감을 불연재료로 한 경우이다).

제2편 건축설비

제10장

정답 및 해설

11 ④ 예비전원은 초고층 건축물의 경우에는 2시간 이상, 준초고층 건축물의 경우에는 1시간 이상 작동이 가능한 용량이어야 한다.

12 ④ 높이 31m를 넘는 층수가 4개 층 이하로서 당해 각 층의 바닥면적의 합계 $200m^2$ 이내마다 방화구획으로 구획한 건축물에는 비상용 승강기를 설치하지 아니할 수 있다.

해커스 합격 선배들의 생생한 합격 후기!

****전국 최고 점수로 8개월 초단기합격****
해커스 커리큘럼을 똑같이 따라가면 자동으로 반복학습을 하게 되는데요. 그러면서 **자신의 부족함을 캐치하고 보완**할 수 있었습니다. 또한 해커스 무료 **모의고사로 실전 경험을 쌓는 것이 많은 도움이 되었습니다.**

전국 수석합격생
최*석 님

해커스는 교재가 **단원별로 핵심 요약정리**가 참 잘되어 있습니다. 또한 커리큘럼도 매우 좋았고, 교수님들의 강의가 제가 생각할 때는 **국보급 강의**였습니다. 교수님들이 시키는 대로, 강의가 진행되는 대로만 공부했더니 고득점이 나왔습니다. 한 2~3개월 정도만 들어보면, 여러분들도 충분히 고득점을 맞을 수 있는 실력을 갖추게 될 거라고 판단됩니다.

해커스 합격생
권*섭 님

해커스는 주택관리사 커리큘럼이 되게 잘 되어있습니다. 저같이 처음 공부하시는 분들도 입문과정, 기본과정, 심화과정, 모의고사, 마무리 특강까지 이렇게 최소 5회독 반복하시면 처음에 몰랐던 것도 알 수 있을 것입니다. 모의고사와 기출문제 풀이가 도움이 많이 되었는데, **실전 모의고사를 실제 시험 보듯이 시간을 맞춰 연습하니 실전에서 도움이 많이 되었습니다.**

해커스 합격생
전*미 님

해커스 주택관리사가 **기본 강의와 교재가 매우 잘되어 있다고 생각**했습니다. 가장 좋았던 점은 가장 기본인 기본서를 뽑고 싶습니다. 다른 학원의 기본서는 너무 어렵고 복잡했는데, 그런 부분을 다 빼고 **엑기스만 들어있어 좋았고** 교수님의 강의를 충실히 따라가니 공부하는 데 큰 어려움이 없었습니다.

해커스 합격생
김*수 님

해커스 주택관리사

출제예상문제집

1차 공동주택시설개론

합격으로 가는 확실한 선택, 해커스 주택관리사 교재 시리즈

기초입문서 시리즈

기본서 시리즈

핵심요약집 시리즈

기출문제집 시리즈

출제예상문제집 시리즈

체계도

정가 **29,000** 원

13540
9 791172 447946
ISBN 979-11-7244-794-6

해커스 주택관리사

2025 대비 최신개정판

주간동아 선정 2022 올해의 교육 브랜드 파워
온·오프라인 금융자격증 부문 1위

2주 합격

해커스
전산회계 2급

이론+실무+최신기출+무료특강

이남호

45개월 베스트셀러 1위*

빈출분개 100선 미니북

최신기출문제 15회분

동영상강의 205강 무료
* 이론+실무 및 일부 강의 7일간 수강 가능

해커스금융 | fn.Hackers.com

· 본 교재 전 강의
· 최신기출문제 해설강의
· KcLep 프로그램 사용법 강의
· 빈출분개 100선 핵심 미니북 강의

특별 제공
· 최신기출문제 및 해설집
· 빈출분개 100선 연습
· 분개연습 노트

■ 전산회계 2급 시험 관련 세부사항

시험방법	• 이론(30%) : 객관식 4지 선다형 필기시험 • 실무(70%) : PC에 설치된 전산세무회계 프로그램(KcLep)을 이용한 실무시험
합격자 결정기준	• 100점 만점에 70점 이상
시험시간	• 60분
응시자격	• 제한 없음 (다만, 부정행위자는 해당 시험을 중지 또는 무효로 하며, 이후 2년간 시험에 응시할 수 없음)
원서접수	• 접수방법 : 한국세무사회 자격시험 사이트(https://license.kacpta.or.kr)로 접속하여 단체 및 개인별 선착순 접수(회원가입 및 사진등록 필수)
시험주관	• 한국세무사회(02-521-8398, https://license.kacpta.or.kr)

■ 전산회계 2급 시험 평가범위

구분		평가범위
이론 (15문항, 30%)	회계원리 (30%)	당좌자산, 재고자산, 유형자산, 부채, 자본, 수익과 비용
실무 (7문항, 70%)	기초정보의 등록 · 수정 (20%)	회사등록, 거래처등록, 계정과목 및 적요등록, 초기이월
	거래자료의 입력 (40%)	일반전표입력, 입력자료의 수정 · 삭제, 결산자료입력(상기업에 한함)
	입력자료 및 제장부 조회 (10%)	전표입력 자료의 조회, 장부의 조회

절취선